中等职业学校教学用书（计算机技术专业）

AutoCAD 2006
中文版应用基础

郭朝勇 编著

電子工業出版社
Publishing House of Electronics Industry
北京 · BEIJING

内 容 简 介

本书以大众化的微机绘图软件 AutoCAD 的最新版本 AutoCAD 2006 中文版为蓝本，全面介绍 AutoCAD 的主要功能和使用方法。全书共分 8 章，第 1 章概述 AutoCAD 软件的主要功能及基本操作；第 2、3 章分别介绍二维绘图命令和图形编辑命令；第 4 章介绍绘图辅助工具；第 5 章介绍文字和尺寸的标注方法；第 6 章介绍块外部参照及图像附着，第 7、8 章介绍三维绘图功能。附录给出了 AutoCAD 2006 的全部命令及系统变量。全书内容简洁，通俗易懂，注重应用，具有较好的可操作性。

本书既可作为中等职业技术学校计算机技术类专业的教材，也可供其他 AutoCAD 的初学者使用。

本书配有电子教学参考资料包（包括教学指南、电子教案、习题答案），详见前言。

图书在版编目（CIP）数据

AutoCAD 2006 中文版应用基础 / 郭朝勇编著．—北京：电子工业出版社，2006.9
中等职业学校教学用书．计算机技术专业
ISBN 978-7-121-03106-9

Ⅰ.A… Ⅱ.郭… Ⅲ. 计算机辅助设计—应用软件，AutoCAD 2006—专业学校—教材 Ⅳ.TP391.72

中国版本图书馆 CIP 数据核字（2006）第 098802 号

责任编辑：白　楠
印　　刷：北京七彩京通数码快印有限公司
装　　订：北京七彩京通数码快印有限公司
出版发行：电子工业出版社
　　　　　北京市海淀区万寿路 173 信箱　邮编　100036
开　　本：787×1 092　1/16　印张：16.5　字数：416 千字
版　　次：2006 年 9 月第 1 版
印　　次：2022 年 1 月第 24 次印刷
定　　价：29.80 元

凡所购买电子工业出版社图书有缺损问题，请向购买书店调换。若书店售缺，请与本社发行部联系，联系及邮购电话：（010）88254888，88258888。

质量投诉请发邮件至 zlts@phei.com.cn，盗版侵权举报请发邮件至 dbqq@phei.com.cn。

本书咨询联系方式：（010）88254617，Luomn@phei.com.cn。

中等职业学校教材工作领导小组

前　言

AutoCAD是目前国内外使用最为广泛的微机CAD软件，由美国Autodesk公司研制开发。自1982年面世以来，至今已发展到2006版。其丰富的绘图功能，强大的编辑功能和良好的用户界面受到广大工程技术人员的普遍欢迎。AutoCAD的用户遍及全世界150多个国家和地区，在我国也得到了非常广泛的应用。AutoCAD已成为事实上的微机CAD应用与开发标准平台。AutoCAD 2006中文版是2005年5月推出的AutoCAD在中国的本地化版本。它具有直观的全中文界面，完整的二维绘图、编辑功能与强大的三维造型功能，可通过Internet网进行异地协同设计。特别是它直接支持中国的制图国家标准（如长仿宋体汉字、国标样板图等），给我国广大用户提供了极大的方便。

2000年5月和2004年8月，我们先后编写并出版了《AutoCAD 2000中文版应用基础》和《AutoCAD 2004中文版应用基础》，作为中等职业技术学校计算机技术类专业的专业教材。近六年来，承蒙很多学校将其选作教材，累计印数已达十六万余册。鉴于在AutoCAD 2004后Autodesk公司又先后推出了AutoCAD 2005和AutoCAD 2006两个新的版本，原书已不能完全满足版本及技术发展的需要，根据中职教材的基本要求，结合新版本软件特点及使用者的反馈意见，在前两版教材的基础上，我们编写了本书。

全书共分8章，第1章概述AutoCAD软件的主要功能及基本操作；第2、3章分别介绍二维绘图命令和图形编辑命令；第4章介绍绘图辅助工具；第5章介绍文字和尺寸的标注方法；第6章介绍块、外部参照及图像附着；第7、8章介绍三维绘图功能。附录列出了AutoCAD 2006的全部命令及系统变量，可供参考。

针对中等职业学校的培养目标和学生特点，本书在内容取舍上不求面面俱到，而是强调实用、够用；在内容编排上注重避繁就简、突出可操作性；在说明方法和示例上尽量做到简单明了、通俗易懂并侧重于实际应用，同时注意遵守我国国家标准的有关规定。本书中，对主要命令均给出了命令功能、菜单位置、命令格式、选项说明及适当的操作示例。对于重点内容和较难理解的部分，均提供绘图练习示例，并给出了具体的上机操作步骤，学生按照书中的指导操作，即可顺利地画出图形，并能全面、深入地学习命令的使用方法及应用技巧。在每一章后均附有思考题和上机实习指导，以帮助学生加深对所学内容的理解和掌握。

本书的参考教学时数为72学时，其中授课时间为40学时，其余学时为上机实习时间。

本书由郭朝勇编著，段红梅、常玉巧、郭学信、杨世岩、郭虹、韩宏伟、许静、段勇等也参与了部分工作。

与本教材相配套的还有学生实践用书《AutoCAD 2006 上机指导与练习》，可一并选用。

由于编者水平有限，书中难免有不当之处，恳请广大使用者批评指正。我的 E-mail 地址为：chaoyongguo@21cn.com

为了方便教师教学，本书还配有教学指南、电子教案及习题答案（电子版），请有此需要的教师登录华信教育资源网（www.huaxin.edu.cn 或 www.hxedu.com.cn）免费注册后再进行下载，在有问题时请在网站留言板留言或与电子工业出版社联系（E-mail: hxedu@phei.com.cn）。

编 者

2006 年 7 月

目 录

第 1 章　AutoCAD 概述

AutoCAD 是美国 Autodesk 公司推出的，集二维绘图、三维设计、渲染及关联数据库管理和互联网通信功能为一体的计算机辅助设计与绘图软件。自 1982 年推出，二十多年来，从初期的 1.0 版本，经 2.17、2.6、R10 、R12、R14、2000、2002、2004、2005 等多次典型版本更新和性能完善，现已发展到 AutoCAD 2006 版本，在机械、建筑和电子等工程设计领域得到了大规模的应用，目前已成为微机 CAD 系统中应用得最为广泛和普及的图形软件。

本章将对 AutoCAD 2006 的主要功能、软硬件需求、软件安装与启动、用户界面、基本操作等作一概略的介绍，使读者对该软件有一个整体的认识。

1.1　AutoCAD 的主要功能

1．强大的二维绘图功能

AutoCAD 提供一系列的二维图形绘制命令，用户可以方便地用各种方式绘制二维基本图形对象，如：点、直线、圆、圆弧、正多边形、椭圆、组合线、样条曲线等，并可对指定的封闭区域填充以图案（如剖面线、非金属材料、涂黑、砖、沙石、渐变色填充等）。

2．灵活的图形编辑功能

AutoCAD 提供很强的图形编辑和修改功能，如：移动、旋转、缩放、延长、修剪、倒角、倒圆角、复制、阵列、镜像、删除等，用户可以灵活方便地对选定的图形对象进行编辑和修改。

3．实用的辅助绘图功能

为了绘图的方便、规范和准确，AutoCAD 提供多种绘图辅助工具，包括绘图区光标点的坐标显示、用户坐标系、栅格、捕捉、目标捕捉、自动捕捉、正交方式等功能。

4．方便的尺寸标注功能

利用 AutoCAD 提供的尺寸标注功能，用户可以定义尺寸标注的样式，为绘制的图形标注尺寸、尺寸公差、几何形状和位置公差、注写中文和西文字体。

如图 1.1 所示为利用 AutoCAD 绘制的机械装配图图例。

5．显示控制功能

AutoCAD 提供多种方法来显示和观看图形。“缩放”及“鹰眼”功能可改变当前视口中图形的视觉尺寸，以便清晰地观察图形的全部或某一局部的细节；“扫视”功能相当于窗口不动，在窗口中上、下、左、右移动一张图纸，以便观看图形上的不同部分；“三维视图控制”功能能选择视点和投影方向，显示轴测图、透视图或平面视图，消除三维显示中的隐藏线，实现三维动态显示等；“多视口控制”能将屏幕分成几个窗口，每个窗口可以单独进行各种显示并能定义独立的用户坐标系；重画或重新生成图形等。

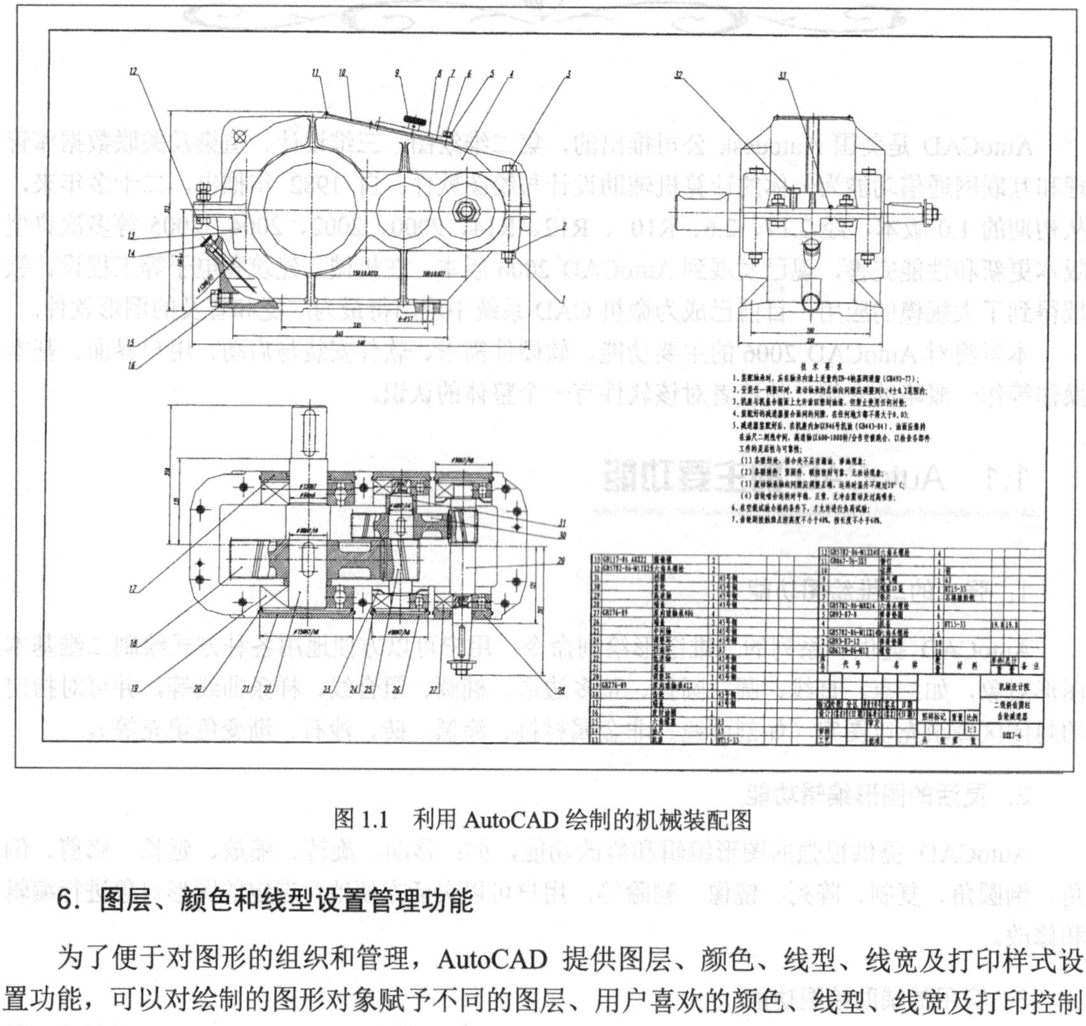

图1.1 利用AutoCAD绘制的机械装配图

6. 图层、颜色和线型设置管理功能

为了便于对图形的组织和管理，AutoCAD提供图层、颜色、线型、线宽及打印样式设置功能，可以对绘制的图形对象赋予不同的图层、用户喜欢的颜色、线型、线宽及打印控制等对象特性。另外，图层还可以被打开或关闭、冻结或解冻、锁定或解锁。

7. 图块和外部参照功能

为了提高绘图效率，AutoCAD提供图块和对非当前图形的外部参照功能。利用该功能，可以将需要重复使用的图形定义成图块，在需要时依不同的基点、比例、转角插入到新绘制的图形中，或将外部及局域网上的图形文件以外部参照的方式链接到当前图形中。

8. 三维实体造型功能

AutoCAD提供多种三维绘图命令，如创建长方体、圆柱体、球、圆锥、圆环、楔形体等，以及将平面图形经回转和平移分别生成回转扫描体和平移扫描体等，通过在简单立体间进行交、并、差等布尔运算，可以将其进一步生成更为复杂的形体。如图 1.2 所示为利用 AutoCAD 完成的“轿车”三维造型示例。AutoCAD 提供的三维实体编辑功能可以使用户完成对实体的多种编辑，如：倒角、倒圆角、生成剖面图和剖视图等。AutoCAD 提供的三维实体查询功能可以自动完成对三维实体的质量、体积、质心、惯性矩等物理特性的计算。此外，借助于对三维图形的消隐或阴影处理，可以帮助增强图形的三维显示效果。若为三维造型设置光源、并赋以材质，经渲染处理后，可获得像照片一样非常逼真的三维真实感效果图。如图 1.3 所示为对如图 1.2 所示“轿车”进行渲染后的三维真实感显示效果图。

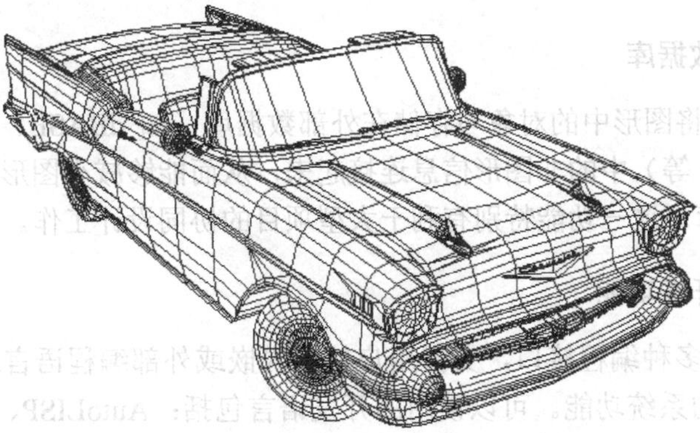

图 1.2 用 AutoCAD 完成的“轿车”三维造型

图 1.3 用 AutoCAD 渲染生成的“轿车”三维真实感效果图

9. 幻灯演示和批量执行命令功能

在 AutoCAD 下可以将图形的某些显示画面生成幻灯片，进行快速显示和演播；可以建立脚本文件，如同 DOS 系统下的批处理文件一样，自动地执行在脚本文件中预定义的一组 AutoCAD 命令及其选项和参数序列，从而提高绘图的自动化成分。

10. 用户定制功能

AutoCAD 本身是一个通用的绘图软件，不针对某个行业、专业和领域，但其提供多种用户化定制途径和工具，允许将其改造为一个适用于某一行业、专业或领域并满足用户个人习惯和喜好的专用设计和绘图系统。可以定制的内容包括：为 AutoCAD 的内部命令定义用户便于记忆和使用的命令别名、建立满足用户特殊需要的线型和填充图案、重组或修改系统菜单和工具栏、通过图形文件建立用户符号库和特殊字体等。

11. 数据交换功能

在图形数据交换方面，AutoCAD 提供多种图形、图像数据交换格式和相应的命令，通过 DXF、IGES 等规范的图形数据转换接口，可以与其他 CAD 系统或应用程序进行数据交换。利用 Windows 环境的剪贴板和对象链接嵌入技术，可以极为方便地与其他 Windows 应用程序交换数据。此外，还可以直接对光栅图像进行插入和编辑。

12. 连接外部数据库

AutoCAD 能够将图形中的对象与存储在外部数据库（如 dBASE、ORACLE、Microsoft Access、SQL Server 等）中的非图形信息连接起来，从而能够减小图形的大小、简化报表，并可编辑外部数据库。这一功能特别有利于大型项目的协同设计工作。

13. 用户二次开发功能

AutoCAD 提供多种编程接口，支持用户使用内嵌或外部编程语言对其进行二次开发，以扩充 AutoCAD 的系统功能。可以使用的开发语言包括：AutoLISP、Visual LISP、Visual C++（ObjectARX）和 Visual BASIC（VBA）等。

14. 网络支持功能

利用 AutoCAD 绘制的图形，可以在 Internet/Intranet 上进行图形的发布、访问及存取，为异地设计小组的网上协同工作提供强有力的支持。

15. 图形输出功能

在 AutoCAD 中可以以任意比例将所绘图形的全部或部分输出到图纸或文件中，从而获得图形的硬拷贝或电子拷贝。

16. 完善而友好的帮助功能

AutoCAD 提供方便的在线帮助功能，可以指导用户进行相关的使用和操作，并帮助解决用户在软件使用中遇到的各种技术问题。

1.2 AutoCAD 软件的安装与启动

1.2.1 安装 AutoCAD 所需的系统配置

AutoCAD 所进行的大部分工作是图形处理，其中涉及大量的数值计算，因此对计算机系统的硬、软件环境有着较高的要求。下面列出的是运行 AutoCAD 所需的最低硬、软件配置：

（1）Windows XP、Windows NT 4.0 或 Windows 2000 操作系统。

（2）Microsoft Internet Explorer 6.0 浏览器。

（3）Pentium III 或更高主频的 CPU（最低 500 MHz）。

（4）最低 128MB 内存（RAM）。

（5）300MB 或更多的空余磁盘空间。

（6）具有真彩色的 1024×768 VGA 或更高分辨率的显示器。

（7）4 倍速以上光盘驱动器（仅用于软件安装）。

（8）鼠标或其他定位设备。

（9）其他可选设备，如：打印机、绘图仪、数字化仪、Open GL 兼容三维视频卡、调制解调器或其他访问 Internet 的连接设备、网络接口卡等。

为了保证 AutoCAD 顺利运行和图形绘制与显示的速度和效果，建议采用更高的计算机系统配置，以提高工作效率。

1.2.2　软件的安装

AutoCAD 2006 的安装界面风格与其他 Windows 应用软件相似，安装程序具有智能化的安装向导，操作非常方便，用户只需一步一步按照屏幕上的提示操作即可完成整个安装过程。

正确安装 AutoCAD 2006 中文版后，会在计算机的桌面上，自动生成 AutoCAD 2006 中文版快捷图标，如图 1.4 所示。

图 1.4　AutoCAD 2006 中文版快捷图标

1.2.3　启动 AutoCAD 2006

启动 AutoCAD 2006 的方法很多，下面介绍几种常用的方法：

（1）在 Windows 桌面上双击 AutoCAD 2006 中文版快捷图标。

（2）单击 Windows 桌面左下角的“开始”按钮，在弹出的菜单中选择“程序”→“Autodesk”“AutoCAD 2006-Simplified Chinese”→“AutoCAD 2006”。

（3）双击已经存盘的任意一个 AutoCAD 图形文件（*.dwg 文件）。

1.3　AutoCAD 的用户界面

1.3.1　初始用户界面

启动 AutoCAD 2006 后，即出现如图 1.5 所示的 AutoCAD 2006 用户界面，包括标题栏、菜单栏、工具栏、绘图窗口、命令行窗口、文本窗口及状态栏等内容，下面分别介绍。

1．标题栏

AutoCAD 2006 的标题栏位于用户界面的顶部，左边显示该程序的图标及当前所操作图形文件的名称，与其他 Windows 应用程序相似，单击图标按钮，将弹出系统菜单，可以进行相应的操作；右边分别为：窗口最小化按钮、窗口最大化按钮、关闭窗口按钮，可以实现对程序窗口状态的调节。

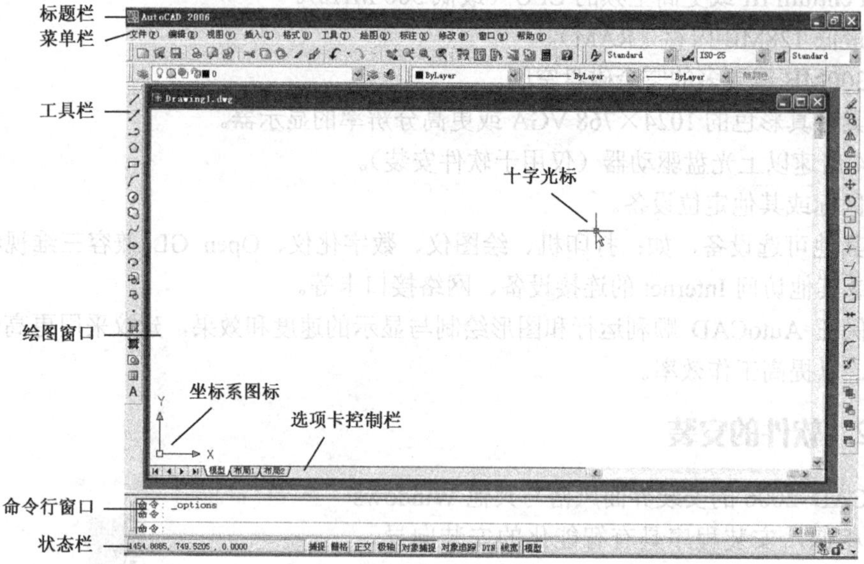

图 1.5　AutoCAD 2006 的用户界面

2. 菜单栏

AutoCAD 2006 的菜单栏中共有 11 个菜单："文件"、"编辑"、"视图"、"插入"、"格式"、"工具"、"绘图"、"标注"、"修改"、"窗口"和"帮助"，包含了该软件的主要命令。单击菜单栏中的任一菜单，即弹出相应的下拉菜单，如图 1.6 所示。现就下拉菜单中的菜单项说明如下：

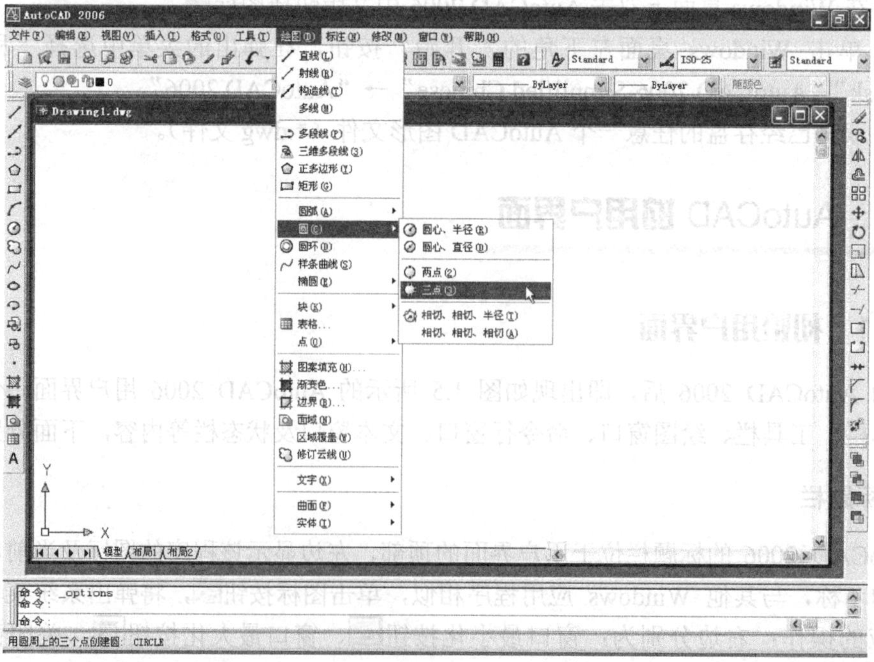

图 1.6　下拉菜单

- 普通菜单项：如图 1.6 所示中的“矩形”、“圆环”等，菜单项无任何标记，单击该菜单项即可执行相应的命令。
- 级联菜单项：如图 1.6 所示中的“圆”、“文字”等，菜单项右端有一黑色小三角，表示该菜单项中还包含多个菜单选项，单击该菜单项，将弹出下一级菜单，称为级联菜单，用户可进一步在级联菜单中选取菜单项。
- 对话框菜单项：如图 1.6 所示中的“图案填充”等，菜单项后带有“...”，表示单击该菜单项将弹出一个对话框，用户可以通过该对话框实施相应的操作。

3. 工具栏

工具栏是一组图标型工具的集合，它为用户提供另一种调用命令和实现各种绘图操作的快捷执行方式。

AutoCAD 2006 中共包含 29 个工具栏，在默认情况下，将显示“标准”工具栏、“对象特性”工具栏、“样式”工具栏、“图层”工具栏、“绘图”工具栏和“修改”工具栏，如图 1.7 所示。单击工具栏中的某一图标，即可执行相应的命令；把光标移动到某个图标上稍停片刻，即在该图标的一侧显示相应的工具提示。

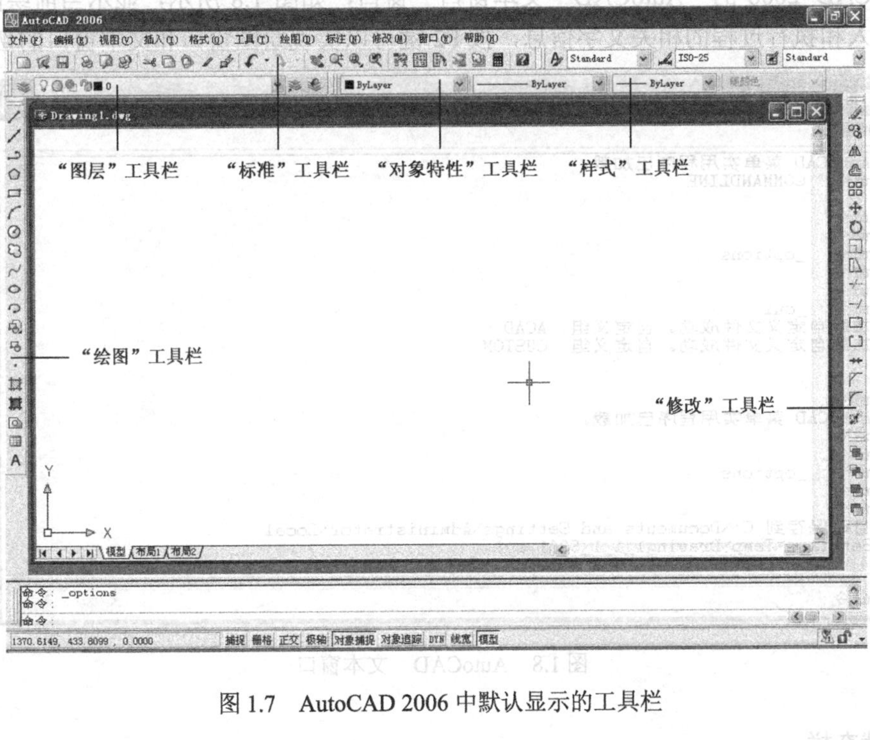

图 1.7 AutoCAD 2006 中默认显示的工具栏

4. 绘图窗口

绘图窗口是 AutoCAD 显示、编辑图形的区域，用户可以根据需要打开或关闭某些窗口，以便合理地安排绘图区域。

- 绘图窗口中的光标为十字光标，用于绘制图形及选择图形对象，十字线的交点为光标的当前位置，十字线的方向与当前用户坐标系的 X 轴、Y 轴方向平行。
- 选项卡控制栏位于绘图窗口的下边缘，单击其中的“模型/布局”选项卡，即可以在模型空间和图纸空间之间进行切换。

- 在绘图窗口的左下角有一个坐标系图标，它反映了当前所使用的坐标系形式和坐标方向。在 AutoCAD 中绘制图形，可以采用两种坐标系：

（1）世界坐标系（WCS）：这是用户刚进入 AutoCAD 时的坐标系统，是固定的坐标系统，绘制图形时多数情况下都是在这个坐标系统下进行的。

（2）用户坐标系（UCS）：这是用户利用 UCS 命令相对于世界坐标系重新定位、定向的坐标系。

在默认情况下，当前 UCS 与 WCS 重合。

5. 命令行窗口

命令行窗口是用户输入命令（Command）名和显示命令提示信息的区域。默认的命令行窗口位于绘图窗口的下方，其中保留最后三次所执行的命令及相关的提示信息。用户可以用改变一般 Windows 窗口的方法来改变命令行窗口的大小。

6. 文本窗口

AutoCAD 2006 的“AutoCAD　文本窗口”窗口，如图 1.8 所示，显示当前绘图进程中命令的输入和执行过程的相关文字信息，按 F2 键可以实现绘图窗口和文本窗口的切换。

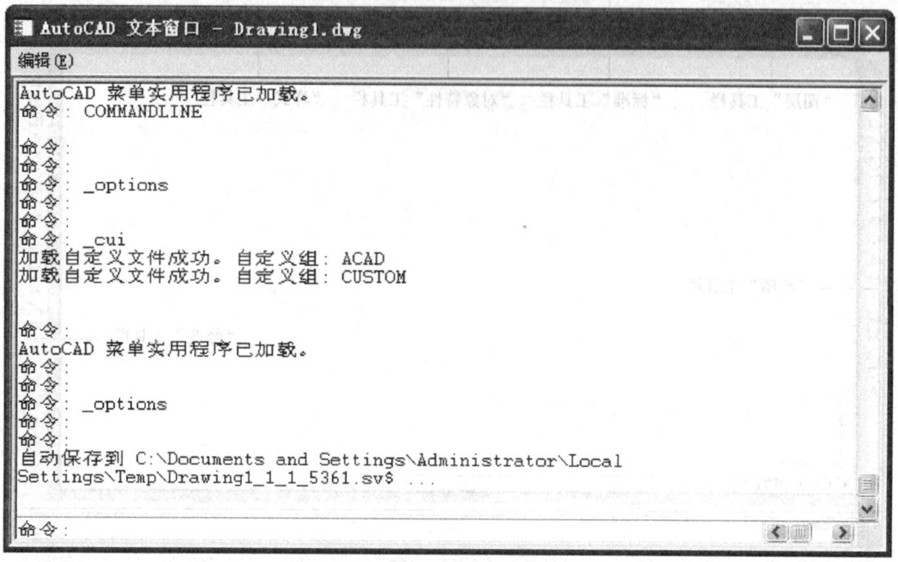

图 1.8　AutoCAD　文本窗口

7. 状态栏

AutoCAD 2006 的状态栏位于屏幕的底部，在默认情况下，左端显示绘图区中光标定位点的 x、y、z 坐标值；中间依次有“捕捉”、“栅格”、“正交”、“极轴”、“对象捕捉”、“对象追踪”、“线宽”和“模型”八个辅助绘图工具按钮，单击任一按钮，即可打开相应的辅助绘图工具；右端为状态栏托盘，单击右端的下拉箭头，即可弹出“状态行菜单”，在该菜单中可以设置状态栏中显示的辅助绘图工具按钮。

1.3.2　工具栏常用操作

1. 打开或关闭工具栏

在 AutoCAD 2006 中，用鼠标右击任一工具栏，在弹出的工具栏名称列表框（如图 1.9 所示）中选中欲显示的工具栏，打开或关闭工具栏。

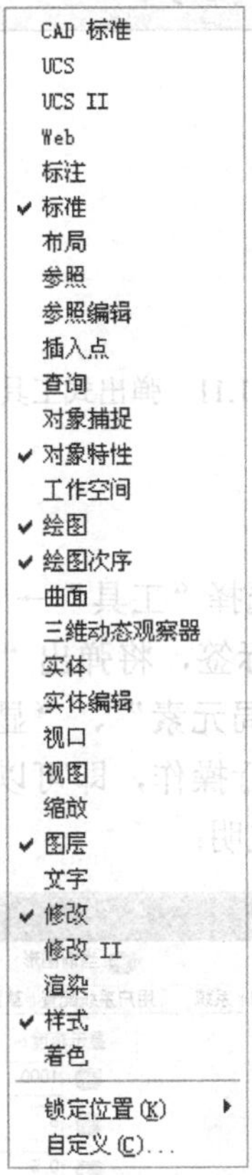

图 1.9　工具栏名称列表框

2. 浮动或固定工具栏

在用户界面中，工具栏的显示方式有两种：固定方式和浮动方式。

（1）当工具栏显示为浮动方式时，如图 1.10 所示的“绘图”工具栏，将显示该工具栏的标题，并可以关闭该工具栏。如果将光标移动到标题区，按住鼠标左键，则可拖动该工具栏在屏幕上自由移动，当拖动工具栏到图形区边界时，则工具栏的显示变为固定方式。

图 1.10　浮动显示的“绘图”工具栏

（2）固定方式显示的工具栏可被锁定在 AutoCAD 2006 窗口的顶部、底部或两边，并隐藏工具栏的标题（如图 1.7 所示）。同样，用户可以把固定工具栏拖出，使其成为浮动工具栏。

3. 弹出式工具栏

如图 1.11 所示，在某些工具栏中，会出现右下角带有一个小三角标记的图标，将光标移动到该图标上，按住鼠标左键，将弹出相应的工具栏，此时按住鼠标左键不放，移动光标到某一图标上然后松手，则该图标成为当前图标，单击当前图标，将执行相应的命令。

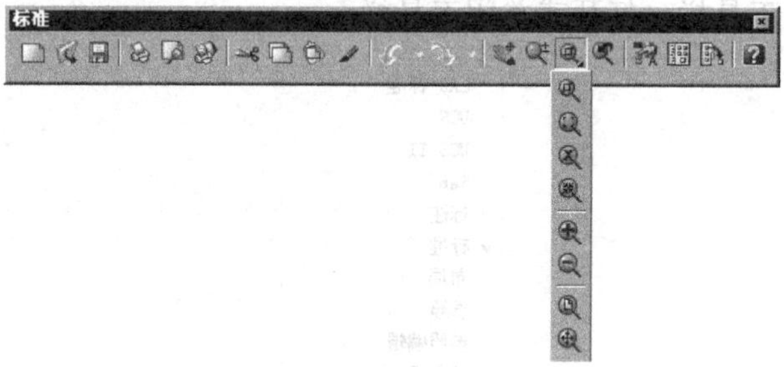

图 1.11　弹出式工具栏

1.3.3　用户界面的修改

在 AutoCAD 2006 的菜单栏中，选择“工具”→“选项”，则弹出“选项”对话框，如图 1.12 所示。单击其中的“显示”标签，将弹出“显示”选项卡，其中包括六个区域：“窗口元素”、“显示精度”、“布局元素”、“显示性能”，以及“十字光标大小”和“参照编辑的褪色度”，分别对其进行操作，即可以实现对原有用户界面中某些内容的修改。现仅对其中常用内容的修改加以说明：

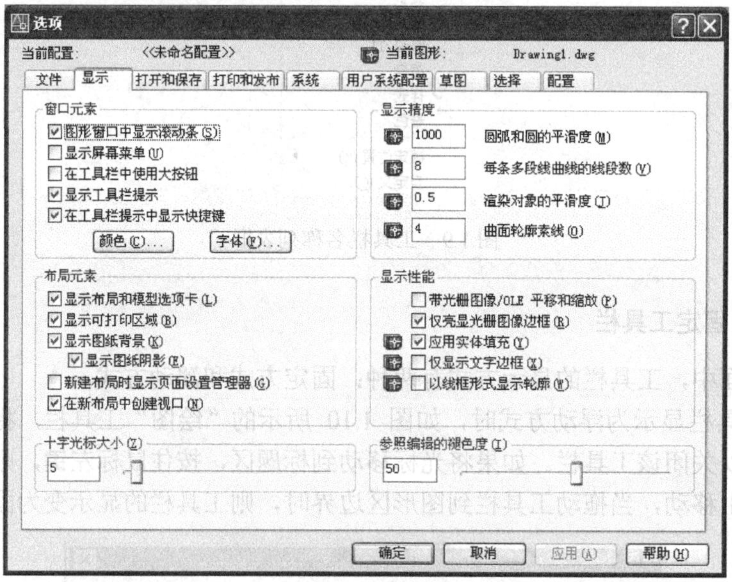

图 1.12　“选项”对话框

1. 修改图形窗口中十字光标的大小

系统预设十字光标的长度为屏幕大小的百分之五，用户可以根据绘图的实际需要更改其大小。改变十字光标大小的方法为：在“十字光标大小”区域中的编辑框中直接输入数值，或者拖动编辑框后的滑块，即可以对十字光标的大小进行调整。此外，用户还可以通过设置系统变量 CURSORSIZE 的值，实现对其大小的更改。

2. 修改绘图窗口的颜色

在默认情况下，AutoCAD 2006 的绘图窗口是黑色背景、白色线条，利用“选项”对话框，用户同样可以对其进行修改。

修改绘图窗口颜色的步骤为：

（1）单击“窗口元素”区域中的“颜色”按钮，弹出如图 1.13 所示的“颜色选项”对话框。

（2）单击“颜色选项”对话框内“颜色”文本框右侧的下拉箭头，在弹出的下拉列表中，选择“白色”，如图 1.14 所示，然后单击“应用并关闭”按钮，则 AutoCAD 2006 的绘图窗口将变成白色背景、黑色线条。

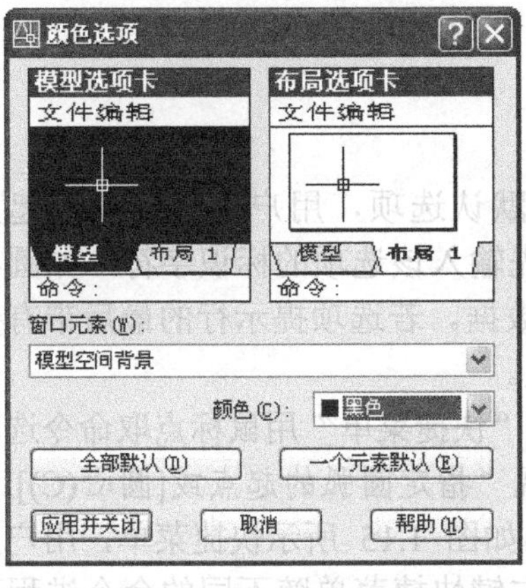

图 1.13 “颜色选项”对话框

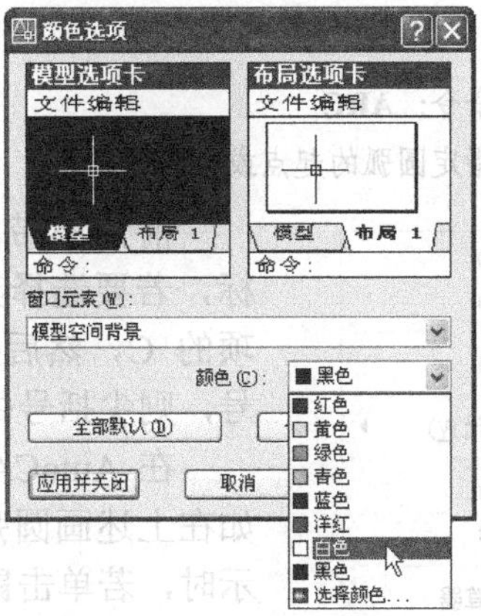

图 1.14 “颜色选项”对话框中的颜色下拉列表

1.4 AutoCAD 命令和系统变量

AutoCAD 的操作过程由 AutoCAD 命令控制，AutoCAD 系统变量是设置与记录 AutoCAD 运行环境、状态和参数的变量。

AutoCAD 命令名和系统变量名均为西文，如命令 LINE（直线）、CIRCLE（圆）等，系统变量 TEXTSIZE（文字高度）、THICKNESS（对象厚度）等。

1.4.1 命令的调用方法

有多种方法可以调用 AutoCAD 命令（以画直线为例）：

（1）在命令行输入命令名。即在命令行的“命令：”提示后键入命令的字符串，命令字符可不区分大、小写。例如，命令：**LINE**。

（2）在命令行输入命令缩写字。如 L（Line）、C（Circle）、A（Arc）、Z（Zoom）、R（Redraw）、M（More）、CO（Copy）、PL（Pline）、E（Erase）等。例如，命令：**L**。

（3）单击下拉菜单中的菜单选项。在状态栏中可以看到对应的命令说明及命令名。

（4）单击工具栏中的对应图标。如点取“绘图”工具栏中的图标，也可执行画直线命令，同时在状态栏中也可以看到对应的命令说明及命令名。

1.4.2　命令及系统变量的有关操作

1．命令的取消

在命令执行的任何时刻都可以用 ESC 键取消或终止命令的执行。

2．命令的重复使用

若在一个命令执行完毕后欲再次重复执行该命令，则可在命令行中的“命令:”提示后按回车键。

3．命令选项

当输入命令后，AutoCAD 会出现对话框或命令行提示，在命令行提示中常会出现命令选项，如：

命令: **ARC**

指定圆弧的起点或[圆心(C)]:

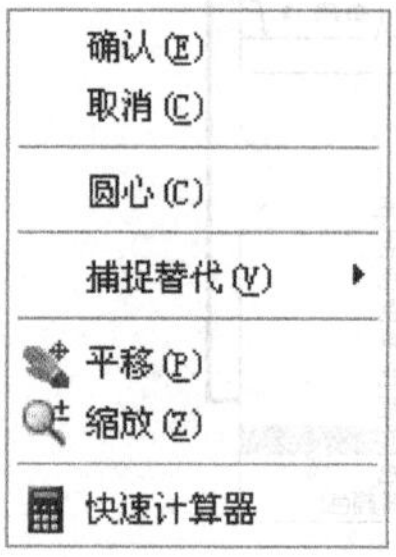

图 1.15　快捷菜单

前面不带中括号的提示为默认选项，用户可直接输入起点坐标，若要选择其他选项，则应先输入该选项的标识字符，如圆心选项的 C，然后按系统提示输入数据。若选项提示行的最后带有尖括号，则尖括号中的数值为默认值。

在 AutoCAD 中，也可通过“快捷菜单”用鼠标点取命令选项。如在上述画圆弧示例中，当出现“指定圆弧的起点或[圆心(C)]:”提示时，若单击鼠标右键，则弹出如图 1.15 所示快捷菜单，用户从中可用鼠标快速选定所需选项。右键快捷菜单随不同的命令进程而有不同的菜单选项。

4．透明命令的使用

有的命令不仅可直接在命令行中使用，而且可以在其他命令的执行过程中插入执行，该命令结束后系统继续执行原命令，输入透明命令时要加前缀单撇号“'”。

例如：

命令: **ARC** *

指定圆弧的起点或 [圆心(C)]: **'ZOOM**　（透明使用显示缩放命令）

>> ...（执行 ZOOM 命令）

正在恢复执行 ARC 命令。

指定圆弧的起点或 [圆心(C)]: （继续执行原命令）

不是所有命令都能透明使用的，可以透明使用的命令在透明使用时要加前缀“'”。使用透明命令，也可以通过从菜单或工具栏中选取。

---

*注：本书用仿宋体编排的内容为软件在命令行处的提示，圆括弧中的内容为相应的说明；黑体部分为用户键入的命令或选项。符号“↙”表示按回车键。

5. 命令的执行方式

有的命令有两种执行方式，通过对话框或通过命令行输入命令选项。如指定使用命令行方式，可以在命令名前加一减号来表示用命令行方式执行该命令，如“–LAYER”。

6. 系统变量的访问方法

访问系统变量可以直接在命令提示下输入系统变量名或点取菜单项，也可以使用专用命令 SETVAR。

1.4.3 数据的输入方法

1. 点的输入

绘图过程中，常需要输入点的位置，AutoCAD 提供如下几种输入点的方式：

（1）用键盘直接在命令行中输入点的坐标。点的坐标可以用直角坐标、极坐标、球面坐标或柱面坐标表示，其中直角坐标和极坐标最为常用。

直角坐标有两种输入方式：*x*，*y*[，*z*]（点的绝对坐标值，例如：100，50）和@x，y[，z]（相对于上一点的相对坐标值，例如：@ 50，–30）。坐标值均相对于当前的用户坐标系。

极坐标的输入方式为：长度<角度（其中，长度为点到坐标原点的距离，角度为原点至该点连线与 *X* 轴的正向夹角，例如：20<45）或@长度 < 角度（相对于上一点的相对极坐标，例如@ 50 < –30）。

（2）用鼠标等定标设备移动光标，单击左键在屏幕上直接取点。

（3）用键盘上的箭头键移动光标，按回车键取点。

（4）用目标捕捉方式捕捉屏幕上已有图形的特殊点（如端点、中点、中心点、插入点、交点、切点、垂足点等，详见第 4 章内容）。

（5）直接距离输入。先用光标拖拉出橡筋线确定方向，然后用键盘输入距离。

（6）使用过滤法得到点。

2. 距离值的输入

在 AutoCAD 命令中，有时需要提供高度、宽度、半径、长度等距离值。AutoCAD 提供两种输入距离值的方式：一种是用键盘在命令行中直接输入数值；另一种是在屏幕上点取两点，以两点的距离值定出所需数值。

1.5 AutoCAD 的文件命令

对于 AutoCAD 图形，AutoCAD 提供一系列图形文件管理命令。

1.5.1 新建图形文件

1. 命令

命令行：NEW

菜单：文件→新建

图标：“标准”工具栏中

2. 说明

打开如图 1.16 所示“选择样板”对话框，可从中间位置的样板文件“名称”框中选择基础图形样板文件（也可从“打开”按钮右侧的下拉列表框内选择“无样板打开-公制”），然后单击“打开”按钮，则系统以默认的 drawing1.dwg 为文件名开始一幅新图的绘制。

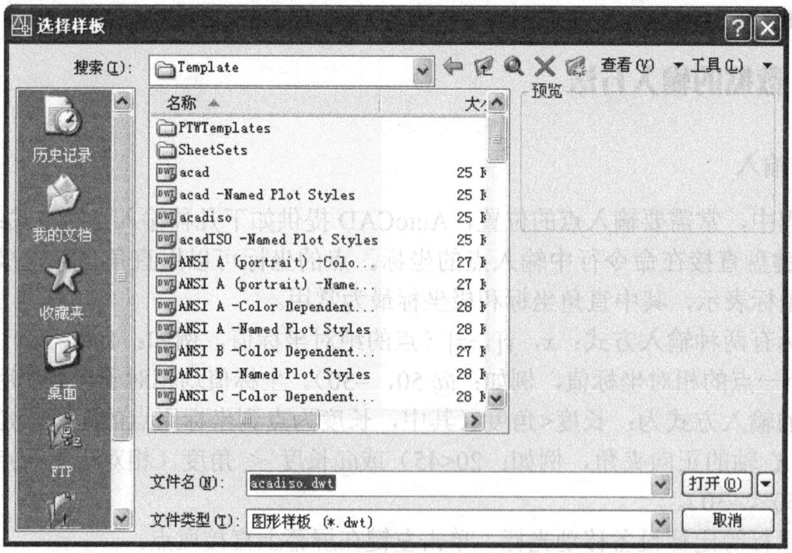

图 1.16 “选择样板”对话框

1.5.2 打开已有图形文件

1. 命令

命令行：OPEN
菜单：文件→打开
图标：“标准”工具栏

2. 说明

打开如图 1.17 所示“选择文件”对话框。在“文件类型”列表框中用户可选图形文件（.dwg）、dxf 文件、样板文件（.dwt）等。

1.5.3 快速保存文件

1. 命令

命令行：QSAVE
菜单：文件→保存
图标：“标准”工具栏

图 1.17　“选择文件”对话框

2. 说明

若文件已命名，则 AutoCAD 自动保存；若文件未命名（即为默认名 drawing1.dwg），则系统调用“图形另存为”对话框，用户可以命名保存。在“文件类型”下拉列表框中可以指定保存文件的类型。

1.5.4　另存文件

1. 命令

命令行：SAVEAS

菜单：文件→另存为

2. 说明

调用“图形另存为”对话框，AutoCAD 用另存名保存，并把当前图形更名。

1.5.5　同时打开多个图形文件

在一个 AutoCAD 任务下可以同时打开多个图形文件。方法是在“选择文件”对话框（如图 1.17 所示）中，按下 Ctrl 键的同时选中几个要打开的文件，然后单击“打开”按钮即可；也可以从 Windows 浏览框把多个图形文件导入 AutoCAD 任务中。

若欲将某一打开的文件设置为当前文件，只需单击该文件的图形区域即可。也可以通过组合键 CTRL+F6 或 CTRL+TAB 在已打开的不同图形文件之间切换。

同时打开多个图形文件的功能，为重用过去的设计和在不同图形文件间移动、复制图形对象及对象特性提供方便。

1.5.6　局部打开图形文件

当绘制大而复杂的图形时，用户可以只打开所关心的那部分图形对象，从而节省图形存取时间，提高作图效率。可以基于视图或图层来打开图形文件中所要关注的那部分图形或外部参照文件。

局部打开图形文件的方法是，在“选择文件”对话框中选中欲打开的文件，然后点取“打开”按钮右侧的下拉列表框，从中选择“局部打开”选项，在随后弹出的“局部打开”对话框（如图1.18所示）中，按视图或图层选定要打开的部分。

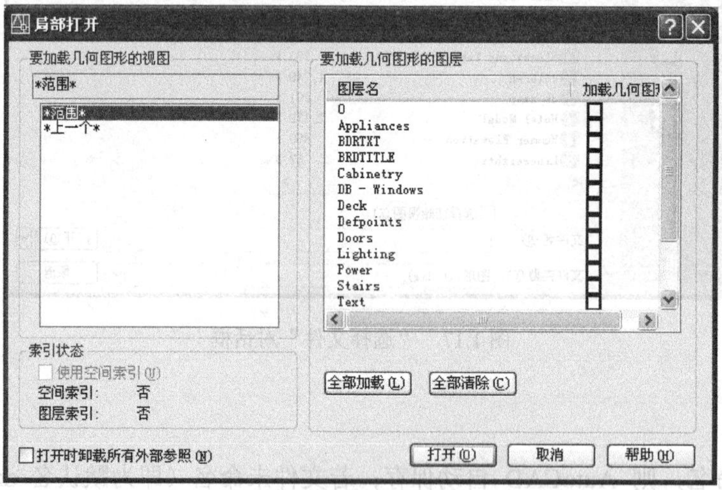

图1.18 “局部打开”对话框

1.5.7 退出AutoCAD

用户结束AutoCAD作业后应正常地退出AutoCAD。可以使用菜单：“文件”→“退出”，或者在命令行中输入QUIT命令，或单击AutoCAD界面右上角的“关闭”按钮☒。若用户对图形所做的修改尚未保存，则会出现如图1.19所示的系统警告框。

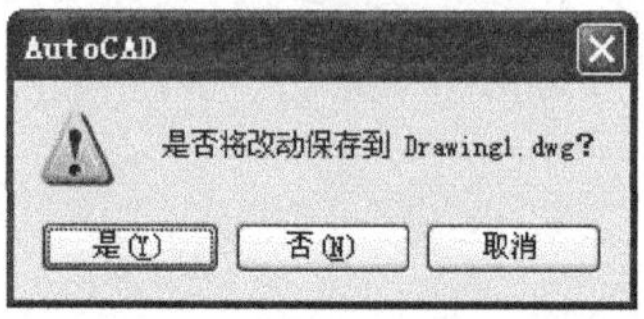

图1.19 系统警告框

此时选择“是”按钮，系统将保存文件，然后退出；选择“否”按钮，系统将不保存文件，直接退出。

1.6 带你绘制一幅图形

本节以绘制如图1.20所示的“垫片”图形为例，介绍用AutoCAD绘图的基本方法和步骤，以使读者对使用AutoCAD绘图的全过程有一个概略的直观了解。对于这一过程中涉及的部分内容，读者可能一时还不大理解，不过没有关系，在后续章节中将陆续对其分别作详细的介绍，在这里读者只需能够按所给步骤操作，绘出图形即可。

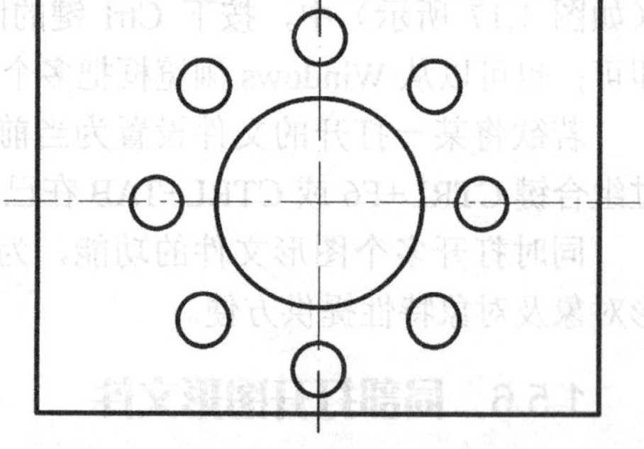

图1.20 “垫片”图形

分析：如图1.20所示的“垫片”图形由两条互相垂直的对称细点画线、矩形、中间的大圆及环绕大圆的八个小圆组成。

步骤

1．启动 AutoCAD 2006 中文版

在计算机桌面上双击 AutoCAD 2006 中文版图标，启动 AutoCAD 2006 中文版软件系统，将显示如图 1.21 所示绘图界面，用户可由这里开始进行具体的绘图。

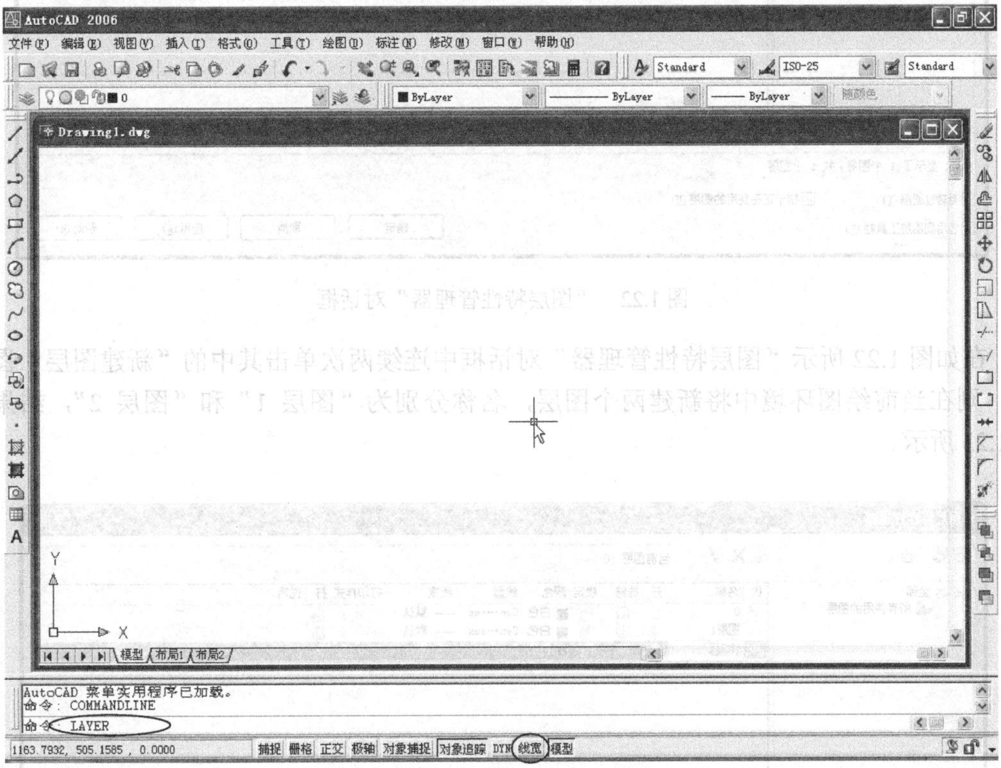

图 1.21 AutoCAD 绘图界面及命令的输入

2．设置图层、线型、线宽等绘图环境

根据国家标准《机械制图》的有关规定，“垫片”图形中用到了粗实线和细点画线两种图线线型，其宽度之比为 2:1。在 AutoCAD 下，这些都是通过“图层”的设置来实现的。图层好像透明纸重叠在一起一样，每一图层对应一种线型、颜色及线宽。

将光标移动到屏幕左下方的命令行处，在此处键入 AutoCAD 命令，即可执行相应的命令功能。

由上一节中的介绍知道，AutoCAD 命令有多种输入方式（通过命令行、下拉菜单、工具栏等方式），但命令行是所有方式中最为基本的输入方式。在本例中，AutoCAD 命令均是以命令行方式给定的，若读者有兴趣，当然也可以采用其他的命令输入方式。

在命令行中的命令提示符“命令:”后键入“LAYER”（如图 1.21 左下方所示），然后回车，则系统将执行 LAYER 图层设置命令，并弹出如图 1.22 所示的“图层特性管理器”对话框。

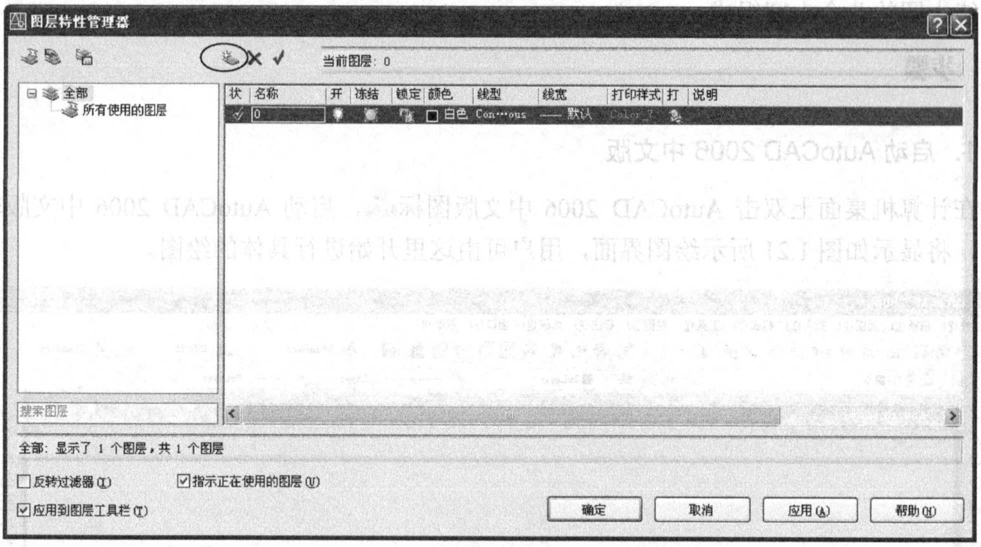

图 1.22 “图层特性管理器”对话框

在如图 1.22 所示“图层特性管理器”对话框中连续两次单击其中的“新建图层”图标，则在当前绘图环境中将新建两个图层，名称分别为“图层 1”和“图层 2”，结果如图 1.23 所示。

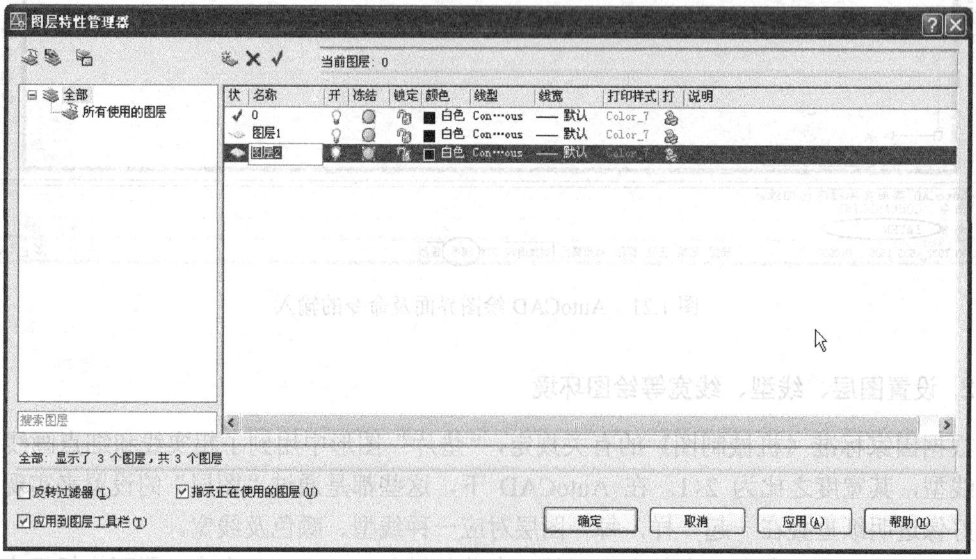

图 1.23 新建两个图层

将“图层 1”和“图层 2”分别更名为“粗实线”及“细点画线”，结果如图 1.24 所示。

单击如图 1.24 所示中的“线宽”处，弹出如图 1.25 所示“线宽”对话框，单击其中的“0.40 毫米”线宽，然后按“确定”按钮，则将“粗实线”图层的线宽设置为 0.40 毫米；同理，将“细点画线”图层的线宽设置为 0.20 毫米。

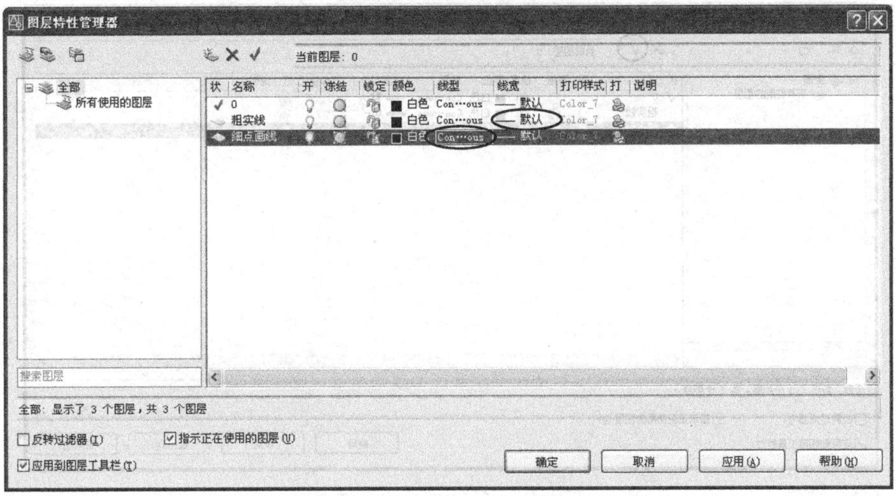

图 1.24　将新建图层更名为“粗实线”及“细点画线”

单击图 1.24 中的“线型”处，弹出如图 1.26 所示的“选择线型”对话框，单击其中的“加载”按钮，弹出如图 1.27 所示的“加载或重载线型”对话框，单击其中的“ACAD_ISO04W100”线型，然后单击“确定”按钮，则“ACAD_ISO04W100”线型将出现在“选择线型”对话框中。在此对话框内选中该线型，然后单击“确定”按钮，则“细点画线”图层的线型将被设置为“ACAD_ISO04W100”（细点画线）。设置完成后的“图层特性管理器”对话框如图 1.28 所示。

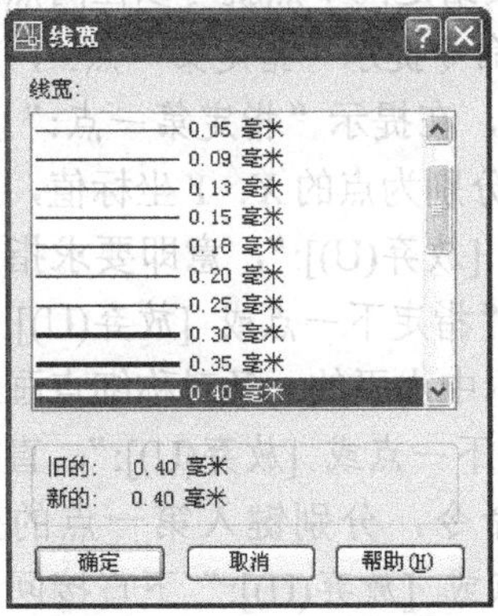

图 1.25　“线宽”对话框

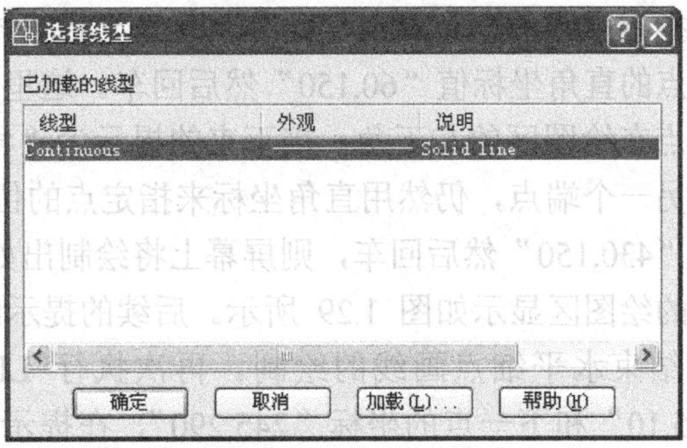

图 1.26　“选择线型”对话框

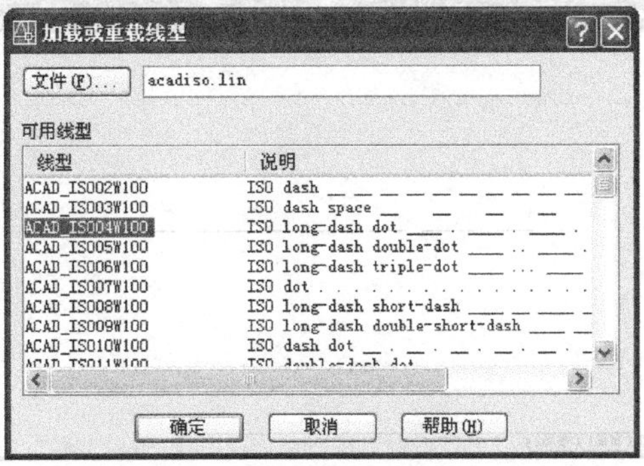

图 1.27　“加载或重载线型”对话框

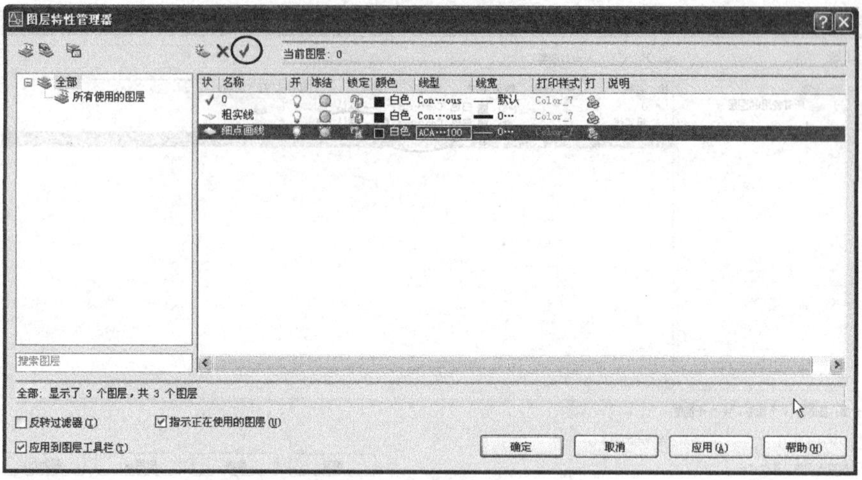

图 1.28　完成设置后的“图层特性管理器”对话框

在“图层特性管理器”对话框中选中“细点画线”图层，然后单击其中的“置为当前”图标 ，就将“细点画线”图层设置成为当前层，随后所画的图线均将绘制在该图层上。

3．绘制对称细点画线

这里，先用画直线命令 LINE 来绘制垫片的两条对称细点画线直线。具体步骤为：在命令行中的命令提示符“命令:”后键入“LINE”，然后回车，则系统将执行 LINE 画直线命令。大家知道，一条直线可以由其两个端点确定，因此，只要给定两个点就可以在两点之间绘制出一条直线。执行 LINE 命令后，将在命令窗口中显示命令提示“指定第一点:”，意即要求指定直线的一个端点，此处用直角坐标来指定点的位置，在提示“指定第一点:”后键入端点的直角坐标值“60,150”然后回车。这里的 60 和 150 分别为点的 *X*、*Y* 坐标值，坐标系原点在绘图区的左下角。接下来的提示为“指定下一点或 [放弃(U)]:”，意即要求指定直线的另一个端点，仍然用直角坐标来指定点的位置，在提示“指定下一点或 [放弃(U)]:”后键入“430,150”然后回车，则屏幕上将绘制出如图 1.20 所示中水平的一条对称细点画线，此时的绘图区显示如图 1.29 所示。后续的提示继续为“指定下一点或 [放弃(U)]:”，直接回车，结束水平细点画线的绘制。再次执行 LINE 画直线命令，分别键入第一点的坐标“245,10”和下一点的坐标“245,290”，在提示“指定下一点或 [放弃(U)]:”下直接回车，可绘制出如图 1.20 所示中垂直的一条对称细点画线。

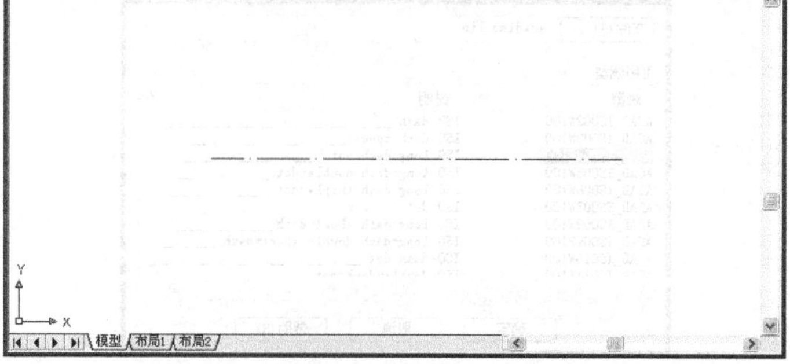

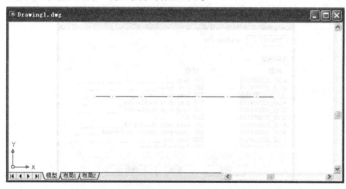

图 1.29　绘制水平对称细点画线

上述操作过程的输入和提示可归结如下（均用小号字排版，其中，用黑体编排部分为用户的键盘输入，括弧中的部分为注释和说明。符号↙代表回车）：

命令: **LINE**↙（输入画直线命令）

指定第一点: **60,150**↙（输入图 1.20 中水平细点画线左端点的坐标）

指定下一点或 [放弃(U)]: **430,150**↙（输入图 1.20 中水平细点画线右端点的坐标）

指定下一点或 [放弃(U)]:↙（结束画直线命令）

命令: **LINE**↙（再次输入画直线命令）

指定下一点或 [放弃(U)]: **245,10**↙（输入图 1.20 中铅垂细点画线下端点的坐标）

指定下一点或 [闭合(C)/放弃(U)]: **245,290**↙（输入图 1.20 中铅垂细点画线上端点的坐标）

指定下一点或 [放弃(U)]:↙（结束画直线命令）

此时屏幕上显示的图形如图 1.30 所示。

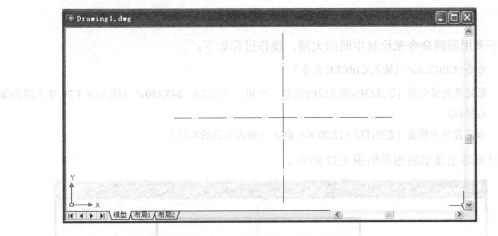

图 1.30　绘制垂直对称细点画线

4. 将"粗实线"图层设置为当前图层

要绘制粗实线图形，首先应将"粗实线"图层设置为当前图层。在如图 1.28 所示"图层特性管理器"对话框中选中"粗实线"图层，然后单击其中的"置为当前"图标✓，就将"粗实线"图层设置成为当前层，随后所画的图线均将绘制在该图层上，且图线线型为宽度是 0.40 毫米的粗实线。

为使所设置的图线宽度能够在屏幕上直观地显示出来，可单击屏幕下方 AutoCAD 状态栏中的"线宽"按钮（如图 1.21 所示）。

5. 绘制粗实线图形

先用画矩形命令 RECTANG 绘制垫片的外轮廓。具体过程如下：

命令: **RECTANG**↙（启动画矩形命令）

指定第一个角点或 [倒角(C)/标高(E)/圆角(F)/厚度(T)/宽度(W)]: **80,30**↙（矩形左下角点坐标）

指定另一个角点或 [面积(A)/尺寸(D)/旋转(R)]: **410,270**↙（矩形右上角点坐标）

此时屏幕上显示的图形如图 1.31 所示。

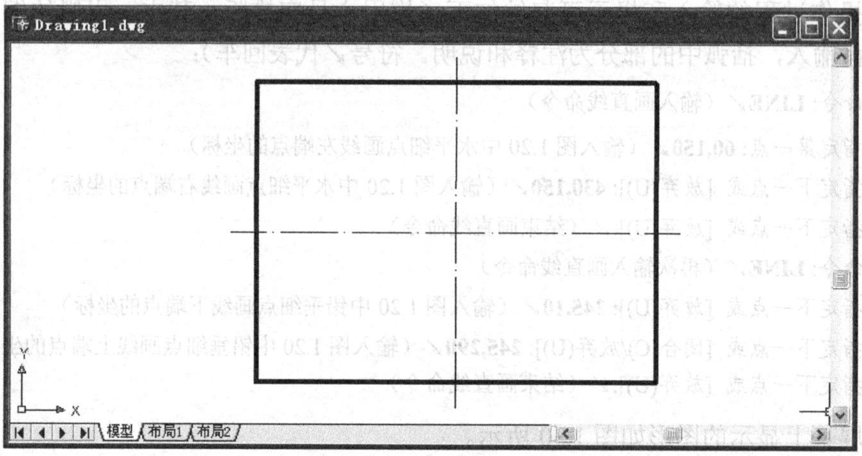

图 1.31　绘外轮廓矩形

接下来用画圆命令来绘制中间的大圆。操作过程如下：

命令: CIRCLE↙（输入 CIRCLE 命令）

指定圆的圆心或 [三点(3P)/两点(2P)/相切、相切、半径(T)]: **245,150**↙（输入图 1.20 中大圆的圆心坐标）

指定圆的半径或 [直径(D)] <15.0000>: **60**↙（输入大圆的半径）

此时屏幕上显示的图形如图 1.32 所示。

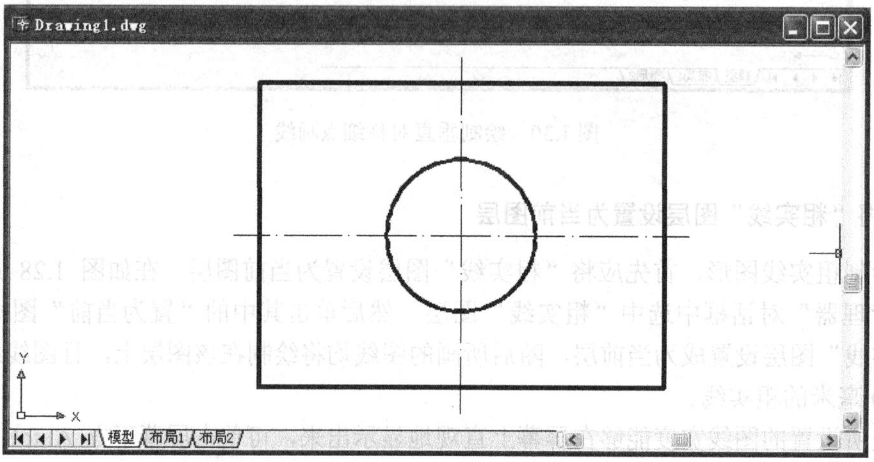

图 1.32　绘制完大圆后的图形

接下来仍然用 CIRCLE 命令来绘制图 1.20 中最右边的那个小圆。过程如下：

命令: CIRCLE↙（输入 CIRCLE 命令）

指定圆的圆心或 [三点(3P)/两点(2P)/相切、相切、半径(T)]: **340,150**↙（输入图 1.20 中最右小圆的圆心坐标）

指定圆的半径或 [直径(D)] <15.0000>: **15**↙（输入小圆的半径）

此时屏幕上显示的图形如图 1.33 所示。

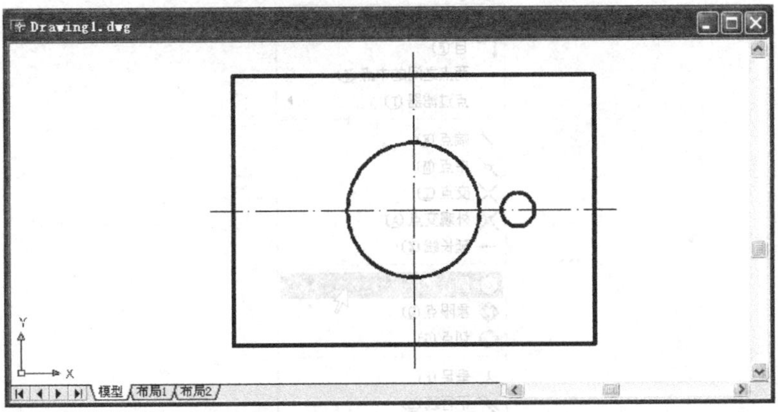

图 1.33 绘制了一个小圆后的图形

下面用阵列命令 ARRAY 将上面绘制的小圆再复制 7 个。过程如下：

命令: **-ARRAY**↙（输入阵列命令，注意命令前面的减号“-”不能省略）

选择对象:（此时，光标变为一个小的正方形，将光标移到刚才绘制的小圆上，然后单击鼠标左键，则该小圆将变为虚线显示，如图 1.34 所示）

找到 1 个

选择对象: ↙

输入阵列类型 [矩形(R)/环形(P)] <R>: **P**↙（设置将小圆绕大圆环绕一周）

指定阵列的中心点或[基点（B）]: （在此提示下，先按住键盘上的上档键 Shift 不放，再单击鼠标右键，将弹出如图 1.35 所示光标菜单，用鼠标左键选择其中的“圆心”选项，则菜单消失且光标变为十字形）

_cen 于（将光标移到大圆上，则在大圆的圆心处将显示一彩色的小圆，并在当前光标处出现“圆心”伴随说明。如图 1.36 所示，此时单击鼠标）

输入阵列中项目的数目: **8**↙（环绕大圆的小圆总数）

指定填充角度 (+=逆时针，−=顺时针) <360>:↙

是否旋转阵列中的对象？[是(Y)/否(N)] <Y>:↙

绘制完成的“垫片”图形如图 1.37 所示。

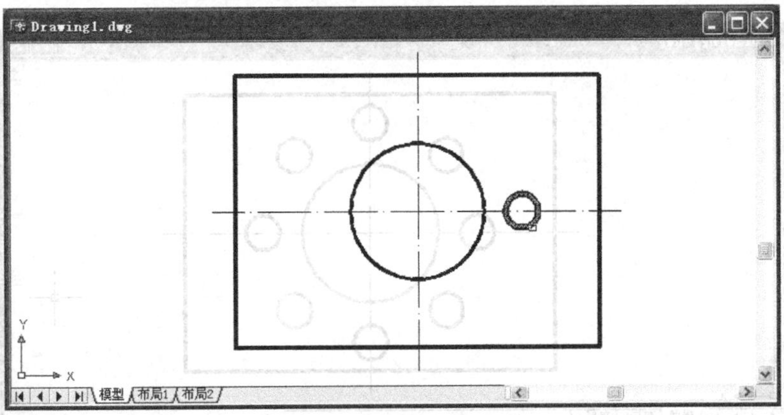

图 1.34 用光标选中小圆

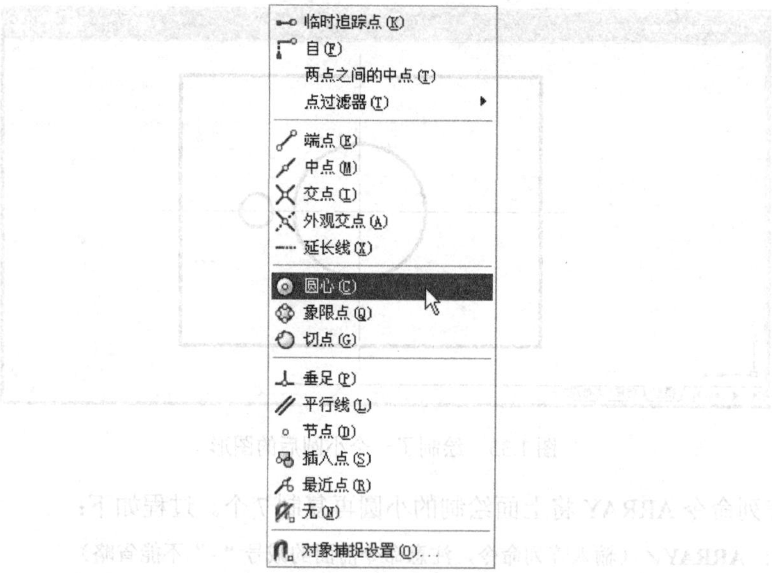

图 1.35　设置捕捉大圆圆心

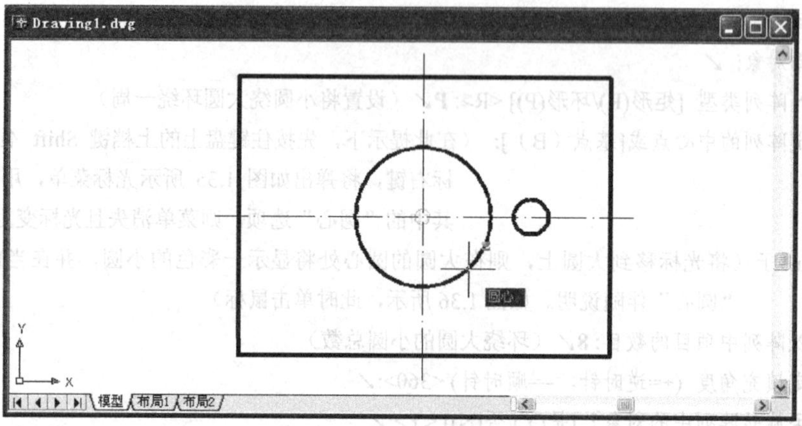

图 1.36　捕捉大圆圆心

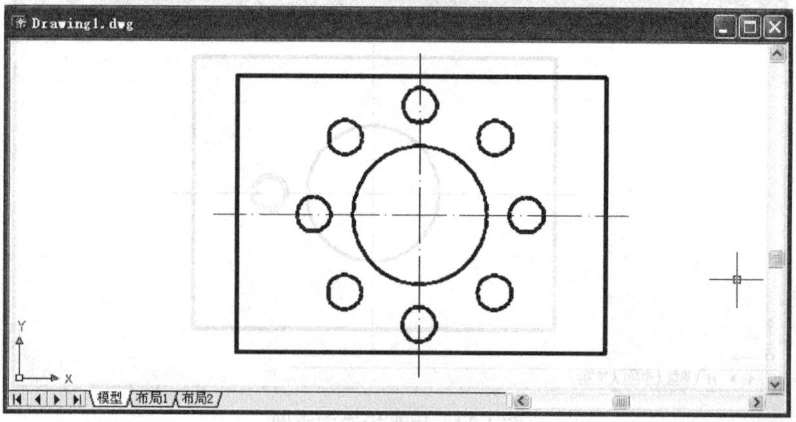

图 1.37　绘制完成的“垫片”图形

6. 将图形存盘保存

接下来可以将图形保存起来，以便日后使用。在命令行键入赋名存盘命令 SAVEAS 后，将弹出“图形另存为”对话框。在“文件名”文本框中输入图形文件的名称“垫片”，然后单击“保存”按钮，则系统会自动将所绘图形保存到名为“垫片.DWG”的图形文件中。

7. 退出 AutoCAD 系统

在命令行键入 QUIT 然后回车，将退出 AutoCAD 系统，返回到 Windows 桌面。

至此就完成了用 AutoCAD 绘制一幅图形，从启动软件到退出的整个过程。

1.7　AutoCAD 设计中心

AutoCAD 设计中心是 AutoCAD 提供的一个集成化图形组织和管理工具。通过设计中心，可以组织对块、填充、外部参照和其他图形内容的访问；可以将源图形中的任何内容拖动到当前图形中；可以将图形、块和填充拖动到工具选项板上。源图形可以位于用户的计算机上、网络位置或网站上。如果打开了多个图形，则可以通过设计中心在图形之间复制和粘贴其他内容（如图层定义、布局和文字样式）来简化绘图过程。

启动 AutoCAD 设计中心的方法为：

命令行：ADCENTER（缩写名：ADC）

菜单：工具 → 设计中心

工具栏：“标准”工具栏

启动后，在绘图区左边出现设计中心窗口，如图 1.38 所示，AutoCAD 设计中心对图形的一切操作都是通过该窗口实现的。

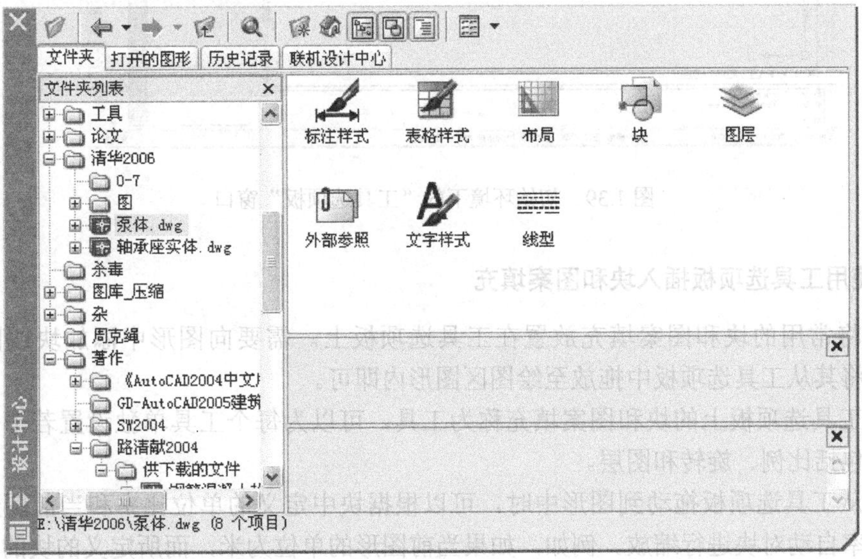

图 1.38　AutoCAD 设计中心窗口

使用设计中心可以：

- 浏览用户计算机、网络驱动器和 Web 页上的图形内容（例如图形或符号库）
- 在定义表中查看图形文件中命名对象（例如块和图层）的定义，然后将定义插入、附着、复制和粘贴到当前图形中
- 更新（重定义）块定义
- 创建指向常用图形、文件夹和 Internet 网址的快捷方式
- 向图形中添加内容（例如外部参照、块和填充）
- 在新窗口中打开图形文件
- 将图形、块和填充拖动到工具选项板上以便于访问

1.8 工具选项板

工具选项板是一个选项卡形式的区域，它提供了一种组织、共享和放置块及填充图案的有效方法。初始环境下的“工具选项板”窗口如图 1.39 所示。

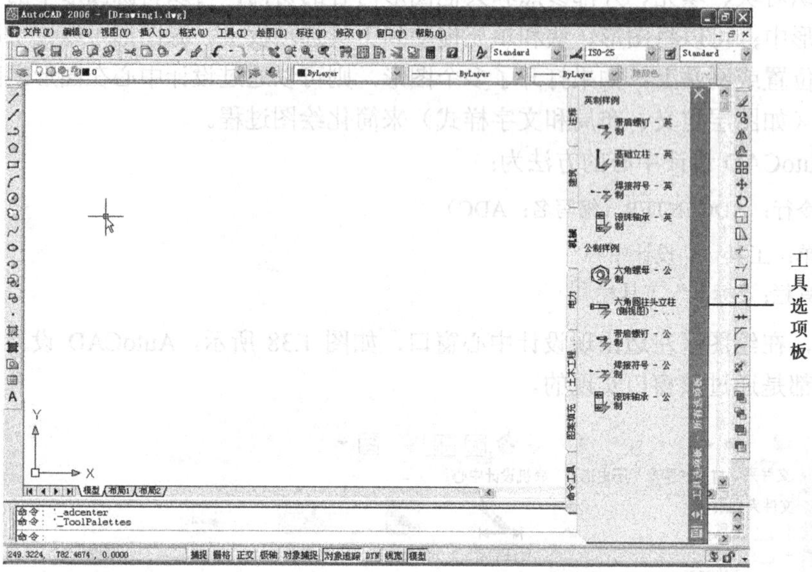

图 1.39 初始环境下的“工具选项板”窗口

1. 使用工具选项板插入块和图案填充

可以将常用的块和图案填充放置在工具选项板上。需要向图形中添加块或图案填充时，只需将其从工具选项板中拖放至绘图区图形内即可。

位于工具选项板上的块和图案填充称为工具，可以为每个工具单独设置若干个工具特性，其中包括比例、旋转和图层。

将块从工具选项板拖动到图形中时，可以根据块中定义的单位比率和当前图形中定义的单位比率自动对块进行缩放。例如，如果当前图形的单位为米，而所定义的块的单位为厘米，单位比率即为 1/100。将块拖动到图形中时，则会以 1/100 的比例插入。如果源块或目标图形中的“拖放比例”设置为“无单位”，则使用“选项”对话框的“用户系统配置”

选项卡中的“源内容单位”和“目标图形单位”设置。

2．更改工具选项板设置

工具选项板的选项和设置可以从“工具选项板”窗口上各区域中的快捷菜单中获得。这些设置包括：

“自动隐藏”：当光标移动到“工具选项板”窗口的标题栏上时，“工具选项板”窗口会自动滚动打开或滚动关闭。

“透明”：可以将“工具选项板”窗口设置为透明，从而不会挡住下面的对象。

“视图选项”：工具选项板上图标的显示样式和大小可以更改。

可以将“工具选项板”窗口固定在应用程序窗口的左边或右边。按住 CTRL 键可以防止“工具选项板”窗口在移动时固定。

3．控制工具特性

可以更改工具选项板上任何工具的插入特性或图案特性。例如，可以更改块的插入比例或填充图案的角度。

要更改这些工具特性，在某个工具上单击右键，在弹出的快捷菜单中单击“特性”，然后在“工具特性”对话框中更改工具的特性。“工具特性”对话框中包含两类特性：“插入”（插入特性或图案特性类别）以及“基本”特性类别。

“插入”：控制指定对象的特性，例如比例、旋转和角度。

“基本”：替代当前图形特性设置，例如图层、颜色和线型。

如果更改块或图案填充的定义，则可以在工具选项板中更新其图标。在“工具特性”对话框中，更改“源文件”选项组（对于块）或“图案名”选项组（对于图案填充）中的条目，然后再将条目更改回原来的设置。这样将强制更新该工具的图标。

4．自定义工具选项板

使用“工具选项板”窗口中标题栏上的“特性”按钮可以创建新的工具选项板。使用以下方法可以在工具选项板中添加工具：

（1）将图形、块和图案填充从设计中心拖动到工具选项板上。

（2）使用“剪切”、“复制”和“粘贴”命令可以将一个工具选项板中的工具移动或复制到另一个工具选项板中。

（3）右键单击设计中心树状图中的文件夹、图形文件或块，然后在快捷菜单中单击“创建工具选项板”，创建预填充的工具选项板选项卡。

将工具放置到工具选项板上后，通过在工具选项板中拖动这些工具可以对其进行重新排列。

5．保存和共享工具选项板

可以通过将工具选项板输出或输入为工具选项板文件来保存和共享工具选项板。可以在工具板区域单击鼠标右键，在弹出的快捷菜单中选择“自定义(Z)...”选项，从“自定义”对话框中的“工具选项板”选项卡上输入和输出工具选项板。工具选项板文件的扩展名为 .xtp。

1.9 口令保护

通过向图形文件设置口令或数字签名，可以确保未经授权的用户无法打开或查看图形。

1. 为图形文件设置密码

为当前图形设置口令的方法为选择菜单：“工具”→“选项”，在弹出的“选项”对话框中选取“打开和保存”选项卡，单击其中的“安全选项”按钮，如图 1.40 所示，再在弹出的如图 1.41 所示的“安全选项”对话框内的“用于打开此图形的密码或短语”文本框中键入欲设置的密码文本，最后单击“确定”按钮并在再次确认密码内容后，即可完成对图形文件口令保护功能的设置。

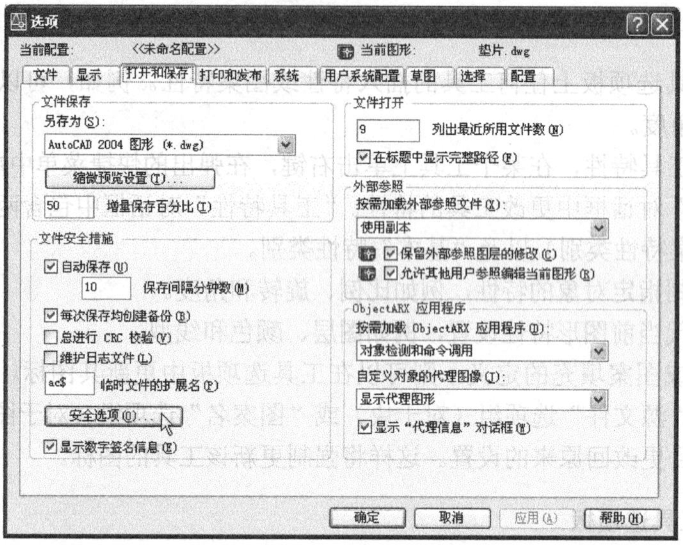

图 1.40 “选项”对话框

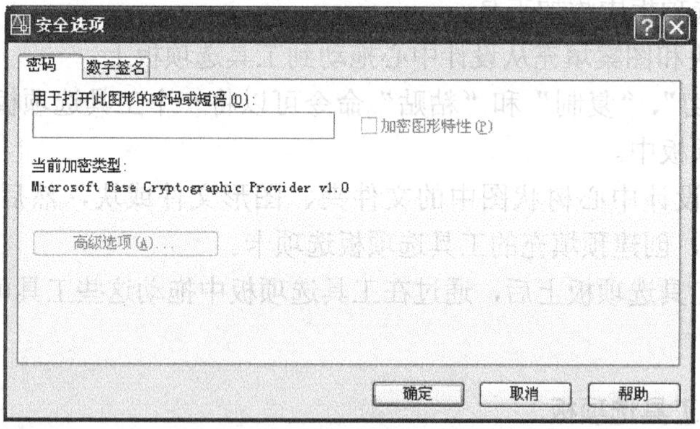

图 1.41 “安全选项”对话框

2. 打开设置有密码的图形文件

在打开设置有密码的图形文件时，系统首先弹出如图 1.42 所示的“口令”对话框，要求用户输入打开图形文件的口令密码。系统只有在输入的密码正确无误后才会打开图形文件，供用户浏览或修改、编辑、打印。

图 1.42　“口令”对话框

1.10　绘图输出

图形绘制完成后，通常需要输出到图纸上，用来指导工程施工、零件加工、部件装配以及进行设计者与用户之间的技术交流。常用的图形输出设备主要是绘图机（有喷墨、笔式等形式）和打印机（有激光、喷墨、针式等形式）。此外，AutoCAD 还提供有一种网上图形输出和传输方式——电子出图（ePLOT），以适应 Internet 技术的迅猛发展和日益普及的需求。

1．命令

命令行：PLOT
菜单：文件→打印
图标：“标准”工具栏

2．功能

图形绘图输出。

3．对话框及说明

弹出如图 1.43 所示“打印”对话框。从中可配置打印设备和进行绘图输出的打印设置。

点击对话框左下角的“预览”按钮，可以预览图形的输出效果。若不满意，用户可对打印参数进行调整。最后，单击“确定”按钮即可将图形绘图输出。

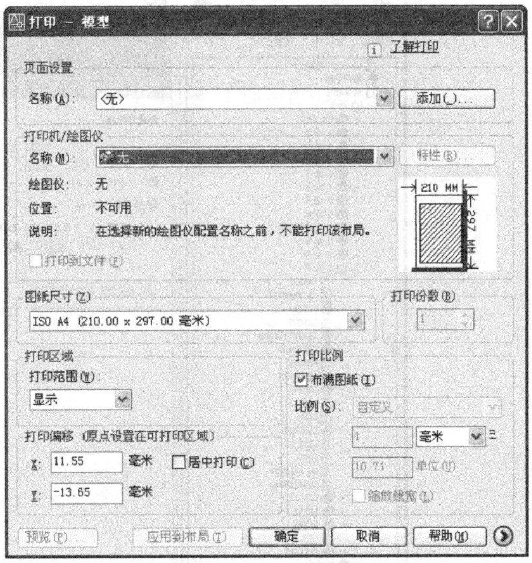

图 1.43　“打印”对话框

1.11　AutoCAD 的在线帮助

1．AutoCAD 的帮助菜单

用户可以通过下拉菜单“帮助”→“帮助”查看 AutoCAD 命令、AutoCAD 系统变量和其他主题词的帮助信息。在“索引”选项卡中，用户按“显示”按钮即可查阅相关的帮助内容。通过“帮助”菜单，用户还可以查询 AutoCAD 命令参考、用户手册、定制手册等有关内容。

2. AutoCAD 的帮助命令

（1）命令

命令行：HELP 或?

菜单：帮助→帮助

图标：“标准”工具栏

（2）说明

HELP 命令可以透明使用，即在其他命令执行过程中查询该命令的帮助信息。

帮助命令主要有两种应用：

① 在命令的执行过程中调用在线帮助。例如，在命令行输入 LINE 命令，在出现“*指定第一点:*”提示时单击帮助图标，则在弹出的帮助对话框中自动出现与 LINE 命令有关的帮助信息。关闭帮助对话框则可继续执行未完的 LINE 命令。

② 在命令提示符下，直接检索与命令或系统变量有关的信息。例如，欲查询 LINE 命令的帮助信息，可以单击帮助图标，弹出帮助对话框，在索引选项卡中输入“LINE”，则 AutoCAD 自动定位到 LINE 命令，并显示 LINE 命令的有关帮助信息，如图 1.44 所示。

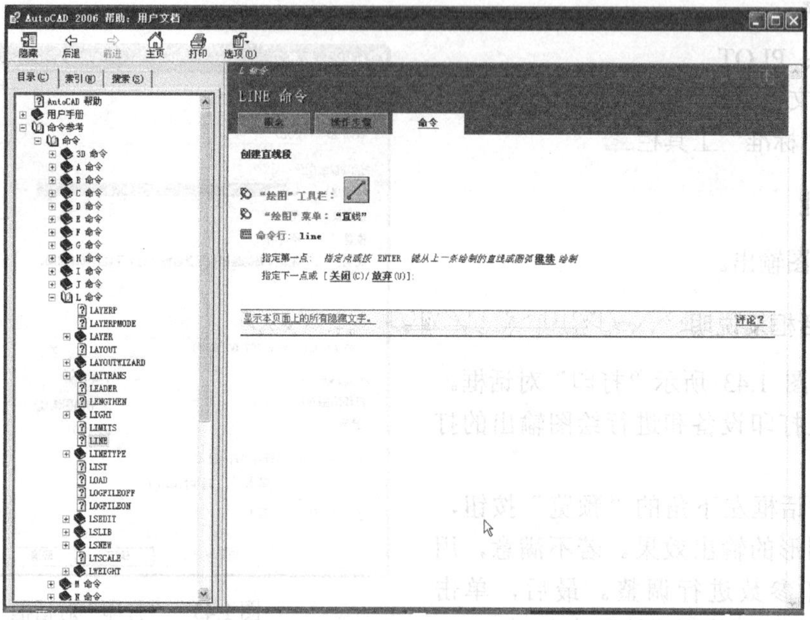

图 1.44 “帮助”信息窗口

思考题 1

1. AutoCAD 默认打开的工具栏有：

（1）“标准”工具栏

（2）“绘图”工具栏

（3）“修改”工具栏

（4）“对象特性”工具栏

（5）“图层”工具栏

（6）“样式”工具栏

（7）以上全部

2．打开未显示工具栏的方法是：

（1）选择下拉菜单“工具”→“自定义”→“工具栏”，在弹出的“工具栏”对话框中选中欲显示工具栏项前面的复选框

（2）用鼠标右击任一工具栏，在弹出的工具栏名称列表框中选中欲显示的工具栏

（3）以上均可

3．对于工具栏中你不熟悉的图标，了解其命令和功能最简捷的方法是：

（1）查看用户手册

（2）使用在线帮助

（3）把光标移动到图标上稍停片刻

4．调用 AutoCAD 命令的方法有：

（1）在命令行输入命令名

（2）在命令行输入命令缩写字

（3）单击下拉菜单中的菜单选项

（4）单击工具栏中的对应图标

（5）以上均可

5．请用上题中的四种方法调用 AutoCAD 的画圆（CIRCLE）命令。

6．对于 AutoCAD 中的命令选项，可以

（1）在选项提示行键入选项的缩写字母

（2）单击鼠标右键，在弹出的快捷菜单中用鼠标选取

（3）以上均可

7．请将下面左侧所列功能键与右侧相应功能用连线连起

（1）ESC	（a）取消和终止当前命令
（2）Enter（在“命令:”提示下）	（b）重复调用上一命令
（3）F2	（c）图形窗口/文本窗口切换

8．AutoCAD 下如何输入一个点？如何输入一个距离值？

上机实习 1

目的： 熟悉 AutoCAD 的启动、用户界面及基本操作，初步了解绘图的全过程，为后面的学习打下基础。

内容：

1．熟悉用户界面：指出 AutoCAD 菜单栏、工具栏、下拉菜单、图形窗口、命令窗口、状态栏的位置、功能，练习对它们的基本操作。

2. 进行系统环境配置:

(1) 调整“十字光标”尺寸: 在下拉菜单中点取“工具” → “选项” → “显示”, 在对话框左下角“十字光标大小”选项组中直接在左侧文本框中输入或拖动右侧的滚动条输入十字光标的比例数值(例如“100”), 然后单击“确定”按钮, 观看十字光标大小的变化; 最后再将其恢复为默认值“5”。

(2) 显示和移动“工具栏”: 用鼠标右击任一工具栏, 在弹出的“工具栏”对话框中, 选中欲显示工具栏(例如“视图”)前的复选框, 然后单击“确定”按钮。则所选工具栏将以浮动方式显示在图形窗口中, 用鼠标左键可将其拖放到其他位置, 单击工具栏右上角的关闭按钮可将其关闭。

3. 在线帮助: 查看画直线(LINE)命令的在线帮助。

4. 按照 1.6 节介绍的方法和步骤完成“垫片”图形的绘制。

第 2 章 二维绘图命令

任何复杂的图形都可以看做是由直线、圆弧等基本的图形所组成的，在 AutoCAD 中绘图也是如此，掌握这些基本图元的绘制方法是学习 AutoCAD 的基础。本章将介绍 AutoCAD 的二维绘图命令，以及完成一个 AutoCAD 作业的过程。

绘图命令汇集在下拉菜单“绘图”中，且在“绘图”工具栏中，包括了本章介绍的绘图命令，如图 2.1 所示。

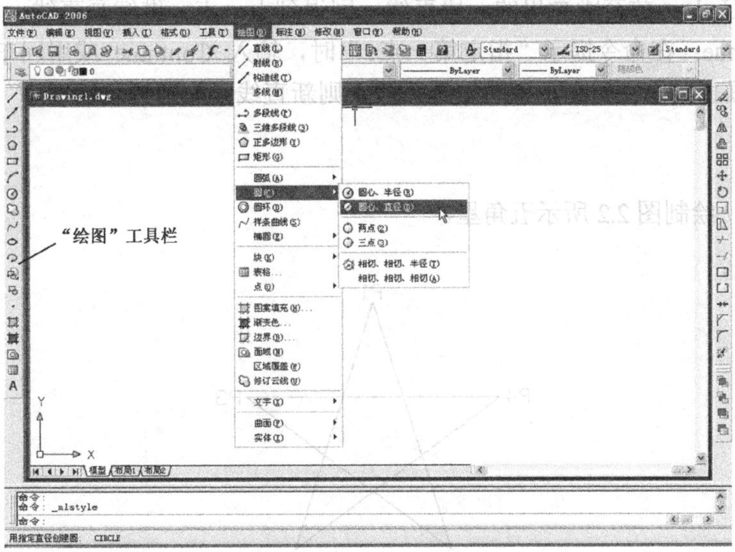

图 2.1 “绘图”菜单与工具栏

2.1 直线

2.1.1 直线段

1. 命令

命令行：LINE（缩写名：L）
菜单：绘图 → 直线
图标：“绘图”工具栏

2. 功能

绘制直线段、折线段或闭合多边形，其中每一线段均是一个单独的对象。

3. 格式

命令：**LINE**↙
指定第一点：（输入起点）
指定下一点或 [放弃(U)]：（输入直线端点）
指定下一点或 [放弃(U)]：（输入下一直线段端点、输入选项“U”放弃或用回车键结束命令）
指定下一点或 [闭合(C)/放弃(U)]：（输入下一直线段端点、输入选项“C”使直线图形闭合、输入选项“U”放弃或用回车键结束命令）

4. 选项

（1）C 或 Close：从当前点画直线段到起点，形成闭合多边形，结束命令。

（2）U 或 Undo：放弃刚画出的一段直线，回退到上一点，继续画直线。

（3）Continue：在命令提示“指定第一点：”时，输入 Continue 或用回车键，指从刚画完的线段开始画直线段，如刚画完的是圆弧段，则新直线段与圆弧段相切。

5. 示例

【例 2.1】 绘制图 2.2 所示五角星。

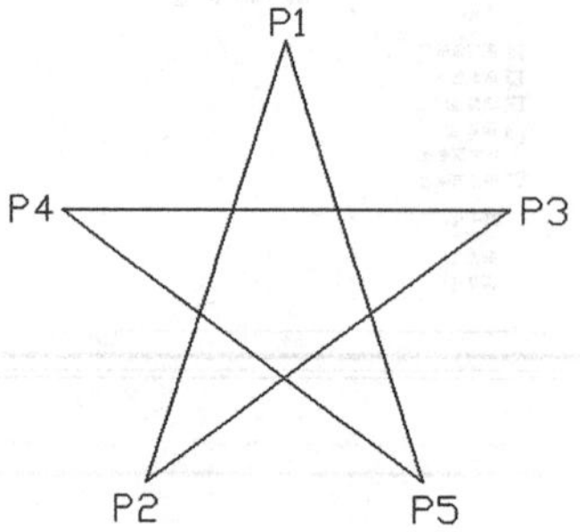

图 2.2 五角星

命令：LINE↙
指定第一点:**120,120**↙（用绝对直角坐标指定 P1 点）
指定下一点或 [放弃(U)]:**@ 80 < 252**↙（用对 P1 点的相对极坐标指定 P2 点）
指定下一点或 [放弃(U)]: **159.091,90.870**↙（指定 P3 点）
指定下一点或 [闭合(C)/放弃(U)]: **@80,0**↙（输入了一个错误的 P4 点坐标）
指定下一点或 [闭合(C)/放弃(U)]: **U**↙（取消对 P4 点的输入）
指定下一点或 [闭合(C)/放弃(U)]: **@−80,0**↙（重新输入 P4 点）
指定下一点或 [闭合(C)/放弃(U)]: **144.721,43.916**↙（指定 P5 点）
指定下一点或 [闭合(C)/放弃(U)]: **C**↙（封闭五角星并结束画直线命令）

2.1.2 构造线

1. 命令

命令行：XLINE（缩写名：XL）
菜单：绘图→构造线
图标："绘图"工具栏

2. 功能

创建过指定点的双向无限长直线，指定点称为根点，可用中点捕捉拾取该点。这种线模拟手工作图中的辅助作图线，它们用特殊的线型显示，在绘图输出时可不作输出，常用于辅助作图。

3. 格式及示例

命令: XLINE↙
指定点或 [水平(H)/垂直(V)/角度(A)/二等分(B)/偏移(O)]: （给出根点 1）
指定通过点: （给定通过点 2，画一条双向无限长直线）
指定通过点: （继续给点，继续画线，如图 2.3（a）所示，用回车结束命令）

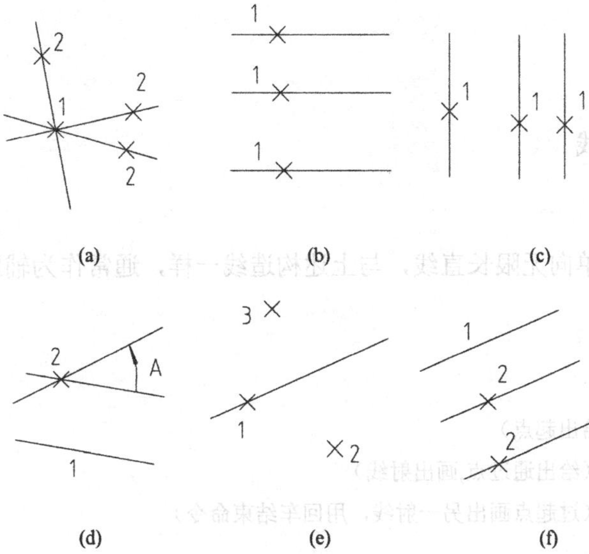

图 2.3 构造线

4. 选项说明

（1）水平（H）：给出通过点，画出水平线，如图 2.3（b）所示；
（2）垂直（V）：给出通过点，画出铅垂线，如图 2.3（c）所示；
（3）角度（A）：指定直线 1 和夹角 A 后，给出通过点，画出和 1 具有夹角 A 的参照线，如图 2.3（d）所示；
（4）二等分（B）：指定角顶点 1 和角的一个端点 2 后，指定另一个端点 3，则过 1 点画出∠213 的平分线，如图 2.3（e）所示；

（5）偏移（O）：指定直线 1 后，给出 2 点，则通过 2 点画出 1 直线的平行线，如图 2.3（f）所示，也可以指定偏移距离画平行线。

5. 应用

下面为利用构造线进行辅助几何作图的两个例子。如图 2.4（a）所示为用两条 XLINE 线求出矩形的中心点；如图 2.4（b）所示为通过求出三角形∠*A* 和∠*B* 的两条平分线来确定其内切圆心 1。

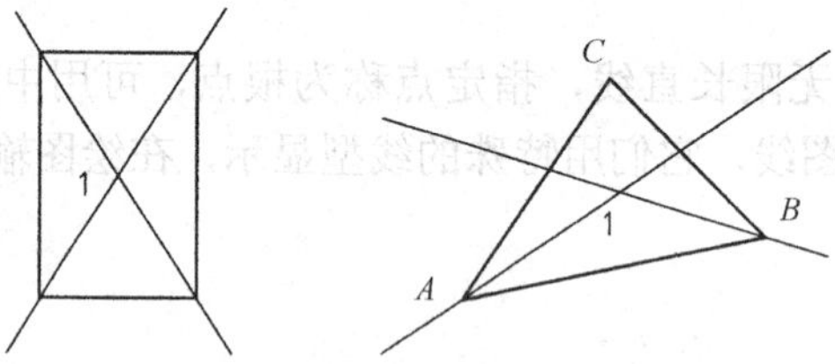

(a) (b)

图 2.4 构造线在几何作图中的应用

2.1.3 射线

1. 命令

命令行：RAY
菜单：绘图→射线

2. 功能

通过指定点，画单向无限长直线，与上述构造线一样，通常作为辅助作图线。

3. 格式

命令: **RAY**↙
指定起点：（给出起点）
指定通过点：（给出通过点,画出射线）
指定通过点：（过起点画出另一射线，用回车结束命令）

2.1.4 多线

1. 命令

命令行：MLINE（缩写名：ML）
菜单：绘图→多线

2. 功能

创建多条平行线。

3．格式

命令: **MLINE**↙
当前设置: 对正 = 上，比例 = 1.00，样式 = STANDARD
指定起点或 [对正(J)/比例(S)/样式(ST)]: （给出起点或选项）
指定下一点: （指定下一点，后续提示与画直线命令 LINE 相同）

4．选项说明

（1）样式（ST）：设置多线的绘制样式，多线的样式通过多线样式命令 MLSTYLE，从如图 2.5 所示的“多线样式”对话框中定义（可定义的内容包括平行线的数量、线型、间距等）。如图 2.6 所示为用多线样式定义的一种 5 元素的多线。

（2）对正（J）：设置多线对正的方式，可从上对正、无对正或下对正中选择。

（3）比例（S）：设置多线的比例。

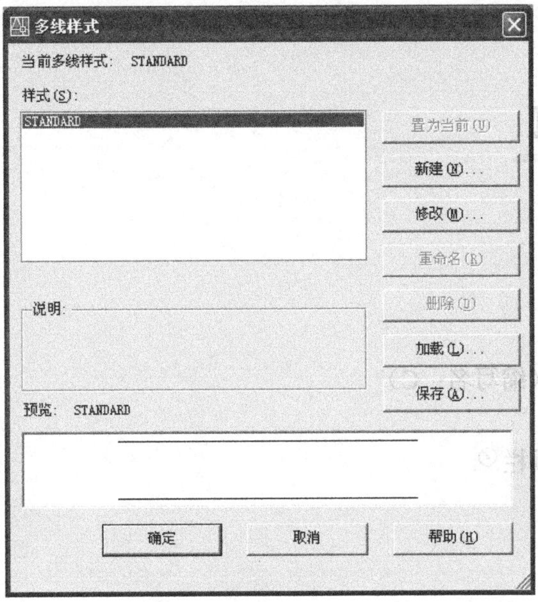

图 2.5　“多线样式”对话框

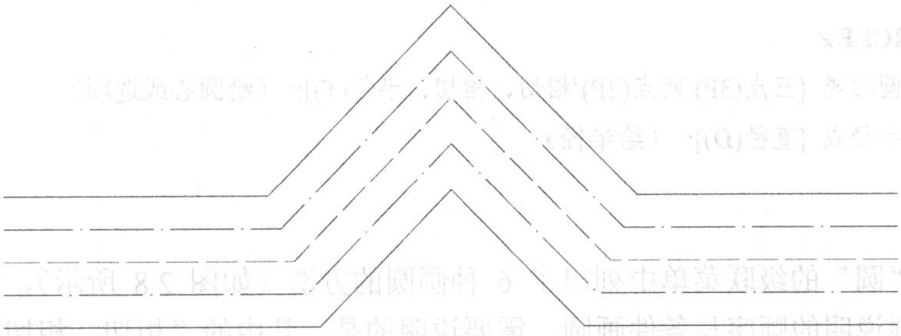

图 2.6　5 元素的多线

如图 2.7 所示的建筑平面图中的墙体就是用多线命令绘制的。

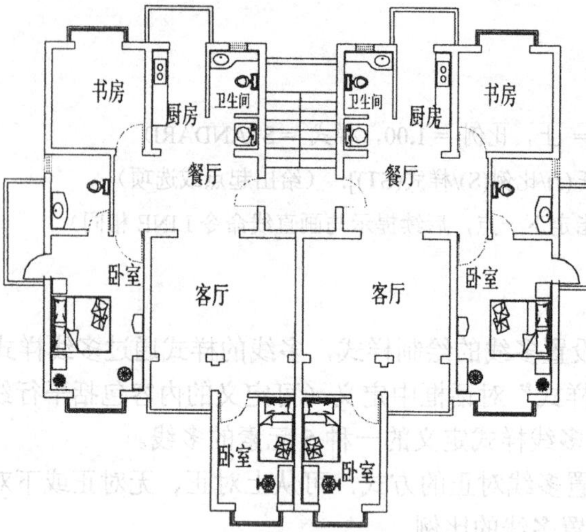

图 2.7 建筑平面图

2.2 圆和圆弧

2.2.1 圆

1. 命令

命令行：CIRCLE（缩写名：C）
菜单：绘图→圆
图标："绘图"工具栏

2. 功能

画圆。

3. 格式

命令: **CIRCLE↙**
指定圆的圆心或 [三点(3P)/两点(2P)/相切、相切、半径(T)]: （给圆心或选项）
指定圆的半径或 [直径(D)]: （给半径）

4. 使用菜单

在下拉菜单"圆"的级联菜单中列出了 6 种画圆的方法（如图 2.8 所示），选择其中之一，即可按该选项说明的顺序与条件画圆。需要说明的是，其中的"相切、相切、相切"画圆方式只能从此下拉菜单中选取，而在工具栏及命令行中均无对应的图标和命令。

（1）圆心、半径；
（2）圆心、直径；

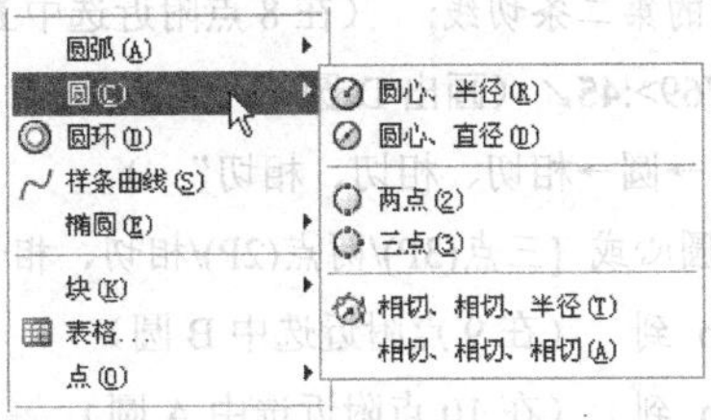

图 2.8 “画圆的方法”菜单

（3）两点（按指定直径的两端点画圆）；

（4）三点（给出圆上三点画圆）；

（5）相切、相切、半径（先指定两个相切对象，后给出半径）；

（6）相切、相切、相切（指定三个相切对象）。

5. 示例

【例 2.2】 下面以绘制如图 2.9 所示图形为例说明不同画圆方式的绘图过程。

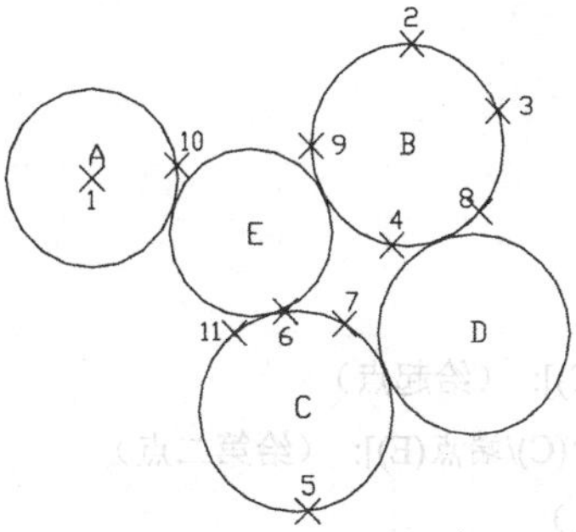

图 2.9 画圆示例

命令: **CIRCLE**↙

指定圆的圆心或 [三点(3P)/两点(2P)/相切、相切、半径(T)]: **150,160**↙ (1 点)

指定圆的半径或 [直径(D)]: **40**↙（画出 A 圆）

命令: **CIRCLE**↙

指定圆的圆心或 [三点(3P)/两点(2P)/相切、相切、半径(T)]: **3P**↙（3 点画圆方式）

指定圆上的第一点: **300,220**↙（2 点）

指定圆上的第二点: **340,190**↙（3 点）

指定圆上的第三点: **290,130**↙（4 点）（画出 B 圆）

命令: **CIRCLE**↙

指定圆的圆心或 [三点(3P)/两点(2P)/相切、相切、半径(T)]: **2P**↙（2 点画圆方式）

指定圆直径的第一个端点: **250,10**↙（5 点）

指定圆直径的第二个端点: **240,100**↙（6 点）（画出 C 圆）

命令: **CIRCLE**↙

指定圆的圆心或 [三点(3P)/两点(2P)/相切、相切、半径(T)]: **T**↙（相切、相切、半径画圆方式）

在对象上指定一点作圆的第一条切线: （在 7 点附近选中 C 圆）

在对象上指定一点作圆的第二条切线：（在 8 点附近选中 B 圆）

指定圆的半径：<45.2769>:**45**↙（画出 D 圆）

（选取下拉菜单“绘图→圆→相切、相切、相切”）

命令：_circle 指定圆的圆心或 [三点(3P)/两点(2P)/相切、相切、半径(T)]: _3p

指定圆上的第一点：_tan 到 （在 9 点附近选中 B 圆）

指定圆上的第二点：_tan 到 （在 10 点附近选中 A 圆）

指定圆上的第三点：_tan 到 （在 11 点附近选中 C 圆）（画出 E 圆）

2.2.2 圆弧

1. 命令

命令行：ARC（缩写名：A）

菜单：绘图→圆弧

图标：“绘图”工具栏

2. 功能

画圆弧。

3. 格式

命令：**ARC**↙

指定圆弧的起点或 [圆心(C)]:（给起点）

指定圆弧的第二点或 [圆心(C)/端点(E)]:（给第二点）

指定圆弧的端点：（给端点）

4. 使用菜单

在下拉菜单“圆弧”项的级联菜单中，按给出画圆弧的条件与顺序的不同，列出 11 种画圆弧的方法（如图 2.10 所示），选中其中一种，应按其顺序输入各项数据，现说明如下（如图 2.11 所示）：

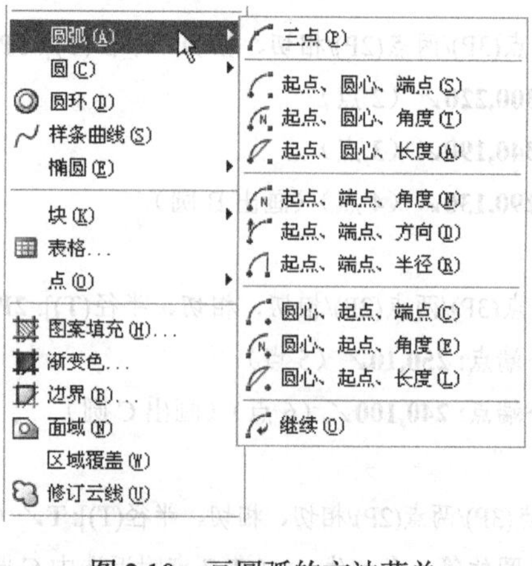

图 2.10 画圆弧的方法菜单

（1）三点：给出起点（S）、第二点（2）、端点（E）画圆弧，如图 2.11（a）所示；

（2）起点（S）、圆心（C）、端点（E）：圆弧方向按逆时针，如图 2.11（b）所示；

（3）起点（S）、圆心（C）、角度（A）：圆心角（A）逆时针为正，顺时针为负，以度计量，如图 2.11（c）所示；

（4）起点（S）、圆心（C）、长度（L）：圆弧方向按逆时针，弦长度（L）为正画出劣弧（小于半圆），弦长度（L）为负画出优弧（大于半圆），如图 2.11（d）所示；

（5）起点（S）、端点（E）、角度（A）：圆心角（A）逆时针为正，顺时针为负，以度计量，如图 2.11（e）所示；

（6）起点（S）、端点（E）、方向（D）：方向（D）为起点处切线方向，如图 2.11（f）所示；

（7）起点（S）、端点（E）、半径（R）：半径（R）为正对应逆时针画圆弧，为负对应顺时针画圆弧，如图 2.11（g）所示；

（8）圆心（C）、起点（S）、端点（E）：按逆时针画圆弧，如图 2.11（h）所示；

（9）圆心（C）、起点（S）、角度（A）：圆心角（A）逆时针为正，顺时针为负，以度计量，如图 2.11（i）所示；

（10）圆心（C）、起点（S）、长度（L）：圆弧方向按逆时针，弦长度（L）为正画出劣弧（小于半圆），弦长度（L）为负画出优弧（大于半圆），如图 2.11（j）所示；

（11）继续：与上一线段相切，继续画圆弧段，仅提供端点即可，如图 2.11（k）所示。

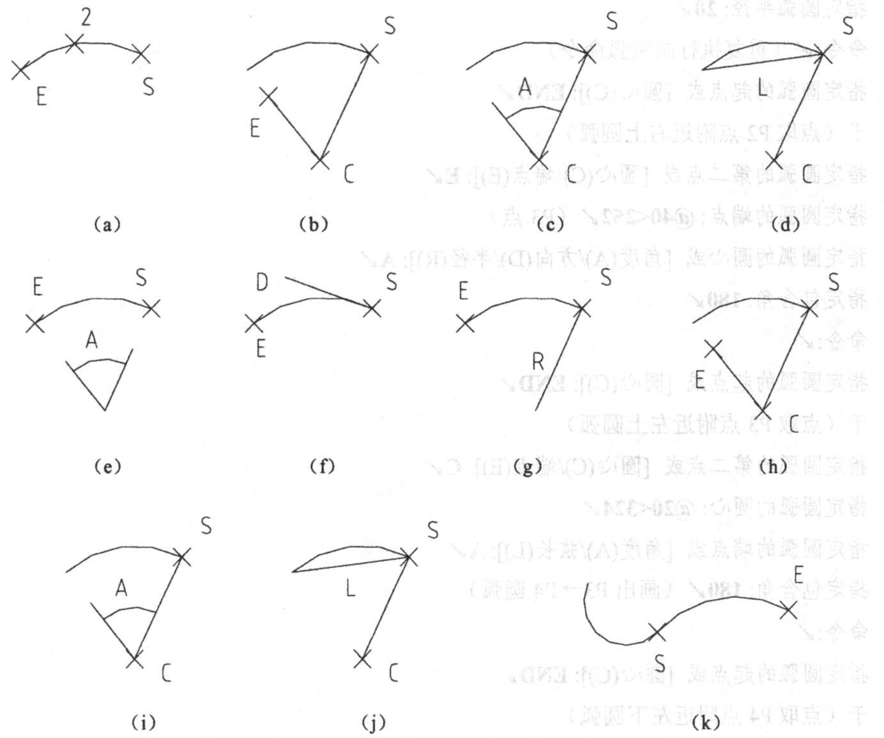

图 2.11　11 种画圆弧的方法

5. 示例

【例 2.3】 下面的例子是绘制由不同方位的圆弧组成的梅花图案（如图 2.12 所示），各段圆弧也使用了不同的参数给定方式。为保证圆弧段间的首尾相接，绘图中使用了“端点捕捉”辅助工具。有关“端点捕捉”等辅助工具的详细介绍，请参见第 4 章内容。

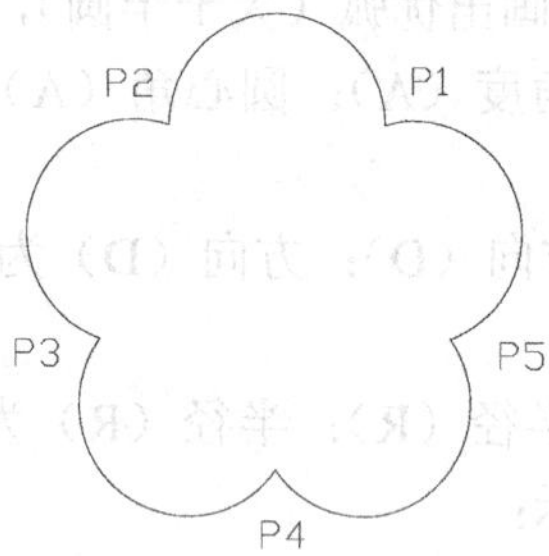

图 2.12 圆弧组成的梅花图案

命令: **ARC↙**

指定圆弧的起点或 [圆心(C)]: **140,110↙**（P1 点）

指定圆弧的第二点或 [圆心(C)/端点(E)]: **E↙**

指定圆弧的端点: **@40<180↙**（P2 点）

指定圆弧的圆心或 [角度(A)/方向(D)/半径(R)]: **R↙**

指定圆弧半径: **20↙**

命令:↙（重复执行画圆弧命令）

指定圆弧的起点或 [圆心(C)]: **END↙**

于（点取 P2 点附近右上圆弧）

指定圆弧的第二点或 [圆心(C)/端点(E)]: **E↙**

指定圆弧的端点: **@40<252↙**（P3 点）

指定圆弧的圆心或 [角度(A)/方向(D)/半径(R)]: **A↙**

指定包含角: **180↙**

命令:↙

指定圆弧的起点或 [圆心(C)]: **END↙**

于（点取 P3 点附近左上圆弧）

指定圆弧的第二点或 [圆心(C)/端点(E)]: **C↙**

指定圆弧的圆心: **@20<324↙**

指定圆弧的端点或 [角度(A)/弦长(L)]: **A↙**

指定包含角: **180↙**（画出 P3→P4 圆弧）

命令:↙

指定圆弧的起点或 [圆心(C)]: **END↙**

于（点取 P4 点附近左下圆弧）

指定圆弧的第二点或 [圆心(C)/端点(E)]: **C↙**

指定圆弧的圆心: **@20<36↙**

指定圆弧的端点或 [角度(A)/弦长(L)]: **L↙**

指定弦长: **40**（画出 P4→P5 圆弧）

命令:↙

指定圆弧的起点或 [圆心(C)]: **END**↙

于（点取 P5 点附近右下圆弧）

指定圆弧的第二点或 [圆心(C)/端点(E)]: **E**↙

指定圆弧的端点: **END**↙

于（点取 P1 点附近上方圆弧）

指定圆弧的圆心或 [角度(A)/方向(D)/半径(R)]: **D**↙

指定圆弧的起点切向: **@20,20**↙（画出 P5→P1 圆弧）

2.3　多段线

1. 命令

命令名：PLINE（缩写名：PL）

菜单：绘图→多段线

图标："绘图"工具栏

2. 功能

画多段线。它可以由直线段、圆弧段组成，是一个组合对象。它可以定义线宽，每段起点、端点宽度可变，可用于画粗实线、箭头等。利用编辑命令 PEDIT 还可以将多段线拟合成曲线。

3. 格式

命令: **PLINE**↙

指定起点:　（给出起点）

当前线宽为 0.0000

指定下一个点或 [圆弧(A)/半宽(H)/长度(L)/放弃(U)/宽度(W)]:　（给出下一点或键入选项字母）

指定下一点或 [圆弧（A）/闭合（C）/半宽（H）/长度（L）/放弃（U）/宽度（W）]>:

4. 选项

H 或 W：定义线宽；

C：用直线段闭合；

U：放弃一次操作；

L：确定直线段长度；

A：转换成画圆弧段提示：

指定圆弧的端点或 [角度（A）/圆心（CE）/闭合（CL）/方向（D）/半宽（H）/直线（L）/半径（R）/第二个点（S）/放弃（U）/宽度（W）]:

直接给出圆弧端点，则此圆弧段与上一段相切连接；

选 A、CE、D、R、S 等均为给出圆弧段的第二个参数，相应会提示第三个参数。选 L

转换成画直线段提示；

用回车键结束命令。

5. 示例

【例 2.4】 用多段线绘制如图 2.13 所示线宽为 1 的键槽轮廓图形。

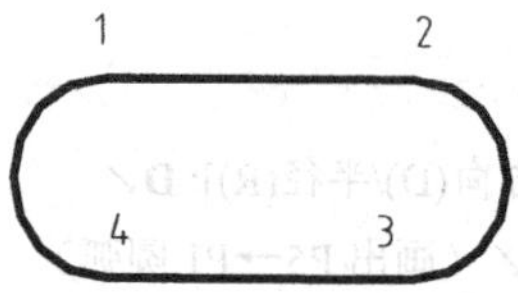

图 2.13 键槽轮廓图形

命令: **PLINE**↙

指定起点: **260,110**↙ （1 点）

当前线宽为 0.0000

指定下一点或 [圆弧(A)/半宽(H)/长度(L)/放弃(U)/宽度(W)]: **W**↙

指定起点宽度 <0.0000>: **1**↙

指定端止宽度 <1.0000>:↙

指定下一点或 [圆弧(A)/半宽(H)/长度(L)/放弃(U)/宽度(W)]:**@40,0**↙ （2 点）

指定下一点或 [圆弧(A)/闭合(C)/半宽(H)/长度(L)/放弃(U)/宽度(W)]: **A**↙ （转换成画圆弧段）

指定圆弧的端点或

[角度(A)/圆心(CE)/闭合(CL)/方向(D)/半宽(H)/直线(L)/半径(R)/第二点(S)/

放弃(U)/宽度(W)]: **@0,-25**↙ （3 点）

指定圆弧的端点或

[角度(A)/圆心(CE)/闭合(CL)/方向(D)/半宽(H)/直线(L)/半径(R)/第二个点(S)/

放弃(U)/宽度(W)]: **L**↙

指定下一点或 [圆弧(A)/闭合(C)/半宽(H)/长度(L)/放弃(U)/宽度(W)]:**@-40,0**↙ （4 点）

指定下一点或 [圆弧(A)/闭合(C)/半宽(H)/长度(L)/放弃(U)/宽度(W)]: **A**↙

指定圆弧的端点或[角度(A)/圆心(CE)/闭合(CL)/方向(D)/半宽(H)/直线(L)/

半径(R)/第二点(S)/放弃(U)/宽度(W)]: **CL**↙

命令:

【例 2.5】 用多段线绘制图 2.14 所示二极管符号。

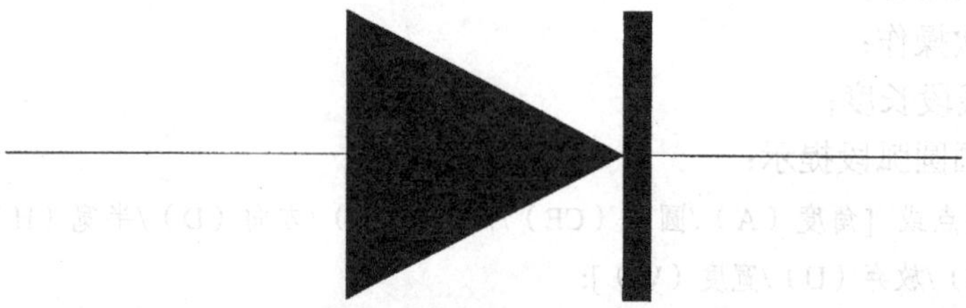

图 2.14 二极管图形符号

命令: **PLINE**↙

指定起点: **10,30**↙

当前线宽为 0.0000

指定下一点或 [圆弧(A)//半宽(H)/长度(L)/放弃(U)/宽度(W)]: **30,30**↙

指定下一点或 [圆弧(A)/闭合(C)/半宽(H)/长度(L)/放弃(U)/宽度(W)]: **W**↙

指定起点宽度 <0.0000>: **10**↙

指定端止宽度 <10.0000>: **0**↙

指定下一点或 [圆弧(A)/闭合(C)/半宽(H)/长度(L)/放弃(U)/宽度(W)]: **40,30**↙

指定下一点或 [圆弧(A)/闭合(C)/半宽(H)/长度(L)/放弃(U)/宽度(W)]: **W**↙

指定起始宽度 <0.0000>: **10**↙

指定终止宽度 <10.0000>:↙

指定下一点或 [圆弧(A)/闭合(C)/半宽(H)/长度(L)/放弃(U)/宽度(W)]: **41,30**↙

指定下一点或 [圆弧(A)/闭合(C)/半宽(H)/长度(L)/放弃(U)/宽度(W)]: **W**↙

指定起点宽度 <10.0000>: **0**↙

指定端止宽度 <0.0000>:↙

指定下一点或 [圆弧(A)/闭合(C)/半宽(H)/长度(L)/放弃(U)/宽度(W)]: **60,30**↙

指定下一点或 [圆弧(A)/闭合(C)/半宽(H)/长度(L)/放弃(U)/宽度(W)]: ↙

命令:

2.4　平面图形

AutoCAD 提供一组绘制简单平面图形的命令，它们都由多段线创建而成。以下对一些常用图形的绘制作介绍。

2.4.1　矩形

1. 命令

命令行：RECTANG（缩写名：REC）
菜单：绘图→矩形
图标：“绘图”工具栏

2. 功能

画矩形，底边与 X 轴平行，可带倒角、圆角等。

3. 格式

命令: **RECTANG**↙

指定第一个角点或 [倒角(C)/标高(E)/圆角(F)/厚度(T)/宽度(W)]: （给出角点 1）

指定另一个角点或 [面积（A）/尺寸（D）/旋转（R）]: （给出角点 2，如图 2.15（a）所示，或输入选项）

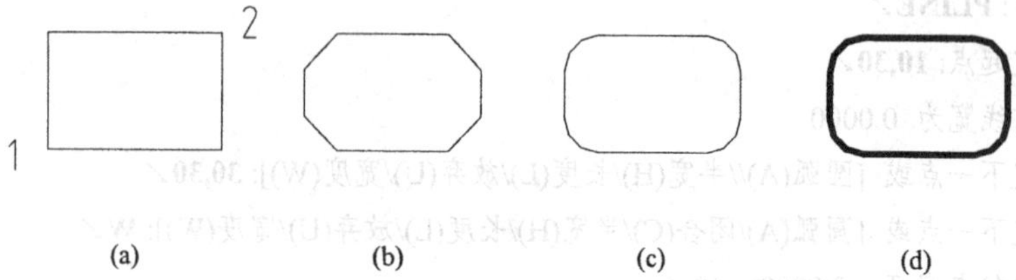

图 2.15 画矩形

4. 选项

选项 C 用于指定倒角距离，绘制带倒角的矩形［见图 2.15（b）］；

选项 E 用于指定矩形标高（Z 坐标），即把矩形画在标高为 Z，和 XOY 坐标面平行的平面上，并作为后续矩形的标高值；

选项 F 用于指定圆角半径，绘制带圆角的矩形［如图 2.15（c）所示］；

选项 T 用于指定矩形的厚度；

选项 W 用于指定线宽［如图 2.15（d）所示］；

选项 A 用于使用面积与长度或宽度创建矩形；

选项 R 用于按指定的旋转角度创建矩形；

选项 D 用于使用长和宽创建矩形。

2.4.2 正多边形

1. 命令

命令行：POLYGON（缩写名：POL）

菜单：绘图→正多边形

图标：“绘图”工具栏

2. 功能

画正多边形，边数 3～1024，初始线宽为 0，可用 PEDIT 命令修改线宽。

3. 格式与示例

命令: **POLYGON**↙

输入边的数目 <4>:**6**↙（给出边数 6）

指定多边形的中心点或 [边(E)]: （给出中心点 1）

输入选项 [内接于圆(I)/外切于圆(C)] <I>:↙［选内接于圆，如图 2.16（a）所示，如选外切与圆，如图 2.16（b）所示］；

指定圆的半径:（给出半径）

4. 说明

选项 E 指提供一个边的起点 1、端点 2，AutoCAD 按逆时针方向创建该正多边形［如图 2.16（c）所示］。

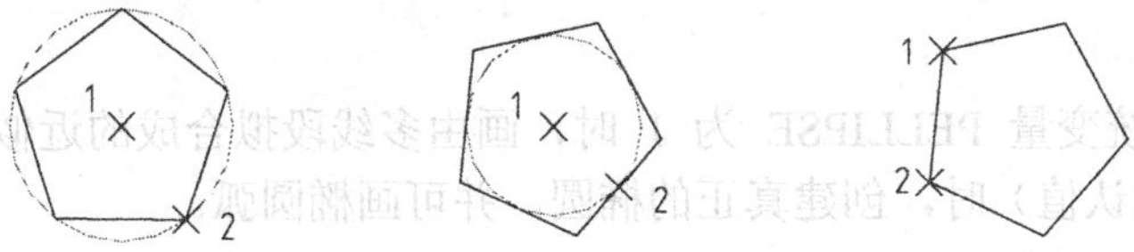

(a)　(b)　(c)

图 2.16　画正多边形

2.4.3　圆环

1. 命令

命令行：DONUT（缩写名：DO）
菜单：绘图 → 圆环

2. 功能

画圆环。

3. 格式

命令: **DONUT**↙
指定圆环的内径 <0.5000>: (输入圆环内径或回车)
指定圆环的外径 <1.0000>: (输入圆环外径或回车)
指定圆环的中心点或 <退出>: [可连续画，用回车结束命令，如图 2.17（a）所示]

4. 说明

如内径为零，则画出实心填充圆［如图 2.17（b）所示］。

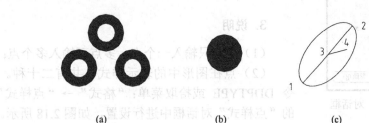

(a)　(b)　(c)

图 2.17　画圆环、椭圆

2.4.4　椭圆和椭圆弧

1. 命令

命令行：ELLIPSE（缩写名：EL）
菜单：绘图→椭圆
图标：“绘图”工具栏

2. 功能

画椭圆，当系统变量 PELLIPSE 为 1 时，画由多线段拟合成的近似椭圆，当系统变量 PELLIPSE 为 0（默认值）时，创建真正的椭圆，并可画椭圆弧。

3. 格式

命令: **ELLIPSE**↙
指定椭圆的轴端点或 [圆弧(A)/中心点(C)]: ［给出轴端点 1，如图 2.17（c）所示］
指定轴的另一个端点: （给出轴端点 2）
指定另一条半轴长度或 [旋转(R)]: （给出另一半轴的长度 3→4，画出椭圆）

2.5 点类命令

2.5.1 点

1. 命令

命令行：POINT（缩写名：PO）
菜单：绘图→点→单点或多点
图标："绘图"工具栏

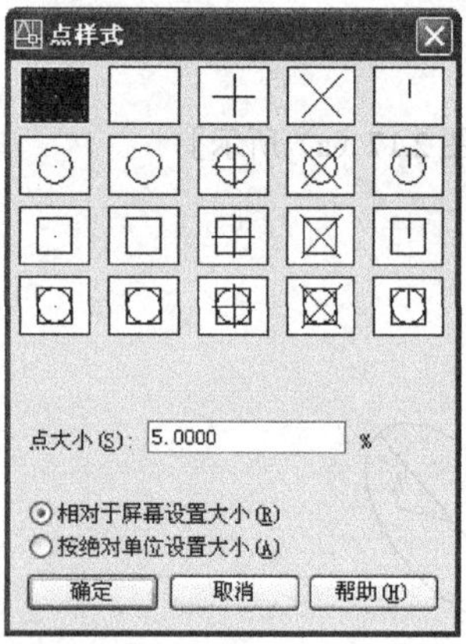

图 2.18 "点样式"对话框

2. 格式

命令: **POINT**↙
当前点模式: PDMODE=0 PDSIZE=0.0000
指定点: （给出点所在位置）
命令:

3. 说明

（1）单点只输入一个点，多点可输入多个点；

（2）点在图形中的表示样式，共有二十种。可通过命令 DDPTYPE 或拾取菜单："格式"→"点样式"，在弹出的"点样式"对话框中进行设置，如图 2.18 所示。

2.5.2 定数等分点

1. 命令

命令行：DIVIDE（缩写名：DIV）
菜单：绘图→点→定数等分

2. 功能

在指定线（直线、圆、圆弧、椭圆、椭圆弧、多段线和样条曲线）上，按给出的等分段数，设置等分点。

3. 格式

命令: **DIVIDE**↙
选择要定数等分的对象:（指定直线、圆、圆弧、椭圆、椭圆弧、多段线和样条曲线等等分对象）
输入线段数目或 [块(B)]:（输入等分的段数,或选择 B 选项在等分点插入图块）

4. 说明

（1）等分数范围 2～32 767；
（2）在等分点处，按当前点样式设置画出等分点；
（3）在等分点处也可以插入指定的块（BLOCK）（见第 6 章内容）；
（4）如图 2.19（a）所示为在一多段线上设置等分点（分段数为 6）的示例。

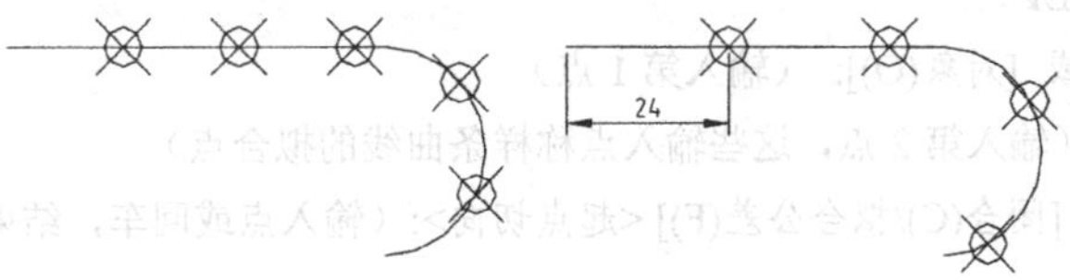

(a)　(b)

图 2.19　定数等分点和定距等分点

2.5.3　定距等分点

1. 命令

命令行：MEASURE（缩写名：ME）
菜单：绘图→点→定距等分

2. 功能

在指定线上按给出的分段长度放置点。

3. 格式

命令: **MEASURE**↙
选择要定距等分的对象:（指定直线、圆、圆弧、椭圆、椭圆弧、多段线和样条曲线等等分对象）
指定线段长度或 [块(B)]:（指定距离或键入 B）

4. 示例

【例 2.6】　如图 2.19（b）所示为在同一条多段线上放置点，分段长度为 24，测量起点在直线的左端点处。

2.6　样条曲线

样条曲线广泛应用于曲线、曲面造型领域，AutoCAD 使用 NURBS（非均匀有理 B 样条）来创建样条曲线。

1. 命令

命令名：SPLINE（缩写名：SPL）
菜单：绘图→样条曲线
图标："绘图"工具栏

2. 功能

创建样条曲线，也可以把由 PEDIT 命令创建的样条拟合多段线转化为真正的样条曲线。

3. 格式

命令： SPLINE↙
指定第一个点或 [对象(O)]:（输入第 1 点）
指定下一点:（输入第 2 点，这些输入点称样条曲线的拟合点）
指定下一点或 [闭合(C)/拟合公差(F)] <起点切向>:（输入点或回车，结束点输入）
指定起点切向:
指定端点切向:
（如输入 C 选项后，要求输入闭合点处切线方向）
输入切向:

4. 选项说明

对象（O）：要求选择一条用 PEDIT 命令创建的样条拟合多段线，把它转换为真正的样条曲线。

拟合公差（F）：控制样条曲线偏离拟合点的状态，默认值为零，样条曲线严格地经过拟合点。拟合公差愈大，曲线对拟合点的偏离愈大。利用拟合公差可使样条曲线偏离波动较大的一组拟合点，从而获得较平滑的样条曲线。

如图 2.20（a）所示为输入拟合点 1、2、3、4、5，起点切向 1→6，终点切向 5→7 生成的样条曲线，如图 2.20（b）所示为拟合点 1、2、3、4、5 位置不变，改变切向 1→6、5→7 位置，引起样条曲线造型结果改变的情况。如图 2.20（c）所示为拟合公差非零（如取值为 20）的情况。

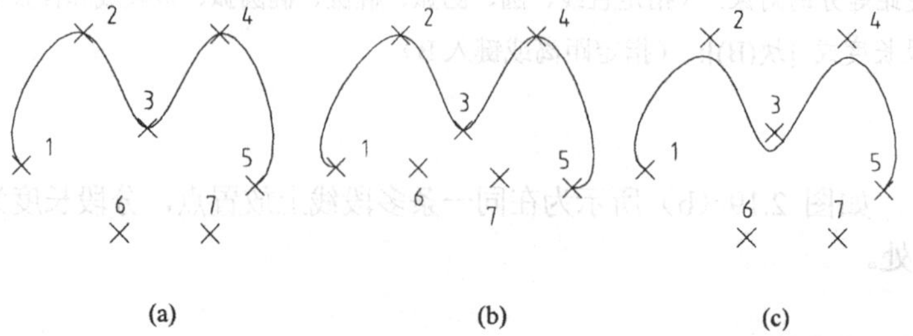

图 2.20　样条曲线和拟合点

如图 2.21（a）所示为输入拟合点 1、2、3、4、5，生成闭合样条曲线，闭合点 1 处切向为 1→6 的情况。

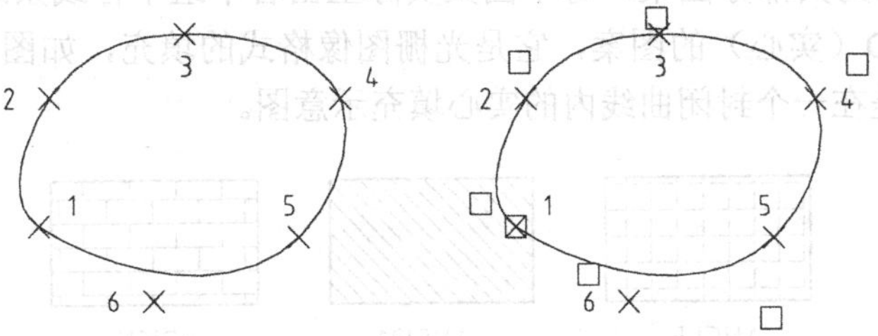

(a) (b)

图 2.21 闭合样条曲线

5. 控制点

根据样条曲线的生成原理，AutoCAD 在由拟合点确定样条曲线后，还计算出该样条曲线的控制多边形框架，控制多边形的各个顶点称为样条曲线的控制点。如图 2.21（b）所示，为闭合样条曲线的控制点位置，改变控制点的位置也可以改变样条曲线的形状。

例如，如图 2.22（a）所示为一多段线，该多段线为用 PEDIT 命令生成的样条拟合多段线。在使用 SPLINE 命令，选择对象（O）后，可以把它转化为真正的样条曲线，如图 2.22（b）所示，由于该样条曲线没有由输入拟合点生成，所以它只记录控制点信息，而没有拟合点的信息。

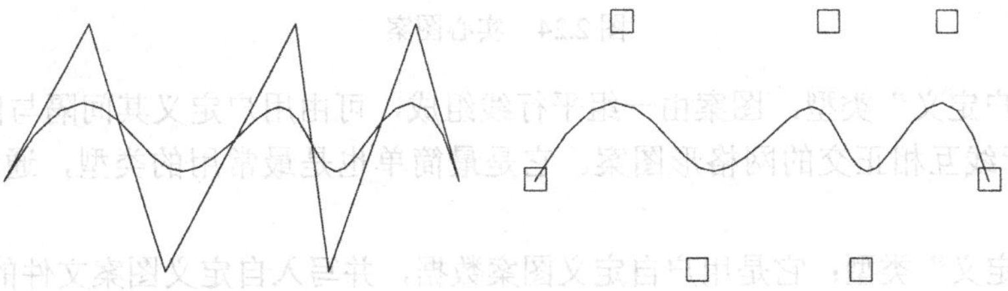

(a) (b)

图 2.22 样条拟合多段线转化为真正的样条曲线

2.7 图案填充

AutoCAD 的图案填充（HATCH）功能可用于绘制剖面符号或剖面线，表现表面纹理或涂色。它应用在绘制机械图、建筑图、地质构造图等各类图样中。

2.7.1 概述

1. AutoCAD 提供的图案类型

AutoCAD 提供下列三种图案类型：

（1）“预定义”类型：即用图案文件 ACAD.PAT（英制）或 ACADISO.PAT（公制）定

义的类型。当采用公制时，系统自动调用 ACADISO.PAT 文件。每个图案对应有一个图案名，如图 2.23 所示为其部分图案，每个图案实际上由若干组平行线条组成。此外，还提供了一个名为 SOLID（实心）的图案，它是光栅图像格式的填充，如图 2.24（a）所示；如图 2.24（b）所示是在一个封闭曲线内的实心填充示意图。

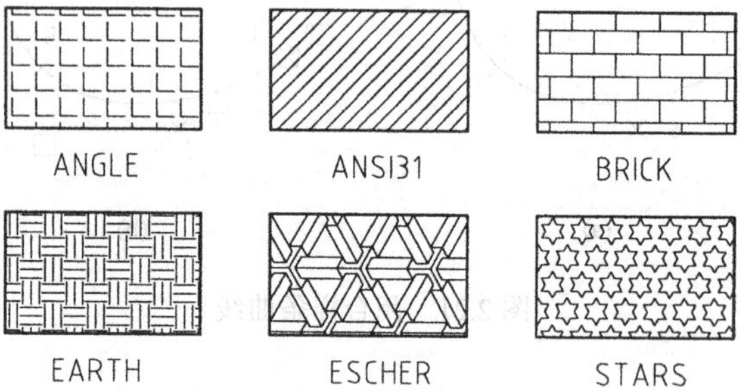

图 2.23 预定义类型图案

图 2.24 实心图案

（2）“用户定义”类型：图案由一组平行线组成，可由用户定义其间隔与倾角，并可选用由两组平行线互相正交的网格形图案。它是最简单也是最常用的类型，通常称为 U 类型。

（3）“自定义”类型：它是用户自定义图案数据，并写入自定义图案文件的图案。

2．图案填充区边界的确定与孤岛检测

AutoCAD 规定只能在封闭边界内进行填充，封闭边界可以是圆、椭圆、闭合的多段线、样条曲线等。

如图 2.25（a）所示，其左右边界不封闭，因此不能直接进行填充。出现在填充区内的封闭边界，称为孤岛，它包括字符串的外框等，如图 2.25（b）所示。AutoCAD 通过孤岛检测可以自动查找孤岛，并且在默认情况下，对孤岛不填充。

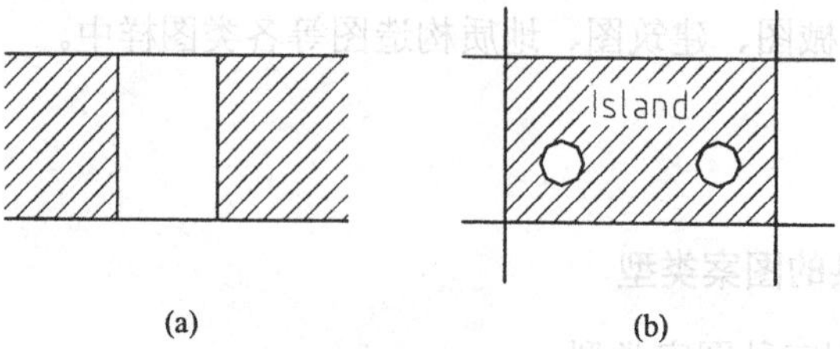

图 2.25 填充区边界和孤岛

确定图案填充区的边界有两种方法：即指定封闭区域内的一点或指定围成封闭区域的图形对象。

3. 图案填充的边界样式

AutoCAD 提供三种填充样式，供用户选用：

（1）普通样式：对于孤岛内的孤岛，AutoCAD 采用隔层填充的方法，如图 2.26（a）所示。这是默认设置的样式。

（2）外部样式：只对最外层进行填充，如图 2.26（b）所示。

（3）忽略样式：忽略孤岛，全部填充，如图 2.26（c）所示。

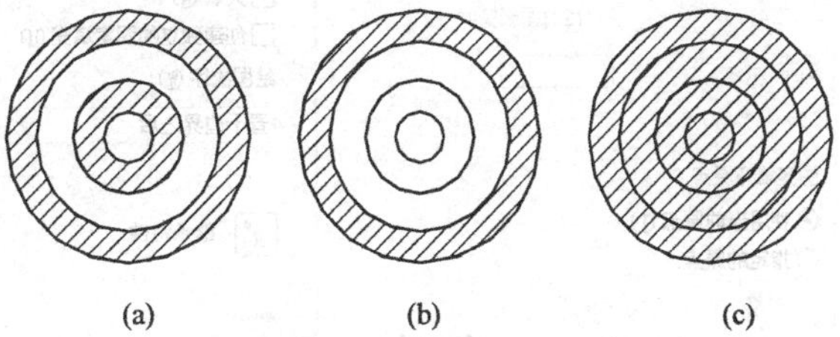

图 2.26 图案填充样式

4. 图案填充的关联性

在默认设置情况下，图案填充对象和填充边界对象是关联的，这使得对于绘制完成的图案填充，可以使用各种编辑命令修改填充边界，图案填充区域也随之作关联改变，十分方便。

2.7.2 图案填充说明

1. 命令

命令名：HATCH（缩写名：H、BH；命令名 -HATCH 用于命令行）

菜单：绘图→图案填充

图标：“绘图”工具栏

2. 功能

用对话框操作，实施图案填充，包括：

（1）选择图案类型，调整有关参数；

（2）选定填充区域，自动生成填充边界；

（3）选择填充样式；

（4）控制关联性；

（5）预视填充结果。

3. 对话框及其操作说明

HATCH 命令启动以后，出现“图案填充和渐变色”对话框，如图 2.27 所示。其包含“图案填充”和“渐变色”两个选项卡，默认时打开的是“图案填充”选项卡，其主要选项及操作说明如下：

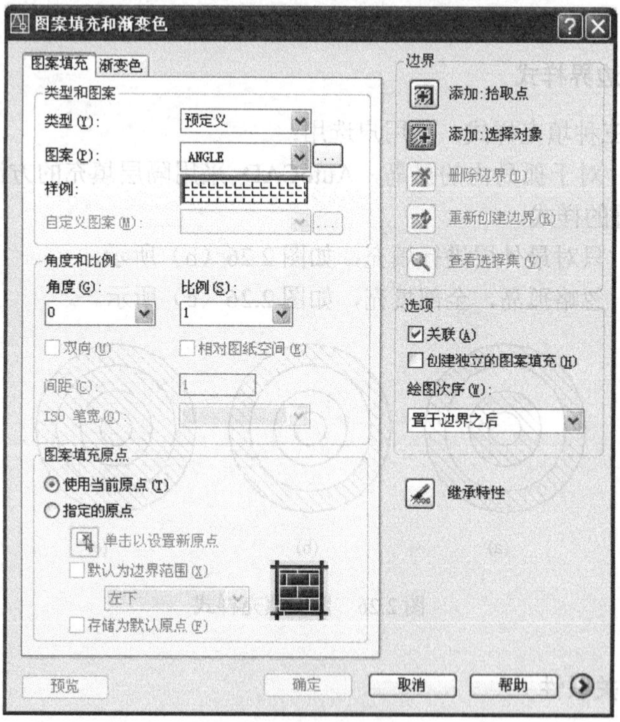

图 2.27 “图案填充和渐变色”对话框

- “类型”：用于选择图案类型，可选项为：预定义、用户定义和自定义。
- “图案”：显示当前填充图案名，单击其后的“...”按钮将弹出“填充图案选项板”对话框，显示 ACAD.PAT 或 ACADISO.PAT 图案文件中各图案的图像块菜单（如图 2.28 所示），供用户选择装入某种预定义的图案。

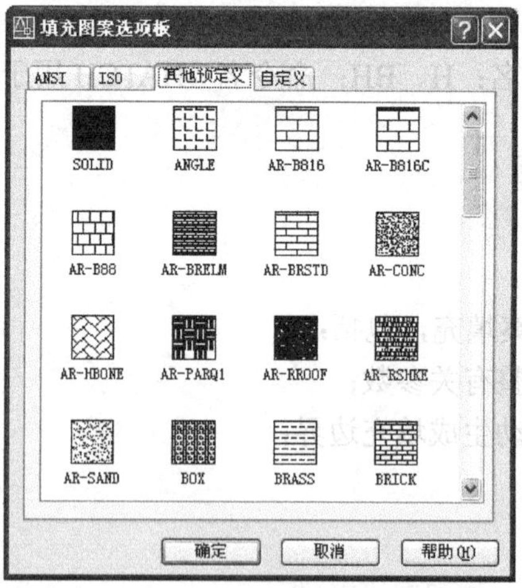

图 2.28 选用预制类图案的图标菜单

当选用“用户定义”类型的图案时，可用“间距”项控制平行线的间隔，用“角度”项控制平行线的倾角，并用“双向”项控制是否生成网格形图案。

- “样例”：显示当前填充图案。
- “角度”：填充图案与水平方向的倾斜角度。
- “比例”：填充图案的比例。
- “图案填充原点”：控制填充图案生成的起始位置。某些图案填充（例如砖块图案）需要与图案填充边界上的一点对齐。在剖视图中采用“剖中剖”时，可通过改变图案填充原点的方法使剖面线错开。默认情况下，所有图案填充原点都对应于当前的 UCS 原点。
- “添加：拾取点”：提示用户在图案填充边界内任选一点，系统按一定方式自动搜索，从而生成封闭边界。其提示为：

拾取内部点或[选择对象(S)/删除边界(B)]:（拾取一内点）

选择内部点:（用回车结束选择或继续拾取另一区域内点，或用 U 取消上一次选择）

如图 2.29（a）所示为拾取一内点，如图 2.29（b）所示为显示自动生成的临时封闭边界（包括检测到的孤岛），如图 2.29（c）所示为填充的结果。

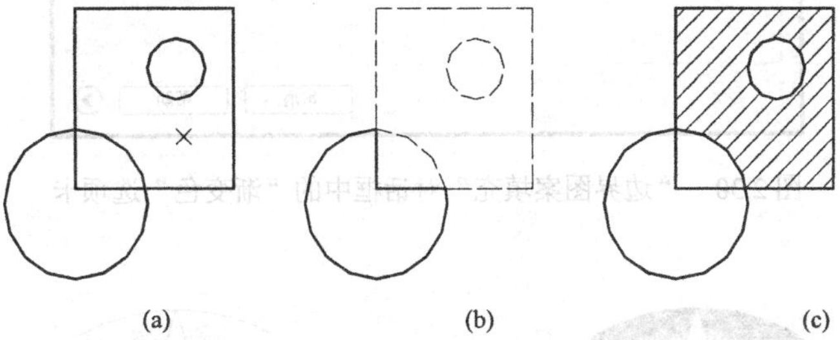

图 2.29　填充边界的自动生成

- “添加：选择对象”：用选对象的方法确定填充边界。
- “预览”：预视填充结果，以便于及时调整修改。
- “继承特性”：在图案填充时，通过继承选项，可选择图上一个已有的图案填充来继承它的图案类型和有关的特性设置。
- “选项”选项组：规定了图案填充的两个性质。
- “关联”：默认设置为生成关联图案填充，即图案填充区域与填充边界是关联的。
- “创建独立的图案填充”：默认设置为“关闭”，即图案填充作为一个对象（块）处理；如把其设置为“开”，则图案填充分解为一条条直线，并丧失关联性。
- “确定”按钮：按所作的选择绘制图案填充。

填充图案按当前设置的颜色和线型绘制。

“渐变色”选项卡如图 2.30 所示，通过它可以以单色浓淡过渡或双色渐变过渡对指定区域进行渐变颜色填充。如图 2.31 所示为用“渐变色”填充的五角星示例。

4. 操作过程

图案填充的操作过程如下：

（1）设置用于图案填充的图层为当前层；

（2）启动 HATCH 命令，出现“图案填充和渐变色”对话框；

（3）确认或修改“选项”组中“关联”项的设置；

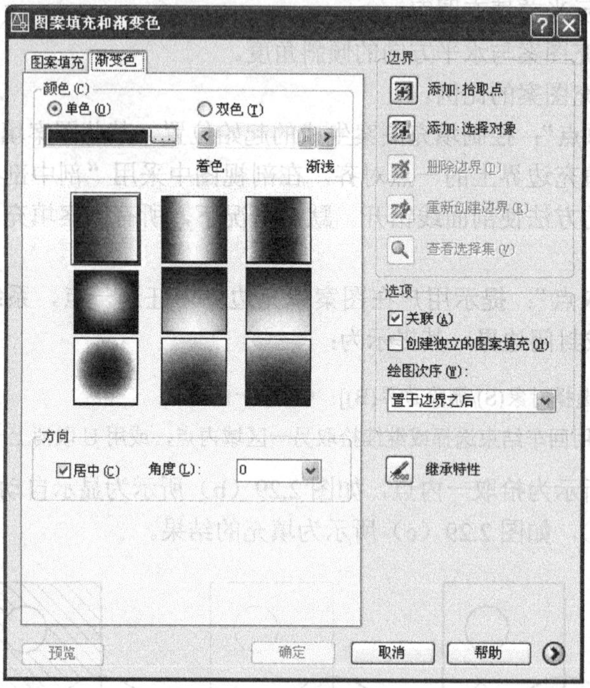

图 2.30 “边界图案填充”对话框中的“渐变色”选项卡

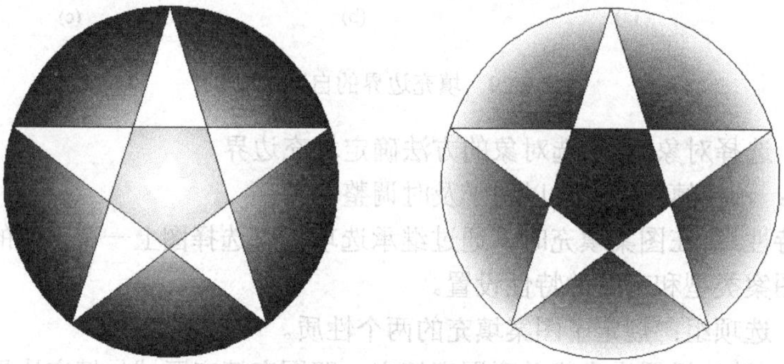

图 2.31 “渐变色”填充示例

（4）选择图案填充类型，并根据所选类型设置图案特性参数，也可用“继承特性”选项，继承已画的某个图案填充对象；

（5）通过“拾取点”或“拾取对象”的方式定义图案填充边界；

（6）必要时，可“预览”图案填充效果；若不满意，可返回调整相关参数；

（7）单击“确定”按钮，绘制图案填充；

（8）由于图案填充的关联性，为了便于事后的图案填充编辑，在一次图案填充命令中，最好只选一个或一组相关的图案填充区域。

5．应用

【例 2.7】 完成如图 2.32（a）所示的机械图“剖中剖”图案填充。

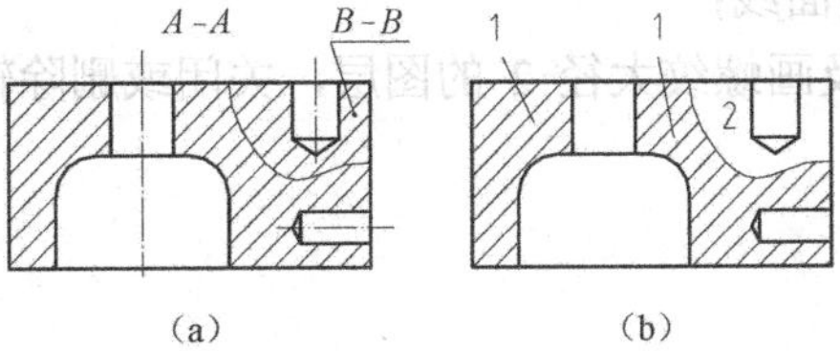

图 2.32 错开的剖面线

操作步骤如下：

（1）关闭画中心线的图层，并选图案填充层为当前层；

（2）启动 HATCH 命令，图案填充“类型”选“预定义”，“图案”选“ANSI31”，“角度”选“0”，“间距”项选“4”（毫米）；

（3）在填充“边界”框中，选“添加：拾取点”项，如图 2.32（b）所示，在 1 处拾取两个内点，再返回对话框；

（4）预视并应用，完成 *A-A* 的剖面线（表示金属材料）；

（5）为使 *B-B* 的剖面线和 *A-A* 特性相同而剖面线错开，可将“图案填充原点”改为“指定的原点”，单击“单击以设置新原点”按钮，在 *B-B* 区域指定与 *A-A* 剖面线错开的一点；

（6）重复 HATCH 命令，图案填充类型、特性的设置同上；

（7）填充边界通过内点 2 指定；

（8）预视并应用，完成 *B-B* 的剖面线；

（9）打开画中心线的图层，完成如图 2.32（a）所示的机械图“剖中剖”图案填充。

【例 2.8】 由图 2.33（a）完成如图 2.33（b）所示的螺纹孔的剖视图。

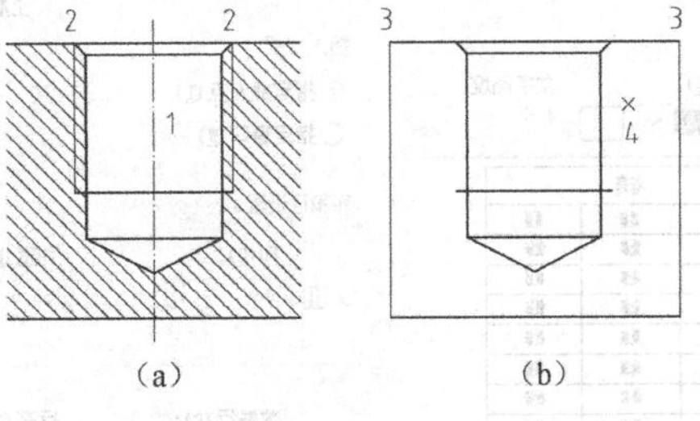

图 2.33 螺纹孔的剖面线

对于螺纹孔，遵照国标规定，剖面线要画到螺纹小径处。另外，图 2.33（a）的剖面线部分边界不封闭，为此可按如下操作步骤进行：

（1）关闭画中心线 1 的图层及画螺纹大径 2 的图层，并在辅助作图层上画封闭线 3，如图 2.33（b）所示。也可先用“添加：选择对象”方式选中全部图形对象，然后点击“删除边界”按钮，把中心线 1 和大径 2 等扣除在构造选择集之外；

（2）设图案填充层为当前层，启动 HATCH 命令；

（3）图案填充“类型”选“预定义”，“图案”选“ANSI31”，“角度”选“90”，“间距”项选“4”（毫米）；

（4）在填充“边界”框中，选“添加：拾取点”项，如图 2.33（b）所示，在 4 处拾取一个内点，再返回对话框；

（5）预视并应用，画剖面线；

（6）打开画中心线 1 及画螺纹大径 2 的图层，关闭或删除辅助作图层，完成如图 2.33（a）所示的剖视图。

2.8 创建表格

表格是在行和列中包含数据的对象。创建表格对象时，首先创建一个空表格，然后在表格的单元中添加内容。表格创建完成后，用户可以单击该表格上的任意网格线以选中该表格，进行表格内容的填写。

1．命令

命令名：TABLE（命令名-TABLE 用于命令行）

菜单：绘图→表格

图标：“绘图”工具栏

2．功能

在图形中按指定格式创建空白表格对象。

3．对话框及其说明

TABLE 命令启动以后，出现“插入表格”对话框，如图 2.34 所示。其主要选项说明如下：

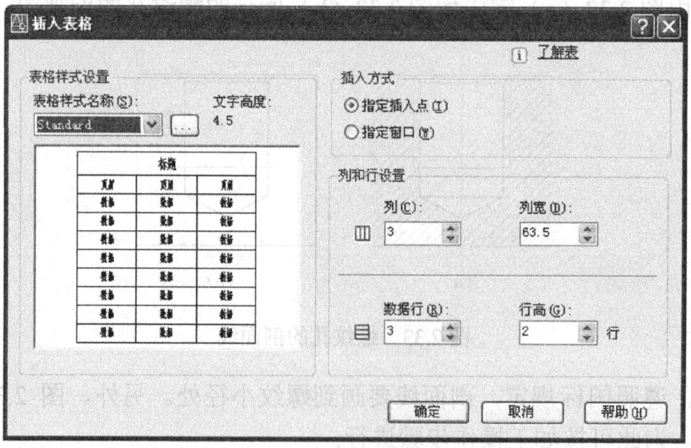

图 2.34 “插入表格”对话框

“表格样式设置”：设置表格的外观。

“表格样式名称”：指定表格样式。默认样式为 Standard。

“文字高度”：显示在当前表格样式中为数据行指定的文字高度（只读）。

“插入方式”：指定表格位置。

“指定插入点”：指定表格左上角的位置。可以使用定点设备，也可以在命令行上输入坐标值。如果表格样式将表格的方向设置为由下而上读取，则插入点位于表格的左下角。

“指定窗口”：指定表格的大小和位置。可以使用定点设备，也可以在命令行上输入坐标值。选定此选项时，行数、列数、列宽和行高取决于窗口的大小以及列和行设置。

“列和行设置”：设置列和行的数目和大小。

4．设置表格样式

若“插入表格”对话框左下部分显示的表格样式不符合用户需要，用户可修改或重新设置表格的样式。具体方法为：在“插入表格”对话框中单击“表格样式名称”右边的“表格样式”按钮[...]，将弹出如图 2.35 所示的“表格样式”对话框，单击其右边的“修改”按钮[修改(M)...]，将弹出如图 2.36 所示的“修改表格样式”对话框，其包含三个选项卡，可分别对表格的“数据表格格式”、“列标题格式”及“表格标题格式”进行设置或修改。

新建表格样式的操作方法与此基本相同。

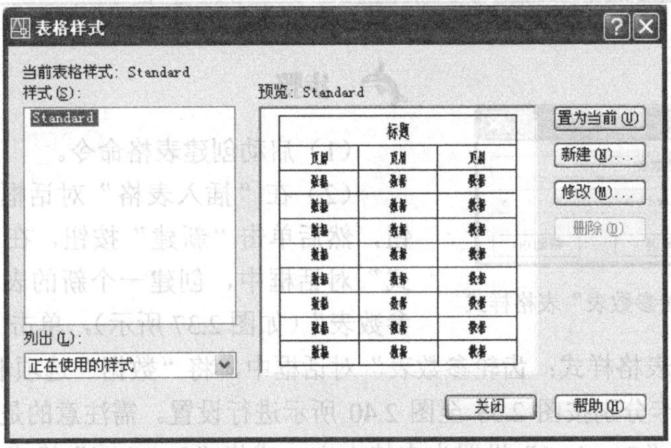

图 2.35　“表格样式”对话框

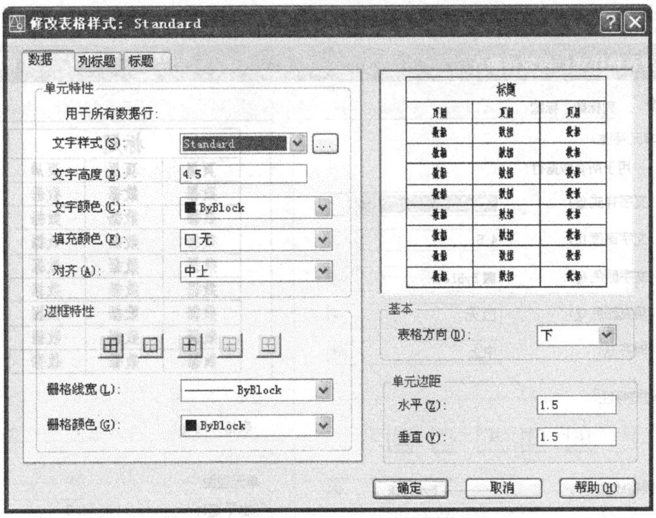

图 2.36　“修改表格样式”对话框

5．示例

【例 2.9】　在 AutoCAD 下生成如表 2.1 所示“齿轮参数表”。

表 2.1 齿轮参数表

项 目	符 号	数 值
法向模数	m	2.5
齿形角	α	20
旋转角	β	21
齿顶系数	h*	1
顶隙系数	C*	0.25
变位系数		0
精度等级		8-8-7GK
齿数	z	94

步骤

图 2.37 创建“齿轮参数表”表格样式

（1）启动创建表格命令。

（2）在“插入表格”对话框中，单击“...”按钮，然后单击“新建”按钮，在“创建新的表格样式”对话框中，创建一个新的表格样式——“齿轮参数表”（如图 2.37 所示），单击“继续”按钮。

（3）在“新建表格样式：齿轮参数表”对话框中，将“数据”选项卡、“列标题”选项卡及“标题”选项卡分别按图 2.38 至图 2.40 所示进行设置。需注意的是：在对话框中，应将默认的文字样式“Standard”设置为支持中文，或将“Standard”换成已定义的支持中文的其他文字样式，最后单击“确定”按钮。

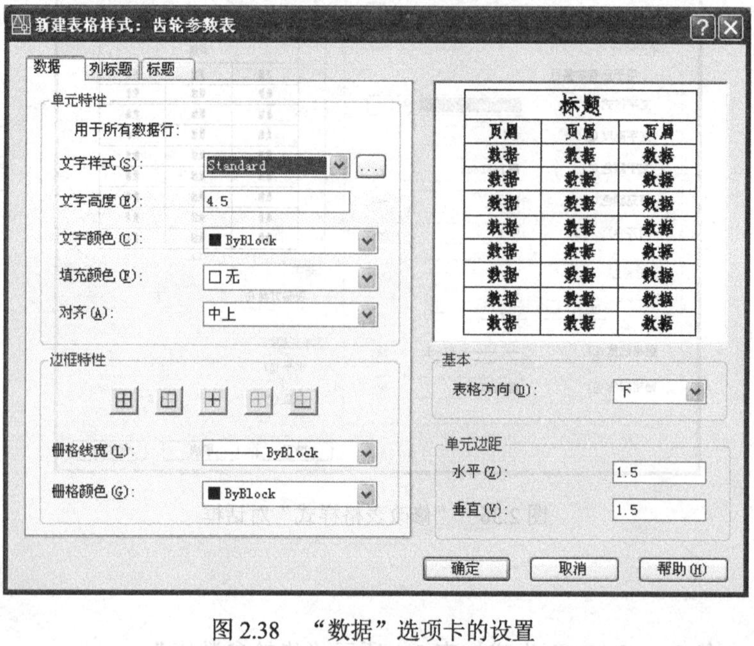

图 2.38 “数据”选项卡的设置

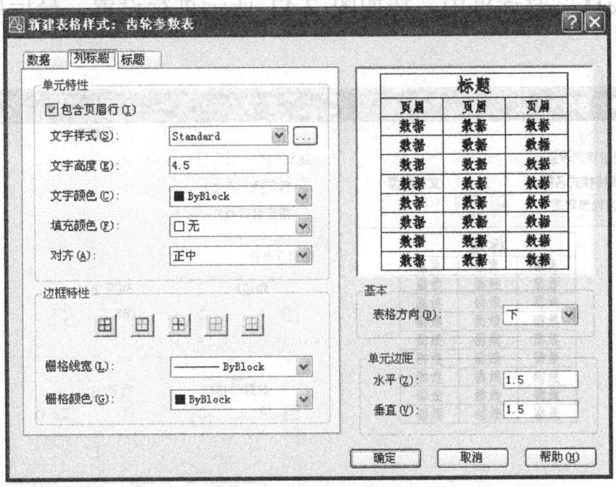

图 2.39　“列标题”选项卡的设置

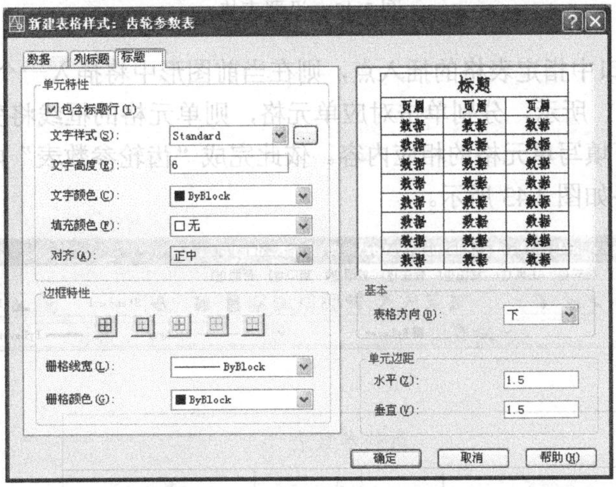

图 2.40　“标题”选项卡的设置

（4）在如图 2.41 所示的“表格样式”对话框中，单击右上角位置的“置为当前”按钮，将“齿轮参数表”表格样式设置为当前样式，单击“关闭”按钮。

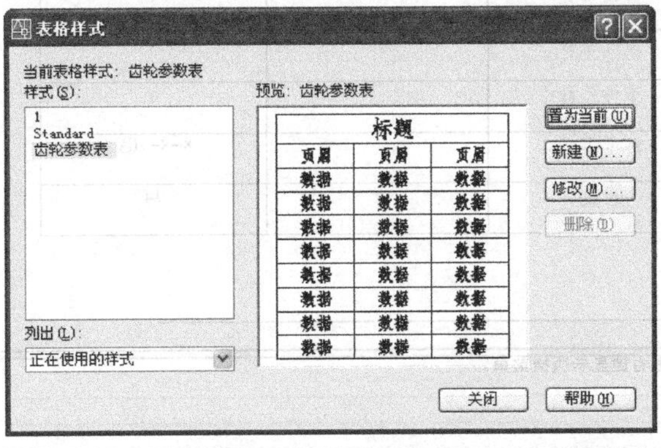

图 2.41　将“齿轮参数表”表格样式设置为当前样式

（5）在“插入表格”对话框中，按如图 2.42 所示进行设置，最后单击“确定”按钮，关闭对话框。

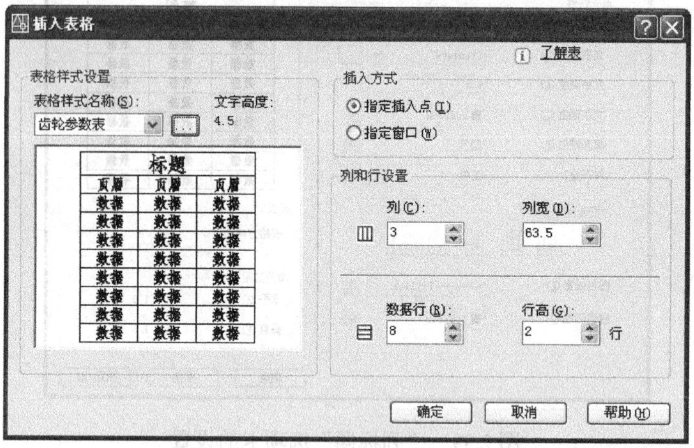

图 2.42　设置表格

（6）在图形窗口中指定表格的插入点，则在当前图形中将插入一个空的表格。

（7）按照表 2.1 所示，分别单击对应单元格，则单元格的框线将变虚，光标自动定位在单元格内，此时可填写单元格的相应内容。依此完成“齿轮参数表”内容的填写。

最后完成的表格如图 2.43 所示。

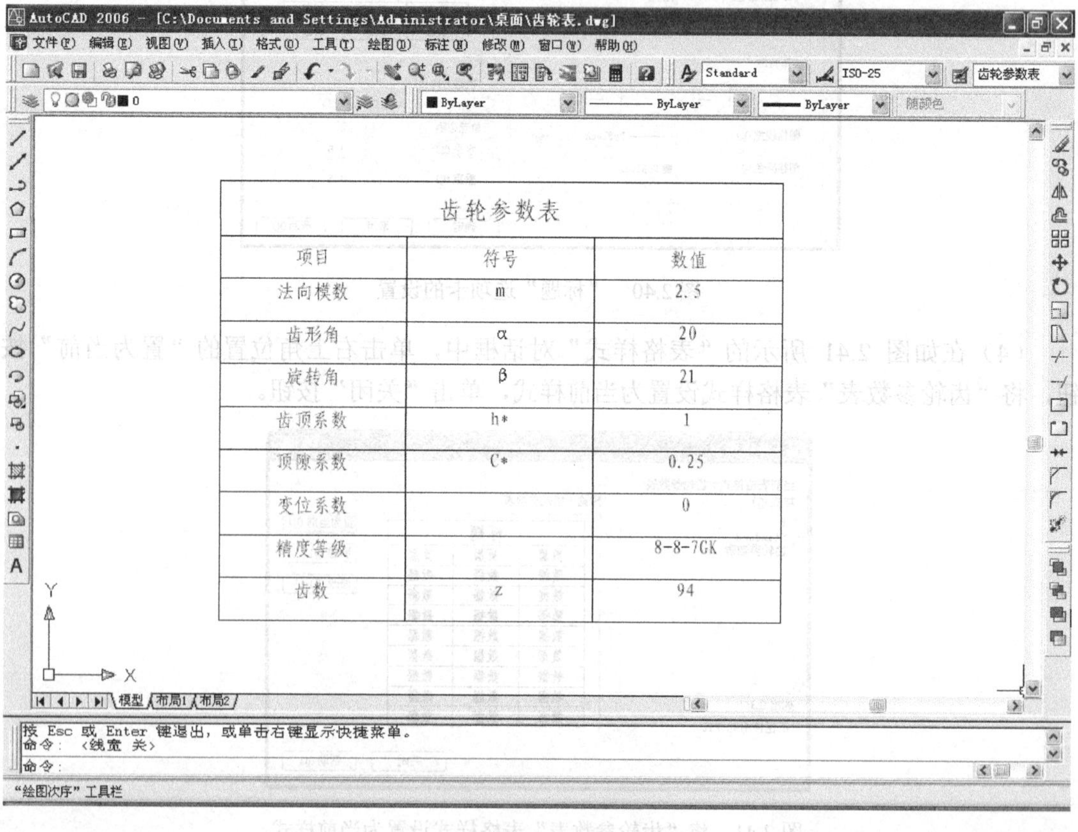

图 2.43　最后完成的表格

2.9　AutoCAD 绘图的作业过程

前面各节介绍了绘制二维图形的基本命令和方法，各个命令在使用的过程中还有很多技巧，需要用户在不断的绘图实践中去领会。对于复杂图形，将绘图命令与下一章介绍的编辑命令结合使用，效果会更好。有些命令（如徒手线 SKETCH、实体图形 SOLID、轨迹线 TRACK、修订云线 REVCLOUD 等）在机械绘图中较少使用，本书不作介绍，感兴趣的读者可参阅 AutoCAD 的在线帮助文档。

完成一个 AutoCAD 作业，需要综合应用各类 AutoCAD 命令，现简述如下，在后面的章节中将继续对用到的各类命令作详细介绍。

（1）利用设置类命令，设置绘图环境，如单位、捕捉、栅格等（详见第 4 章内容）；

（2）利用绘图类命令，绘制图形对象；

（3）利用修改类命令，编辑与修改图形，如用删除（Erase）命令，擦去已画的图形，用放弃（U）命令，取消上一次命令的操作等（详见第 3 章内容）；

（4）利用视图类命令及时调整屏幕显示，如利用缩放（Zoom）命令和平移（Pan）命令等（详见第 4 章内容）；

（5）利用文件类命令创建、保存或打印图形。

思考题 2

1．下列画圆方式中，有一种只能从“绘图”下拉菜单中选取，它是：

（1）圆心、半径

（2）圆心、直径

（3）2 点

（4）3 点

（5）相切、相切、半径

（6）相切、相切、相切

2．下列有两个命令常用于绘制作图辅助线，它们是：

（1）CIRCLE

（2）LINE

（3）RAY

（4）XLINE

（5）MLINE

3．下列画圆弧方式中，无效的方式是：

（1）起点、圆心、终点

（2）起点、圆心、方向

（3）圆心、起点、长度

（4）起点、终点、半径

4．使用多段线（PLINE）命令绘制的折线段和用直线（LINE）命令绘制的折线段完全等效吗？两者有何区别？

5. 一个图案填充被分解后，则其构成将变为：

（1）图案块

（2）直线和圆弧

（3）多段线

（4）直线

6. 分析绘制下图所用到的绘图命令及绘图的方法和步骤。

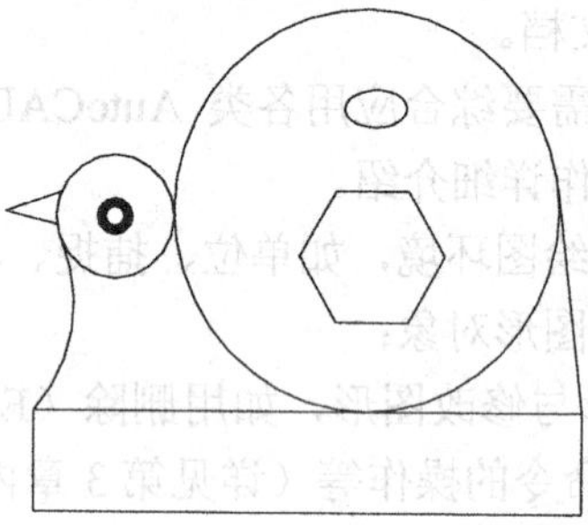

7. 使用样条曲线命令设计一卡通动物或趣味图形。

上机实习 2

目的：熟悉 AutoCAD 的绘图命令。

内容：1. 上机验证例 2.1、例 2.2 和例 2.3；

2. 上机绘制上面第 6 题图形；

3. 绘制下图所示“田间小房”，并为前墙、房顶及窗户赋以不同的填充图案。

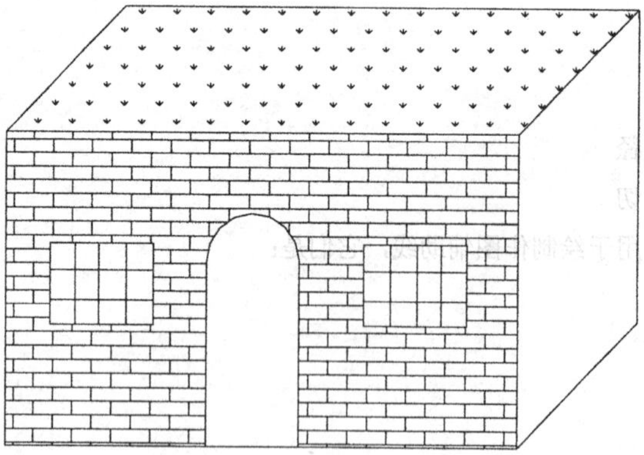

提示：

1. 当所绘图形在屏幕上看不到或太小而看不清时，可输入 ZOOM 命令及其 A 选项。

2. 第 6 题图形中，左边小圆用 CIRCLE 命令的圆心、半径方式绘制，圆内圆环用 DOUNT 命令绘制，下面的矩形用 RECTANG 命令绘制，右边的大圆用 CIRCLE 命令的相切、相切、半径方式绘制，大圆内的椭圆和正六边形分别用 ELLIPSE 和 POLIGON 命令绘制，左边的圆弧用 ARC 命令的起点、终点、半径方式绘制，左上折线用 LINE 命令绘制。用鼠标绘图即可，尺寸不要求准确。

3. 在绘制“田间小房”时，前墙填以“预定义”墙砖（AR-BRSTD）图案，房顶填以“预定义”草地（GRASS）图案；窗户的窗棂使用“用户定义”（0 度，双向）图案在窗户区域内填充生成。

第3章 二维图形编辑

图形编辑是指对已有图形对象进行移动、旋转、缩放、复制、删除及其他修改操作。它可以帮助用户合理构造与组织图形，保证作图的准确度，减少重复的绘图操作，从而提高设计与绘图效率。本章将介绍有关图形编辑的菜单、工具栏及二维图形编辑命令。

图形编辑命令集中在下拉菜单“修改”中，有关图标集中在“修改”工具栏中；有关修改多段线、多线、样条曲线、图案填充等命令的图标集中在“修改Ⅱ”工具栏中。如图 3.1 所示。

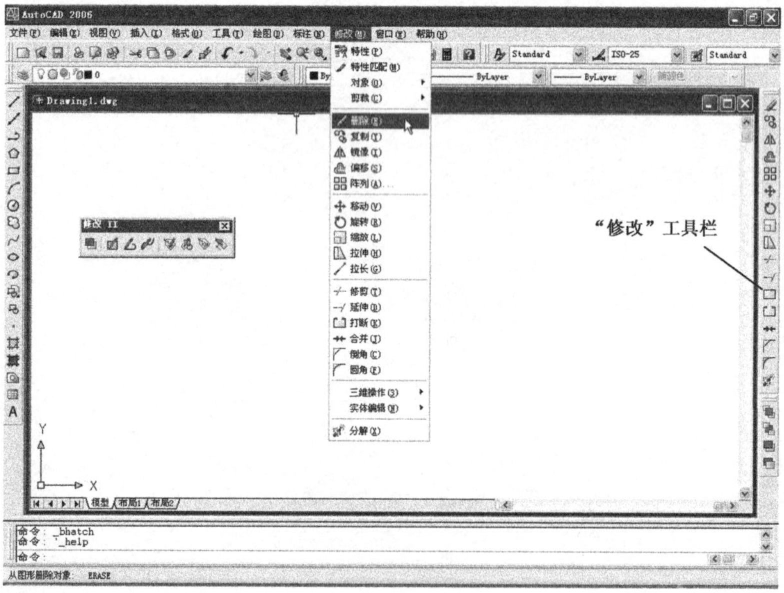

图 3.1 “修改”菜单和“修改”工具栏

3.1 构造选择集

编辑命令一般分两步进行：

（1）在已有的图形中选择编辑对象，即构造选择集；

（2）对选择集实施编辑操作。

1．构造选择集的操作

输入编辑命令后出现的提示为：

选择对象：

即开始了构造选择集的过程，在选择过程中，选中的对象醒目显示（即改用虚线显示），表示已加入选择集。AutoCAD 提供了多种选择对象及操作的方法，现列举如下：

（1）直接拾取对象：拾取到的对象醒目显示；

（2）M：可以多次直接拾取对象，该过程用回车结束，此时所有拾取到的对象醒目显示；

（3）L：选最后画出的对象，它自动醒目显示；

（4）ALL：选择图中的全部对象（在冻结或加锁图层中的除外）；

（5）W：窗口方式，选择全部位于窗口内的所有对象；

（6）C：窗交方式，即除选择全部位于窗口内的所有对象外，还包括与窗口四条边界相交的所有对象；

（7）BOX：窗口或窗交方式，当拾取窗口的第一角点后，如用户选择的另一角点在第一角点的右侧，则按窗口方式选择对象，如在左侧，则按窗交方式选对象；

（8）WP：圈围方式，即构造一个任意的封闭多边形，在圈内的所有对象被选中；

（9）CP：圈交方式，即圈内及和多边形边界相交的所有对象均被选中；

（10）F：栏选方式，即画一条多段折线，像一个栅栏，与多段折线各边相交的所有对象被选中；

（11）P：选择上一次生成的选择集；

（12）SI：选中一个对象后，自动进入后续编辑操作；

（13）AU：自动开窗口方式，当用光标拾取一点，并未拾取到对象时，系统自动把该点作为开窗口的第一角点，并按 BOX 方式选用窗口或窗交；

（14）R：把构造选择集的加入模式转换为从已选中的对象中移出对象的删除模式，其提示转化为：

　　删除对象:

在该提示下，亦可使用直接拾取对象、开窗口等多种选取对象方式；

（15）A：把删除模式转化为加入模式，其提示恢复为：

　　选择对象:

（16）U：放弃前一次选择操作；

（17）回车：在“选择对象:”或“删除对象:”提示下，用回车响应，就完成构造选择集的过程，可对该选择集进行后续的编辑操作。

2．示例

【例 3.1】　在当前屏幕上已绘有如图 3.2 所示的两段圆弧和两条直线，现欲对其中的部分图形进行删除操作，则首先应指定要删除的图形对象，即构造选择集，然后才能对选中的部分执行删除操作。

　　命令: **ERASE**↙（删除图形命令）

　　选择对象: **W**↙（选窗口方式）

　　指定第一个角点:（单击 1 点）

　　指定对角点:（单击 2 点）

　　找到 2 个 [选中部分变虚显示，如图 3.2（a）所示]

　　选择对象:（回车，结束选择过程，删去选定的直线）

在上面构造选择集的操作中，如选择窗交方式 C，则还有一条圆弧和窗口边界相交 [如图 3.2（b）所示]，也会删去。

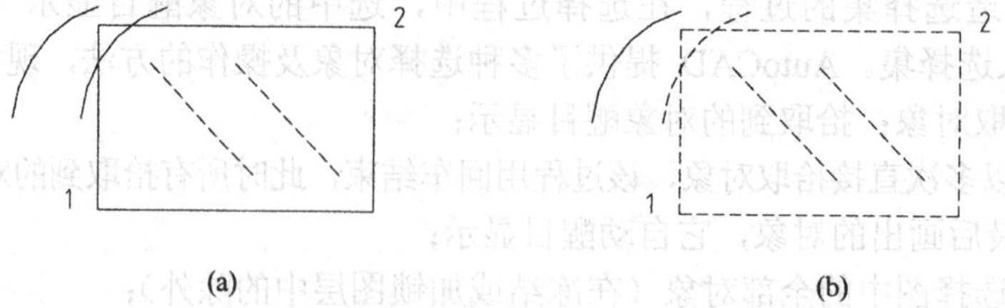

图 3.2 窗口方式和窗交方式

3. 说明

（1）在“选择对象”提示下，如果输入错误信息，则系统出现下列提示：

需要点或
窗口(W)/上一个(L)/窗交(C)/框(BOX)/全部(ALL)/栏选(F)/圈围(WP)/圈交(CP)/编组(G)/类(CL)/添加(A)/删除(R)/多个(M)/上一个(P)/放弃(U)/自动(AU)/单个(SI)
选择对象:

系统用列出所有选择对象方式的信息来引导用户正确操作；

（2）AutoCAD 允许用名词/动词方式进行编辑操作，即可以先用拾取对象、开窗口等方式构造选择集，然后再启动某一编辑命令；

（3）有关选择对象操作的设置，可由“对象选择设置”（Ddselect）命令控制；

（4）AutoCAD 提供一个专用于构造选择集的命令：“选择”（SELECT）；

（5）AutoCAD 提供对象编组（Group）命令来构造和处理命名的选择集；

（6）AutoCAD 提供“对象选择过滤器”（Filter）命令来指定对象过滤的条件，用于创造合适的选择集；

（7）对于重合的对象，在选择对象时同时按 Ctrl 键，则进入循环选择，可以决定所选的对象。

选择集模式的控制集中于“选项”对话框中“选择”选项卡下的“选择模式”选项组内，具体如图 3.3 所示。用户可按自己的需要设置构造选择集的模式。显示“选项”对话框的方法为：选择菜单“工具”→“选项”→“选择”选项卡。

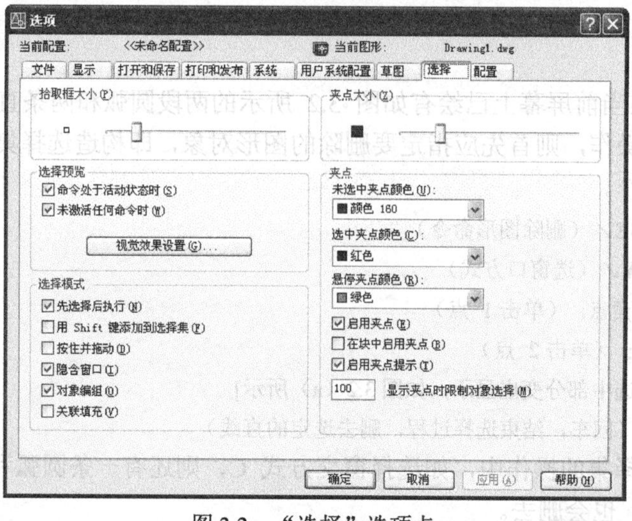

图 3.3 “选择”选项卡

3.2　删除和恢复

3.2.1　删除

1. 命令

命令行：ERASE（缩写名：E）
菜单：修改→删除
图标：“修改”工具栏

2. 格式

命令： **ERASE**↙
选择对象：（选对象，如图 3.2 所示）
选择对象：（回车，删除所选对象）

3.2.2　恢复

1. 命令

命令行：OOPS

2. 功能

恢复上一次用 ERASE 命令所删除的对象。

3. 说明

（1）OOPS 命令只对上一次 ERASE 命令有效，如使用 ERASE>LINE>ARC>LAYER 操作顺序后，用 OOPS 命令，则恢复 ERASE 命令删除的对象，而不影响 LINE、ARC、LAYER 命令操作的结果；

（2）本命令也常用于 BLOCK（块）命令之后，用于恢复建块后所消失的图形。

3.3　命令的放弃和重做

3.3.1　放弃（U）命令

1. 命令

命令行：U
菜单：编辑→放弃
图标：“标准”工具栏 

2. 功能

取消上一次命令操作，它是 UNDO 命令的简化格式，相当于 UNDO 1，但 U 命令不是 UNDO 命令的缩写名。U 和 UNDO 命令不能取消诸如 PLOT、SAVE、OPEN、NEW 或 COPYCLIP 等对设备做读、写数据的命令。

3.3.2 放弃（UNDO）命令

1. 命令

命令行：UNDO
图标："标准"工具栏

2. 功能

放弃上几次命令操作，并控制 UNDO 功能的设置。

3. 格式

命令: **UNDO**↙
输入要放弃的操作数目或 [自动(A)/控制(C)/开始(BE)/结束(E)/标记(M)/后退(B)] <1>: (输入取消命令的次数或选项)

4. 选项说明

（1）要放弃的操作数目：指定取消命令的次数。

（2）自动（A）：控制是否把菜单项的一次拾取看做一次命令（不论该菜单项是由多少条命令的顺序操作组成），它出现提示：

(输入 UNDO 自动模式[开(ON)/关(OFF)] <开>:)

（3）控制（C）：控制 UNDO 功能，它出现提示：

(输入 UNDO 控制选项 [全部(A)/无(N)/一个(O)]/合并（c）) <全部>:

A 为全部 UNDO 功能有效；N 为取消 UNDO 功能；O 为只有 UNDO 1（相当于 U 命令）有效；C 为合并，即控制是否将多个、连续的缩放和平移命令合并为一个单独的放弃和要做操作。

（4）开始（BE）和结束（E）：用于命令编组，一组命令在 UNDO 中只作为一次命令对待，例如，操作序列为：

LINE > UNDO BE > ARC > CIRCLE > ARC > UNDO E > DONUT
则 ARC > CIRCLE > ARC 为一个命令编组；

（5）标记（M）和返回（B）：在操作序列中，用 UNDO M 作出标记，如后续操作中使用 UNDO B，则取消该段操作中的所有命令，如果前面没有作标记，则出现提示：

将放弃所有操作。确定? <Y>:

确认则作业过程将退回到 AutoCAD 初始状态。
在试画过程中，利用设置 UNDO M 可以迅速取消试画部分。

3.3.3 重做（REDO）命令

1. 命令

命令行：REDO
菜单：编辑→重做
图标：“标准”工具栏

2. 功能

重做刚用 U 或 UNDO 命令所放弃的命令操作。

3.4 复制和镜像

3.4.1 复制

1. 命令

命令行：COPY（缩写名：CO、CP）
菜单：修改→复制
图标：“修改”工具栏

2. 功能

复制选定对象，可作多重复制。

3. 格式及示例

命令: **COPY**↙
选择对象：（构造选择集，如图 3.4 所示选一圆）
找到 1 个
选择对象：（回车，结束选择）
指定基点或[位移（D）]<位移>:（定基点 A）
指定第二点或 <使用第一个点作为位移>:（位移点 B，该圆按矢量 $\overline{AB}$ 复制到新位置）
指定第二个点或 [退出（E）/放弃（U）] <退出>: ↙
命令:
（在选择“重复”进行多重复制时：）
命令: COPY↙
选择对象：（构造选择集，如图 3.4 所示选一圆）
找到一个
选择对象：↙（回车，结束选择）
指定基点或[位移（D）]<位移>;（定基点 A）
指定第二个点线<使用第一个点作为位移>:（B 点）
指定第二个点线[退出（E）/放弃（U）]<退出>:（C 点）

指定第二个点线[退出（E）/放弃（U）]<退出>；↙

命令：

（所选圆按矢量$\overline{AB}$、$\overline{AC}$复制到两个新位置，如图 3.5 所示）

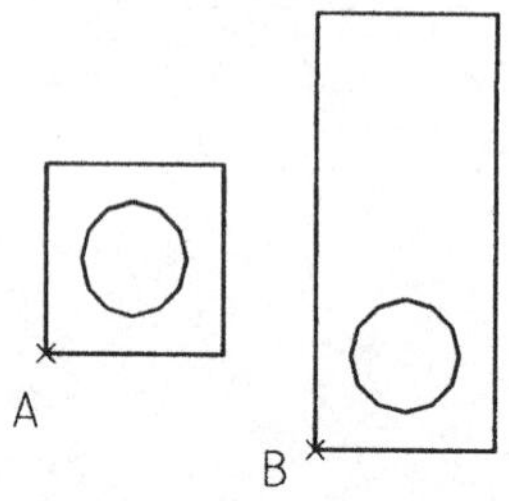

图 3.4　复制对象

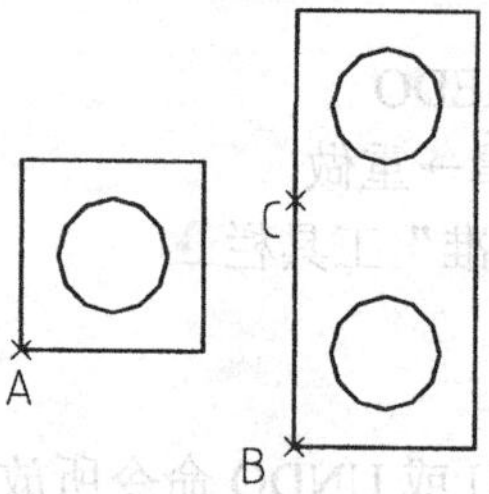

图 3.5　多重复制对象

4. 说明

（1）如对提示“指定第二个点”用回车响应，则系统认为 A 点是位移点，基点为坐标系原点 O（0,0,0），即按矢量$\overline{OA}$复制；

（2）基点与位移点可用光标定位，坐标值定位，也可利用“对象捕捉”来准确定位。

3.4.2　镜像

1. 命令

命令行：MIRROR（缩写名：MI）
菜单：修改→镜像
图标：“修改”工具栏

2. 功能

用轴对称方式对指定对象作镜像，该轴称为镜像线，镜像时可删去原图形，也可以保留原图形（镜像复制）。

3. 格式及示例

在如图 3.6 所示中欲将左下图形和 ABC 字符相对 AB 直线镜像出右上图形和字符，则操作过程如下：

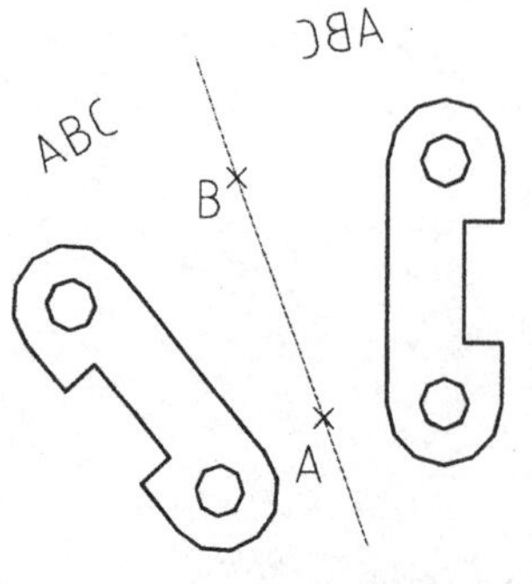

图 3.6　文本完全镜像

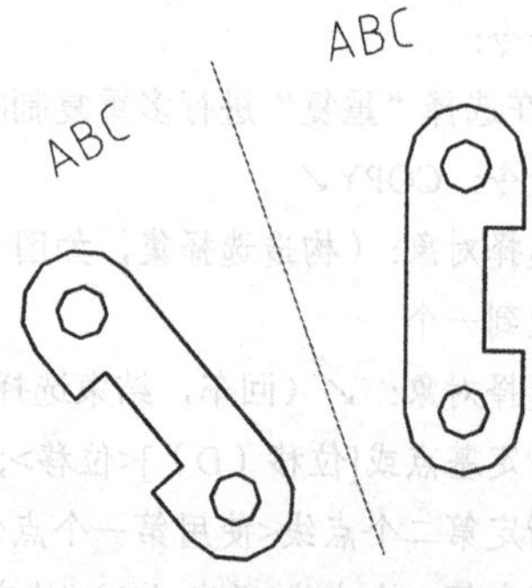

图 3.7　文本可读镜像

命令: MIRROR↙
选择对象:（构造选择集，在图 3.6 中选中左下图形和 ABC 字符）
选择对象: ↙（回车，结束选择）
指定镜像线的第一点:（指定镜像线上的一点，如 A 点）
指定镜像线的第二点:（指定镜像线上的另一点，如 B 点）
是否删除源对象? [是(Y)/否(N)] <N>:↙（回车，不删除原图形）

4. 说明

在镜像时，镜像线是一条临时的参照线，镜像后并不保留。

在如图 3.6 所示中，文本做了完全镜像，镜像后文本变为反写和倒排，使文本不便阅读。如在调用镜像命令前，把系统变量 MIRRTEXT 的值置为 0（off），则镜像时对文本只做文本框的镜像，而文本仍然可读，此时的镜像结果如图 3.7 所示。

3.5 阵列和偏移

3.5.1 阵列

1. 命令

命令行：ARRAY（缩写名：AR）
菜单：修改→阵列
图标：“修改”工具栏

2. 功能

对选定对象作矩形或环形阵列式复制。

3. 对话框及操作

启动阵列命令后，将弹出如图 3.8 所示“阵列”对话框。从中可对阵列的方式（矩形阵列或环行阵列）及其具体参数进行设置。

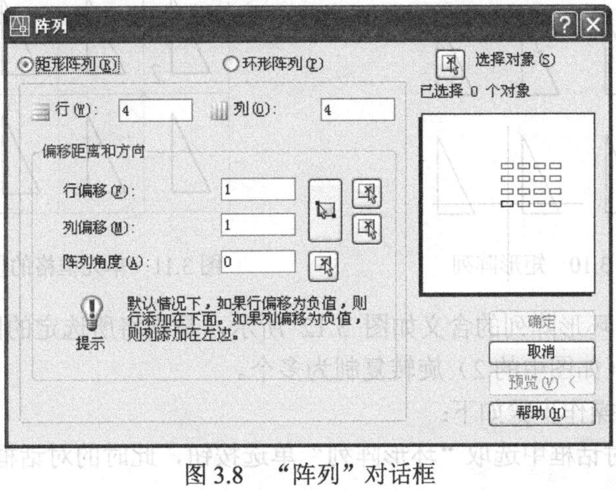

图 3.8　“阵列”对话框

（1）矩形阵列。矩形阵列的含义如图 3.9 所示。它是指将所选定的图形对象（如图中的 1）按指定的行数、列数复制为多个。

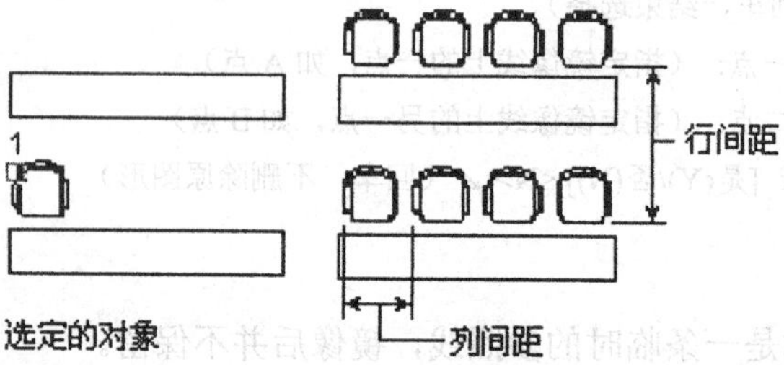

图 3.9　矩形阵列的含义

创建矩形阵列的操作步骤如下：

① 在“阵列”对话框中选取“矩形阵列”单选按钮，此时的对话框如图 3.8 所示。

② 选择“选择对象”按钮，则“阵列”对话框关闭，AutoCAD 提示选择对象。

③ 选取要创建阵列的对象，然后回车。

④ 在“行”和“列”文本框中，输入欲阵列的行数和列数。

⑤ 使用以下方法之一指定对象间水平和垂直间距（偏移），则样例框将示意性显示阵列的结果。

- 在“行偏移”和“列偏移”文本框中，输入行间距和列间距。
- 单击“拾取两个偏移”按钮，使用定点设备指定阵列中某个单元的相对角点。此单元决定行和列的水平和垂直间距。
- 单击“拾取行偏移”或“拾取列偏移”按钮，使用定点设备指定水平和垂直间距。

⑥ 要修改阵列的旋转角度，可在“阵列角度”文本框中输入新的角度。

⑦ 选择“确定”，创建矩形阵列。

如图 3.10 所示为对三角形 *A* 进行两行、三列矩形阵列的结果，其对话框具体设置如图 3.8 所示。如图 3.11 所示为通过“拾取两个偏移”来指定阵列单元相对角点时的阵列情况。

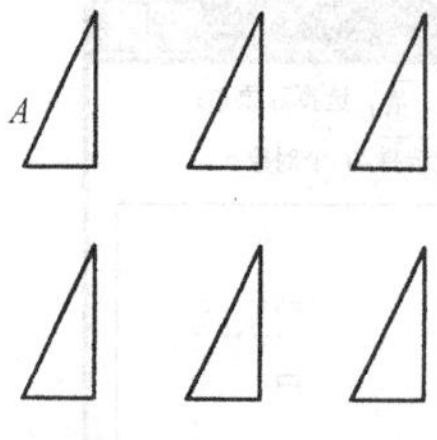

图 3.10　矩形阵列

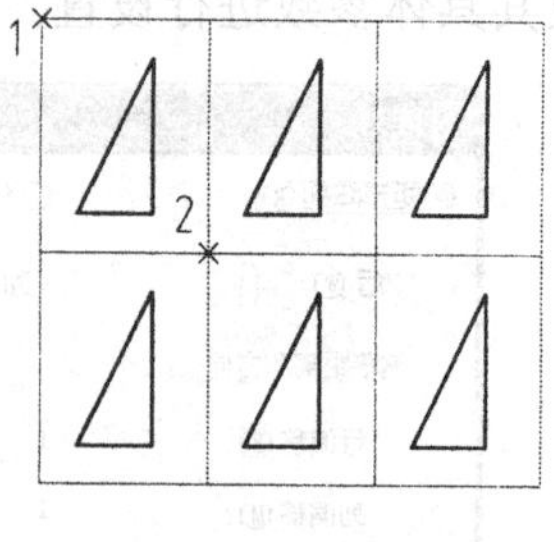

图 3.11　单元框格的使用

（2）环形阵列。环形阵列的含义如图 3.12 所示，是指将所选定的图形对象（如图中的 1）绕指定的中心点（如图中的 2）旋转复制为多个。

创建环形阵列的操作步骤如下：

① 在“阵列”对话框中选取“环形阵列”单选按钮，此时的对话框如图 3.13 所示：

图 3.12　环形阵列的含义

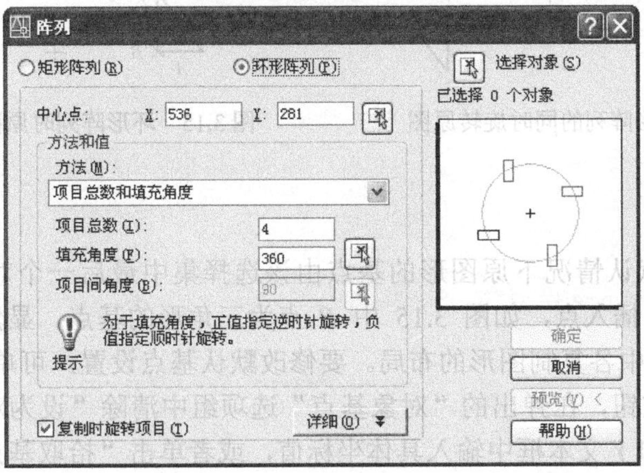

图 3.13　环形阵列

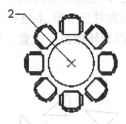

② 执行以下操作之一，指定环形阵列的中心点：

- 在对话框中“中心点：”后的文本框内分别输入环形阵列中心点的 *X* 坐标值和 *Y* 坐标值。
- 单击“拾取中心点”按钮，则“阵列”对话框关闭，AutoCAD 提示选择对象，此时可使用鼠标指定环形阵列的中心点（圆心）。

③ 选择“选择对象”按钮，则“阵列”对话框关闭，AutoCAD 提示选择对象。

④ 选取要创建阵列的对象，然后回车。

⑤ 在“方法”下拉列表框中，选择下列方法之一，指定环形阵列的方式：

- 项目总数和填充角度
- 项目总数和项目间的角度
- 填充角度和项目间的角度

⑥ 在“项目总数”文本框中输入作环形阵列的项目数量（包括原对象）（如果可用）。

⑦ 使用下列方法之一，指定环形阵列的角度，则样例框将示意性显示阵列的结果。

- 输入填充角度和项目间角度（如果可用）。“填充角度”指定围绕阵列圆周要填充的距离，“项目间角度”指定每个项目之间的距离。
- 单击“拾取要填充的角度”按钮和“拾取项目间角度”按钮，然后用鼠标指定填充角度和项目间的角度。

⑧ 指定环形阵列复制时所选对象自身是否绕中心点旋转。要沿阵列方向旋转对象，请选择“复制时旋转项目”复选框，则样例框将示意性显示阵列的结果，否则将只作平移旋转。

⑨ 选择“确定”，创建环形阵列。

如图 3.14 所示为对三角形 *A* 进行 180° 环形阵列的结果，其对话框具体设置如图 3.13 所示，采用“复制时旋转项目”设置。如图 3.15 所示为取消“复制时旋转项目”时的环形阵列情况。

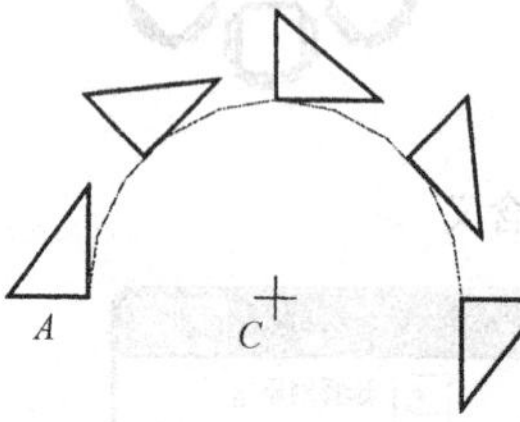

图 3.14 环形阵列的同时旋转原图

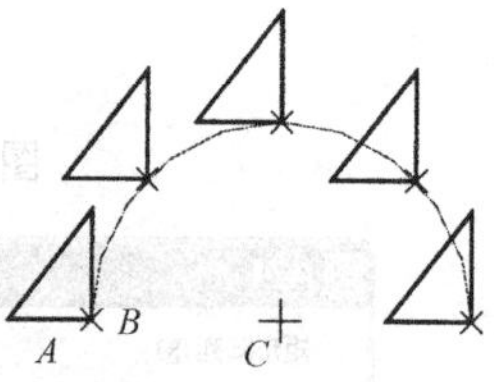

图 3.15 环形阵列时原图只作平移

4. 说明

环形阵列时，默认情况下原图形的基点由该选择集中最后一个对象确定。直线取端点，圆取圆心，块取插入点，如图 3.15 中 *B* 点为三角形的基点。显然，基点的不同将影响图 3.14 和图 3.15 中各复制图形的布局。要修改默认基点设置，可单击如图 3.13 所示对话框中的“详细”按钮，在弹出的“对象基点”选项组中清除“设为对象的默认值”复选框选项，然后在 *X* 和 *Y* 文本框中输入具体坐标值，或者单击“拾取基点”按钮并用鼠标指定点。

3.5.2 偏移

1. 命令

命令行：OFFSET（缩写名：O）

菜单：修改→偏移

图标：“修改”工具栏

2. 功能

画出指定对象的偏移，即等距线。直线的等距线为平行等长线段；圆弧的等距线为同心圆弧，保持圆心角相同；多段线的等距线为多段线，其组成线段将自动调整，即其组成的直线段或圆弧段将自动延伸或修剪，构成另一条多段线，如图 3.16 所示。

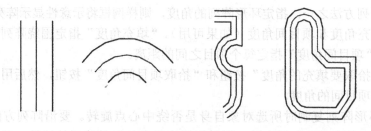

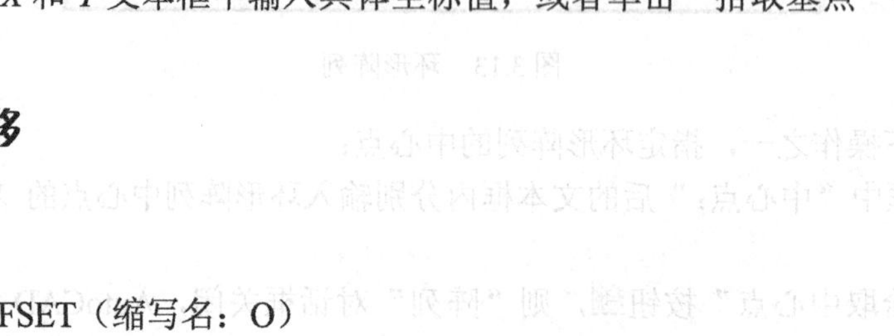

图 3.16 偏移

3. 格式和示例

AutoCAD 用指定偏移距离和指定通过点两种方法来确定等距线位置，对应的操作顺序分别为：

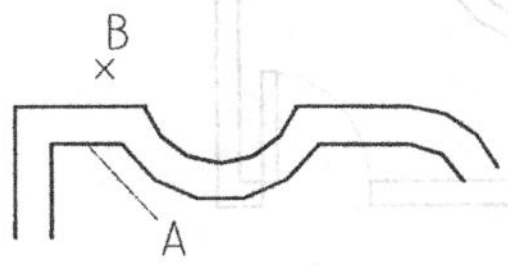

图 3.17　指定偏移距离

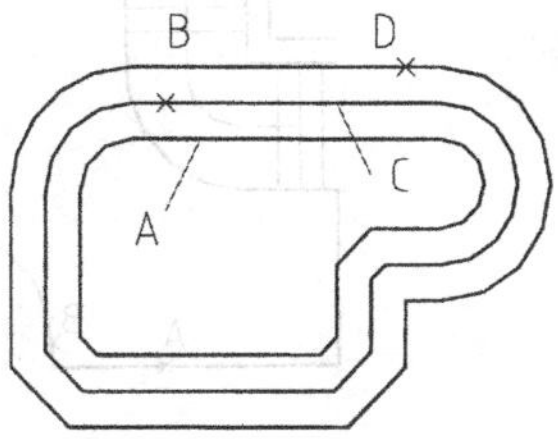

图 3.18　指定通过点

（1）指定偏移距离值，如图 3.17 所示。

命令: **OFFSET**↙
指定偏移距离或 [通过(T)] <1.0000>: **2**↙　（偏移距离）
选择要偏移的对象或 <退出>:（指定对象，选择多段线 A）
指定点以确定偏移所在一侧：（用 B 点指定在外侧画等距线）
选择要偏移的对象或 <退出>:（继续进行或用回车结束）

（2）指定通过点，如图 3.18 所示。

命令: **OFFSET**↙
指定偏移距离或 [通过(T)] <5.0000>: **T**↙（指定通过点方式）
选择要偏移的对象或 <退出>:（选定对象，选择多段线 A）
指定通过点:（指定通过点 B）
（画出等距线 C）
选择要偏移的对象或 <退出>:（继续选一对象 C）
指定通过点:（指定通过点 D）
（画出等距线）
选择要偏移的对象或 <退出>:（继续进行或用回车结束）

从图 3.17、图 3.18 可以看出，生成多段线的等距线过程中，各组成线段将自动调整，原图中有的线段可能没有对应的等距线段，如图 3.18 所示。

3.5.3　综合示例

【例 3.2】　如图 3.19（a）所示为一建筑平面图，现用 OFFSET 命令画出墙内边界，用 MIRROR 命令把开门方位修改。

操作步骤如下：

（1）用 OFFSET 命令指定通过点的方法画墙的内边界：

命令:　OFFSET↙
指定偏移距离或[通过（T）]<通过>: ↙（回车）
选择要偏移的对象或 <退出>:（拾取墙外边界 A）

指定通过点：(用端点捕捉拾取到 *B* 点)

选择要偏移的对象或 <退出>：↙ (回车)

结果如图 3.19 (b) 所示。

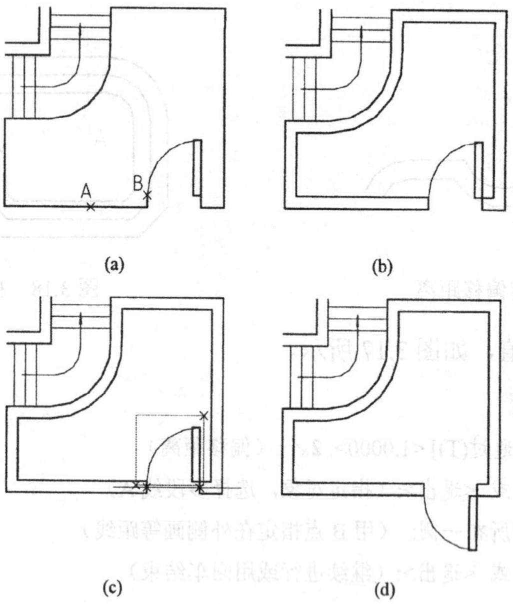

图 3.19　综合示例

(2) 用 MIRROR 命令把开门方位修改：

命令：MIRROR↙

选择对象：w↙

指定第一个角点：　[用窗口方式选择门，如图 3.19 (c) 所示]

指定对角点：↙

已找到 2 个

选择对象：↙　(回车,结束选择)

指定镜像线的第一点：(用中点捕捉拾取墙边线中点)

指定镜像线的第二点：(捕捉另一墙边线中点)

是否删除源对象？[是(Y)/否 (N)]<N>：Y↙ (删去原图)

结果如图 3.19 (d) 所示。

3.6 移动和旋转

3.6.1 移动

1. 命令

命令行：MOVE (缩写名：M)

菜单：修改→移动
图标："修改"工具栏

2. 功能

平移指定的对象。

3. 格式

命令: **MOVE**↙
选择对象:
指定基点或位移:
指定位移的第二点或 <用第一点作位移>:

4. 说明

MOVE 命令的操作和 COPY 命令类似，但它是移动对象而不是复制对象。

3.6.2　旋转

1. 命令

命令行：ROTATE（缩写名：RO）
菜单：修改→旋转
图标："修改"工具栏

2. 功能

绕指定中心旋转图形。

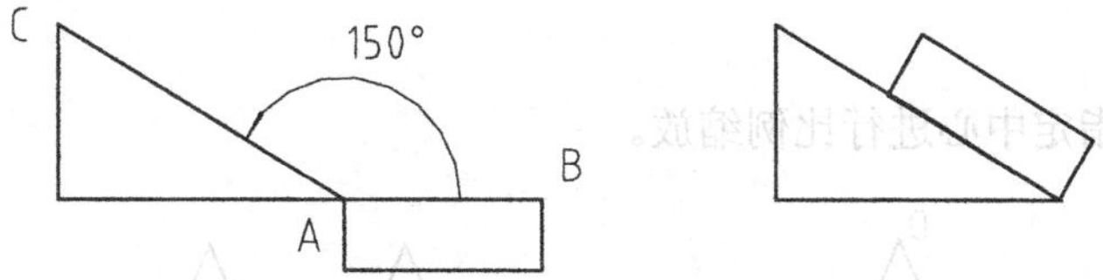

(a)　(b)

图 3.20　旋转

3. 格式及示例

命令: **ROTATE**↙
UCS 当前的正角方向: ANGDIR=逆时针 ANGBASE=0
选择对象: [选一长方块，如图 3.20（a）所示]
　　找到 1 个
选择对象: ↙（回车）
指定基点: （选 A 点）
指定旋转角度或 [参照(R)]: **150**↙（旋转角，逆时针为正）

结果如图 3.20（b）所示。

必要时可选择参照方式来确定实际转角，仍如图 3.20（a）所示：

命令:**ROTATE**↙

UCS 当前的正角方向：ANGDIR=逆时针　ANGBASE=0

选择对象：[选一长方块，如图 3.20（a）所示]

　　找到 1 个

选择对象：↙（回车）

指定基点：（选 A 点）

指定旋转角度或 [参照(R)]: **R**↙（选参照方式）

指定参照角 <0>：（输入参照方向角，本例中用点取 A、B 两点来确定此角）

指定新角度：（输入参照方向旋转后的新角度，本例中用 A、C 两点来确定此角）

结果仍如图 3.20（b）所示，即在不预知旋转角度的情况下，也可通过参照方式把长方块绕 A 点旋转与三角块相贴。

3.7 比例和对齐

3.7.1 比例

1. 命令

命令行：SCALE（缩写名：SC）

菜单：修改→缩放

图标：“修改”工具栏

2. 功能

把选定对象按指定中心进行比例缩放。

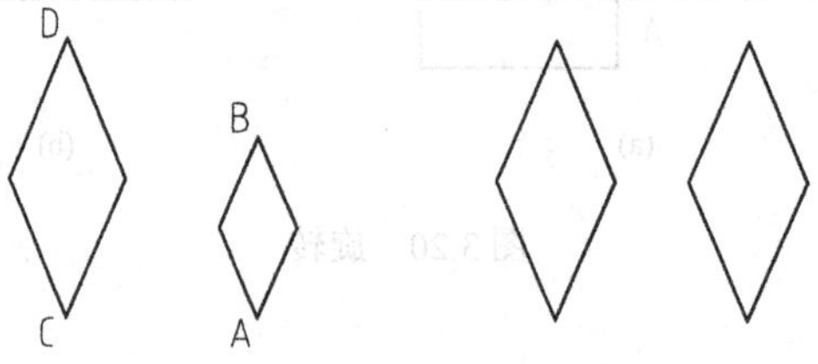

(a)　　(b)

图 3.21　比例缩放

3. 格式及示例

命令: **SCALE**↙

选择对象：[选一菱形，如图 3.21（a）所示]

找到 X 个

选择对象：↙（回车）

指定基点：（选基准点 A，即比例缩放中心）

指定比例因子或 [参照(R)]: **2**↙（输入比例因子）

结果如图 3.21（b）所示。

必要时可选择参照方式（R）来确定实际比例因子，仍如图 3.21（a）所示：

命令: **SCALE**↙

选择对象：（选一菱形）

找到 X 个

选择对象：↙（回车）

指定基点：（选基准点 A，即比例缩放中心）

指定比例因子或 [参照(R)]: **R**↙（选参照方式）

指定参照长度 <1>:（参照的原长度，本例中拾取 A、B 两点的距离指定）

指定新长度：（指定新长度值，若点取 C、D 两点，则以 C、D 间的距离作为新长度值，这样可使两个菱形同高）

结果仍如图 3.21（b）所示。

3.7.2 对齐

1. 命令

命令行：ALIGN（缩写名：AL）
菜单：修改→三维操作→对齐

2. 功能

把选定对象通过平移和旋转操作使之与指定位置对齐。

3. 格式和示例

命令: **ALIGN**↙

正在初始化...

选择对象：[选择一指针，如图 3.22（a）所示]

选择对象：↙（回车）

指定第一个源点：（选源点 1）

指定第一个目标点：（选目标点 1，捕捉圆心 A）

指定第二个源点：（选源点 2）

指定第二个目标点：（选目标点 2，捕捉圆上点 B）

指定第三个源点或 <继续>:↙

是否基于对齐点缩放对象？[是(Y)/否(N)] <否>: [是否比例缩放对象，使它通过目标点 B，如图 3.22（b）所示为“否”，如图 3.22（c）所示为“是”]。

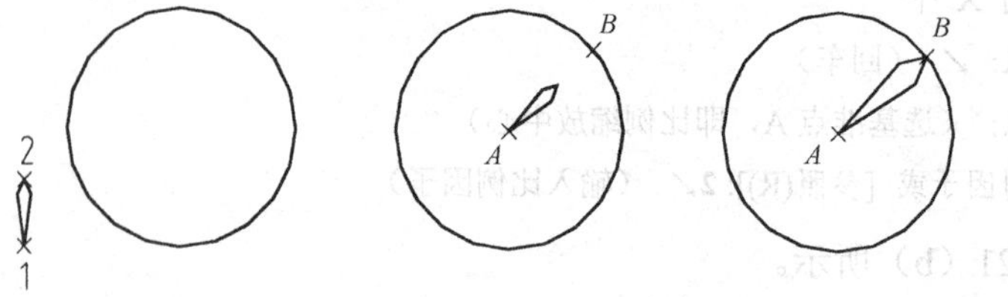

(a) (b) (c)

图3.22 对齐

4. 说明

（1）第1对源点与目标点控制对象的平移；

（2）第2对源点与目标点控制对象的旋转，使原线12和目标线AB重合；

（3）一般利用目标点 B 控制对象旋转的方向和角度，也可以通过是否比例缩放的选项，以A为基准点进行对象变比，做到源点2和目标点B重合，如图3.22（c）所示。

3.8 拉长和拉伸

3.8.1 拉长

1. 命令

命令行：LENGTHEN（缩写名：LEN）
菜单：修改→拉长

2. 功能

拉长或缩短直线段、圆弧段，圆弧段用圆心角控制。

3. 格式和示例

命令: **LENGTHEN**
选择对象或 [增量(DE)/百分数(P)/全部(T)/动态(DY)]:

4. 选项及说明

（1）选择对象：选直线或圆弧后，分别显示直线的长度或圆弧的弧长和包含角，即：

当前长度: XXX 或
当前长度: XXX，包含角: XXX

（2）增量（DE）：用增量控制直线、圆弧的拉长或缩短。正值为拉长量，负值为缩短量，后续提示为：

输入长度增量或 [角度(A)] <0.0000>: （长度增量）

选择要修改的对象或 [放弃(U)]:

可连续选直线段或原弧段，将沿拾取端伸缩，用回车结束，如图 3.23 所示。

对圆弧段，还可选用 A（角度），后续提示为：

输入角度增量 <0>: （角度增量）
选择要修改的对象或 [放弃(U)]:

操作效果如图 3.24 所示：

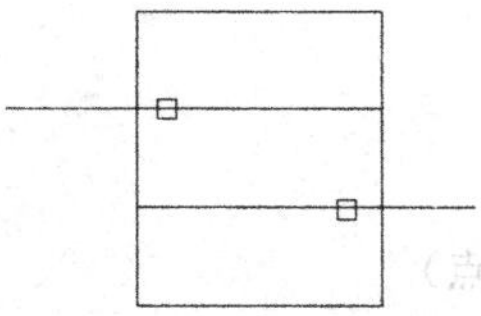

图 3.23　直线的拉长

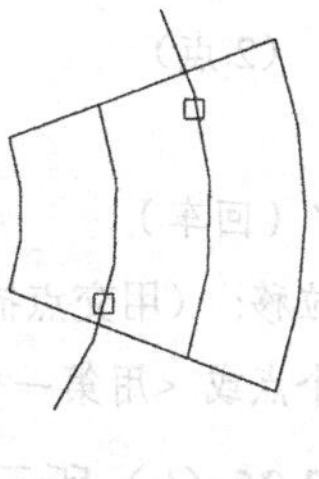

图 3.24　圆弧的拉长

（3）百分数（P）：用原值的百分数控制直线段、圆弧段的伸缩，如 75 为 75%，是缩短 25%，125 为 125%，是伸长 25%，故必须用正数输入。后续提示：

输入长度百分数 <100.0000>:
选择要修改的对象或 [放弃(U)]:

（4）全部（T）：用总长、总张角来控制直线段、圆弧段的伸缩，后续提示为：

指定总长度或 [角度(A)] <1.0000)>:
选择要修改的对象或 [放弃(U)]:

若选 A（角度）选项，则后续提示为：

指定总角度 <57>:
选择要修改的对象或 [放弃(U)]:

（5）动态（DY）：进入拖动模式，可拖动直线段、圆弧段、椭圆弧段一端进行拉长或缩短，后续提示：

选择要修改的对象或 [放弃(U)]:

3.8.2　拉伸

1. 命令

命令行：STRETCH（缩写名：S）

菜单：修改→拉伸

图标："修改"工具栏

2. 功能

拉伸或移动选定的对象，本命令必须要用窗交（Crossing）方式或圈交（CPolygon）

方式选取对象，完全位于窗内或圈内的对象将发生移动（与 MOVE 命令相同），与边界相交的对象将产生拉伸或压缩变化。

3. 格式及示例

命令: **STRETCH**↙
以交叉窗口或交叉多边形选择要拉伸的对象...
选择对象: [用 C 或 CP 方式选取对象，如图 3.25（a）所示]
指定第一个角点:（1 点）
指定对角点:（2 点）
找到 **X** 个
选择对象: ↙（回车）
指定基点或位移:（用交点捕捉，拾取 A 点）
指定位移的第二个点或 <用第一个点作位移>:（选取 B 点）

图形变形如图 3.25（b）所示。

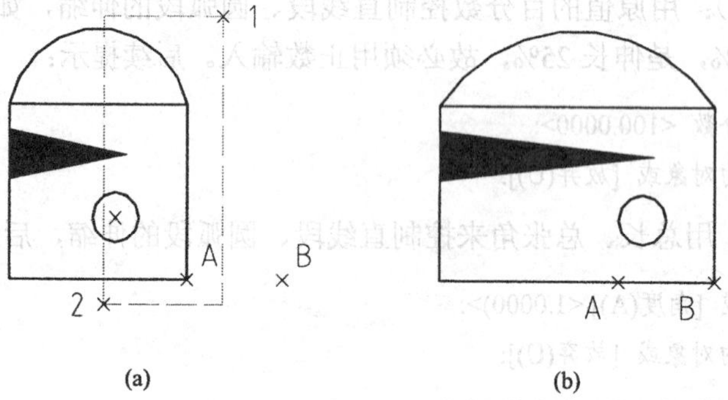

图 3.25　拉伸

4. 说明

（1）对于直线段的拉伸，在指定拉伸区域窗口时，应使得直线的一个端点在窗口之外，另一个端点在窗口之内。拉伸时，窗口外的端点不动，窗口内的端点移动，从而使直线作拉伸变动。

（2）对于圆弧段的拉伸，在指定拉伸区域窗口时，应使得圆弧的一个端点在窗口之外，另一个端点在窗口之内。拉伸时，窗口外的端点不动，窗口内的端点移动，从而使圆弧作拉伸变动。圆弧的弦高保持不变。

（3）对于多段线的拉伸，按组成多段线的各分段直线和圆弧的拉伸规则执行。在变形过程中，多段线的宽度、切线和曲线拟合等有关信息保持不变。

（4）对于圆或文本的拉伸，若圆心或文本基准点在拉伸区域窗口之外，则拉伸后圆或文本仍保持原位不动；若圆心或文本基准点在窗口之内，则拉伸后圆或文本将作移动。

3.9 打断、修剪和延伸

3.9.1 打断

1. 命令

命令行：BREAK（缩写名：BR）
菜单：修改→打断
图标："修改"工具栏和

2. 功能

切掉对象的一部分或切断成两个对象。

3. 格式和示例

命令: **BREAK**↙
选择对象: [在 1 点处拾取对象，并把 1 点看做第一断开点，如图 3.26（a）所示]
指定第二个打断点或 [第一点(F)]: [指定 2 点为第二断开点，结果如图 3.26（b）所示]

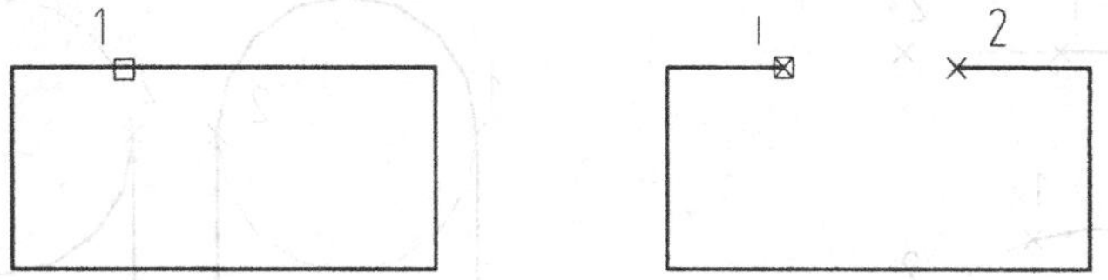

(a)　(b)

图 3.26　打断

4. 说明

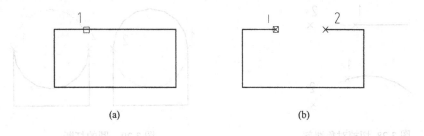

（1）Break 命令的操作序列可以分为下列 4 种情况：

① 拾取对象的点为第一断开点，输入另一个点 A 确定第二断开点。此时，点 A 可以不在对象上，AutoCAD 自动捕捉对象上的最近点为第二断开点，如图 3.27 左上图所示，对象被切掉一部分，或分离为两个对象。

② 拾取对象点为第一断开点，而第二断开点与它重合，此时可用符号@来输入。

指定第二个打断点或 [第一点(F)]: @

结果如图 3.27 右上图所示，此时对象被切断，分离为两个对象。

③ 拾取对象的点不作为第一断开点，另行确定第一断开点和第二断开点，此时提示系列为：

指定第二个打断点或 [第一点(F)]: **F**
指定第一个打断点: （A 点，用来确定第一断开点）
指定第二个打断点: （B 点，用来确定第二断开点）

结果如图 3.27 左下图所示。

④ 如情况③中，在“指定第二个打断点:”提示下输入@，则为切断，结果如图 3.27 右下图所示。

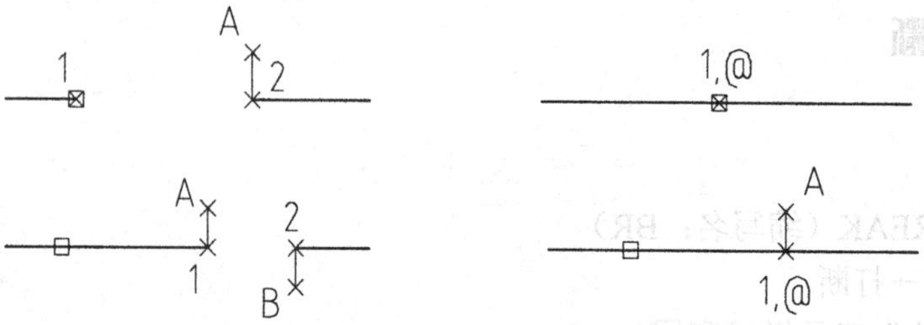

图 3.27 打断的四种情况

（2）如第二断开点选取在对象外部，则对象的该端被切掉，不产生新对象，如图 3.28 所示。

（3）对圆，从第一断开点逆时针方向到第二断开点的部分被切掉，转变为圆弧，如图 3.29 所示。

（4）BREAK 命令的功能和 TRIM 命令(见后述)有些类似，但 BREAK 命令可用于没有剪切边，或不宜作剪切边的场合。同时，用 BREAK 命令还能切断对象（一分为二）。

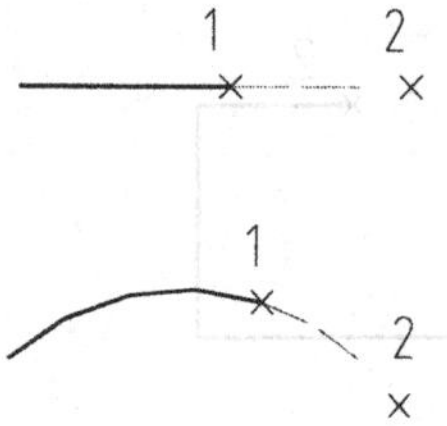

图 3.28 切掉对象端部

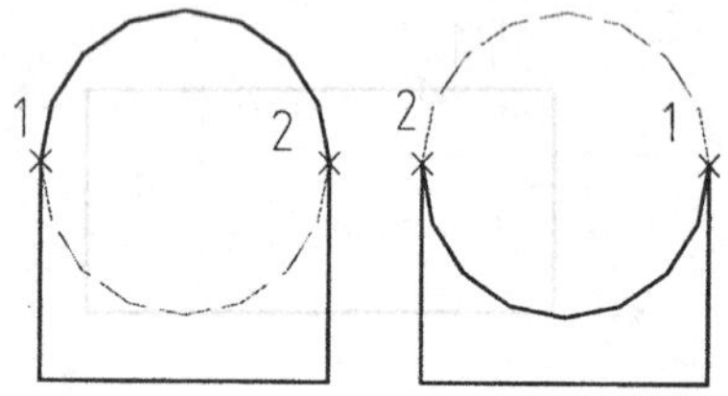

图 3.29 圆的打断

3.9.2 修剪

1. 命令

命令行：TRIM（缩写名：TR）
菜单：修改→修剪
图标：“修改”工具栏

2. 功能

在指定剪切边后，可连续选择被切边进行修剪。

3. 格式和示例

命令: **TRIM**↙
当前设置: 投影=UCS 边=无
选择剪切边 ...

选择对象：[选定剪切边，可连续选取，用回车结束该项操作，如图 3.30（a）所示，拾取两圆弧为剪切边]

选择对象：↙（回车）

选择要修剪的对象，或按住 Shift 键选择要延伸的对象，或 [投影(P)/边(E)/放弃(U)]：（选择被修剪边、改变修剪模式或取消当前操作）

提示“选择要修剪的对象，或按住 Shift 键选择要延伸的对象，或 [投影(P)/边(E)/放弃(U)]：”用于选择被修剪边、改变修剪模式和取消当前操作，该提示反复出现，因此可以利用选定的剪切边对一系列对象进行修剪，直至用回车退出本命令。该提示的各选项说明如下：

（1）选择要修剪的对象：AutoCAD 根据拾取点的位置，搜索与剪切边的交点，判定修剪部分，如图 3.30（b）所示，拾取 1 点，则中间段被修剪，继续拾取 2 点，则左端被修剪；

（2）按住 Shift 键选择要延伸的对象：在按下 Shift 键状态下选择一个对象，可以将该对象延伸至剪切边（相当于执行延伸命令 EXTEND）；

（3）投影（P）：选择修剪的投影模式，用于三维空间中的修剪。在二维绘图时，投影模式 = UCS，即修剪在当前 UCS 的 XOY 平面上进行；

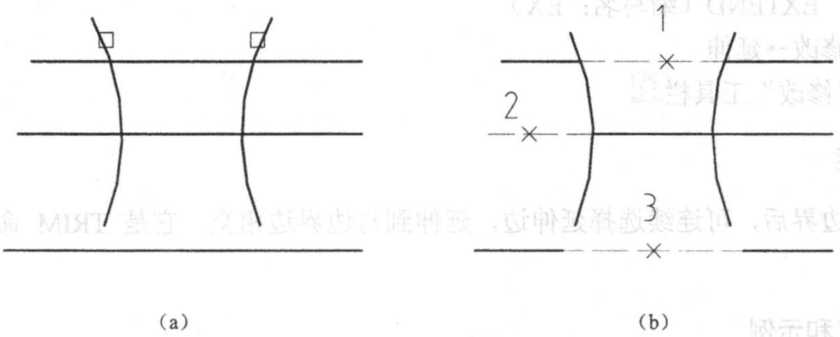

图 3.30　修剪

（4）边（E）：选择剪切边的模式，可选项为：

输入隐含边延伸模式 [延伸(E)/不延伸(N)] <不延伸>:

即分延伸有效和不延伸两种模式，如图 3.30（b）所示，当拾取 3 点时，因开始时边模式为不延伸，所以将不产生修剪。但按下述操作，则产生修剪。

选择要修剪的对象，或按住 Shift 键选择要延伸的对象，或 [投影(P)/边(E)/放弃(U)]: **E**

输入隐含边延伸模式 [延伸(E)/不延伸(N)] <不延伸>: **E**

选择要修剪的对象或 [投影(P)/边(E)/放弃(U)]：（拾取 3 点）

4．说明和示例

（1）剪切边可选择多段线、直线、圆、圆弧、椭圆、构造线、射线、样条曲线和文本等，被切边可选择多段线、直线、圆、圆弧、椭圆、射线、样条曲线等；

（2）同一对象既可以选为剪切边，也可同时选为被切边。

例如图 3.31（a）所示，选择 4 条直线和大圆为剪切边，即可修剪成如图 3.31（b）所示的形式。

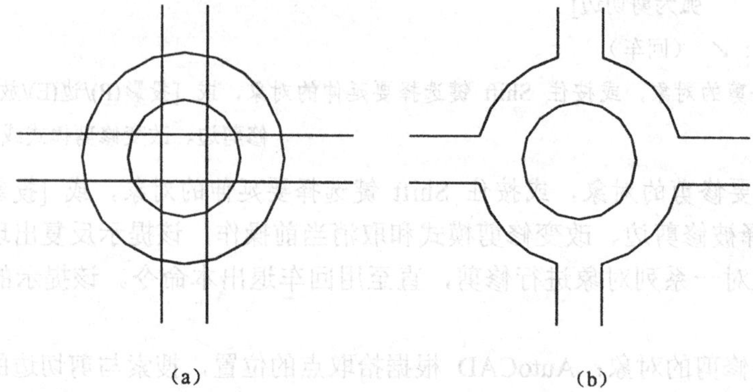

图 3.31　示例

3.9.3　延伸

1. 命令

命令行：EXTEND（缩写名：EX）
菜单：修改→延伸
图标："修改"工具栏

2. 功能

在指定边界后，可连续选择延伸边，延伸到与边界边相交。它是 TRIM 命令的一个对应命令。

3. 格式和示例

命令: **EXTEND**↙
当前设置: 投影=UCS 边=延伸
选择边界的边 ...
选择对象或（全部选择）： [选定边界边，可连续选取，用回车结束该项操作，如图 3.32（a）所示，拾取一圆为边界边]
选择要延伸的对象，或按住 Shift 键选择要修剪的对象，或 [投影(P)/边(E)/放弃(U)]: （选择延伸边、改变延伸模式或取消当前操作）

提示"选择要延伸的对象或 [投影(P)/边(E)/放弃(U)]: "用于选择延伸边、改变延伸模式或取消当前操作，其含意和修剪命令的对应选项类似。该提示反复出现，因此可以利用选定的边界边，使一系列对象进行延伸，在拾取对象时，拾取点的位置决定延伸的方向，最后用回车退出本命令。

例如，图 3.32（b）所示为拾取 1、2 两点延伸的结果，图 3.32（c）所示为继续拾取 3、4、5 三点延伸的结果。

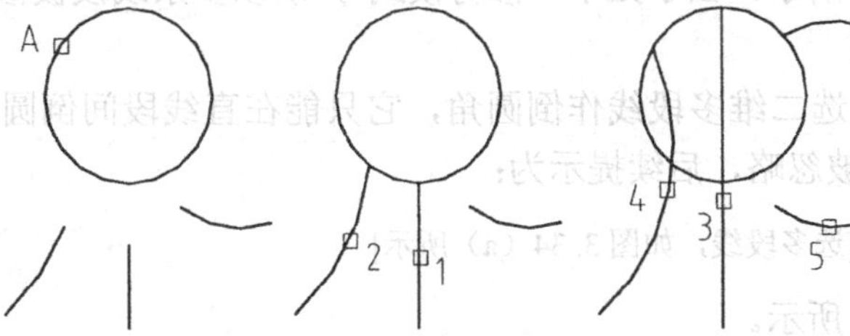

(a)　(b)　(c)

图 3.32　延伸

3.10　圆角和倒角

3.10.1　圆角

1. 命令

命令行：FILLET（缩写名：F）
菜单：修改→圆角
图标：“修改”工具栏

2. 功能

在直线，圆弧或圆间按指定半径作圆角，也可对多段线倒圆角。

3. 格式与示例

命令: **FILLET**↙
当前模式: 模式 = 修剪，半径 = 10.0000
选择第一个对象或 [放弃(U)/多段线(P)/半径(R)/修剪(T)/多个(M)]: **R**↙
指定圆角半径 <10.0 000>: **30**↙
命令: ↙
当前模式: 模式 = 修剪，半径 = 30.0000
选择第一个对象或 [多段线(P)/半径(R)/修剪(T)/多个(M)]: [拾取 1，如图 3.33（a）所示]
选择第二个对象，或按住 Shift 键选择要应用角点的对象: （拾取 2）

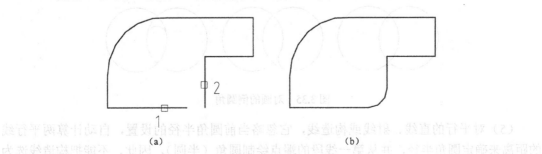

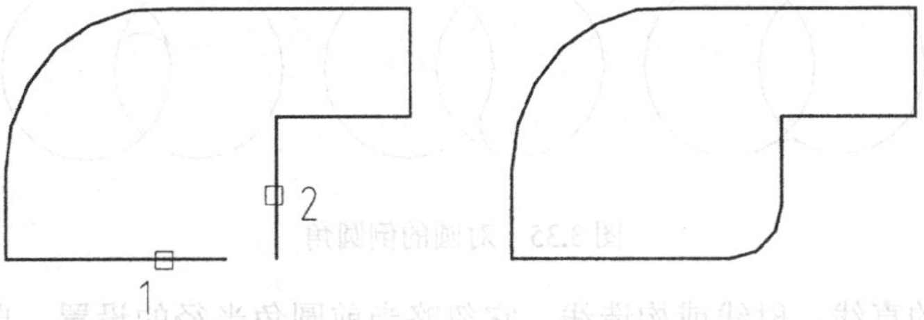

(a)　(b)

图 3.33　倒圆角

结果如图 3.33（b）所示，由于处于“修剪模式”，所以多余线段被修剪。

有关选项说明如下：

（1）多段线（P）：选二维多段线作倒圆角，它只能在直线段间倒圆角，如两直线段间有圆弧段，则该圆弧段被忽略，后续提示为：

选择二维多段线：[选多段线，如图 3.34（a）所示]

结果如图 3.34（b）所示。

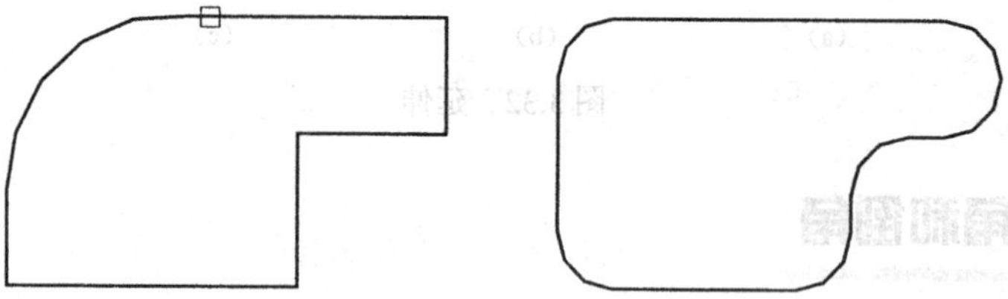

(a) (b)

图 3.34 选多段线倒圆角

（2）半径（R）：设置圆角半径。

（3）修剪（T）：控制修剪模式，后续提示为：

输入修剪模式选项 [修剪(T)/不修剪(N)] <修剪>:

如改为不修剪，则倒圆角时将保留原线段，既不修剪、也不延伸。

（4）多个（M）：连续倒多个圆角。

4. 说明

（1）在圆角半径为零时，FILLET 命令将使两边相交；

（2）FILLET 命令也可对三维实体的棱边倒圆角，详见第 8 章；

（3）在可能产生多解的情况下，AutoCAD 按拾取点位置与切点相近的原则来判别倒圆角位置与结果；

（4）对圆不修剪，如图 3.35 所示：

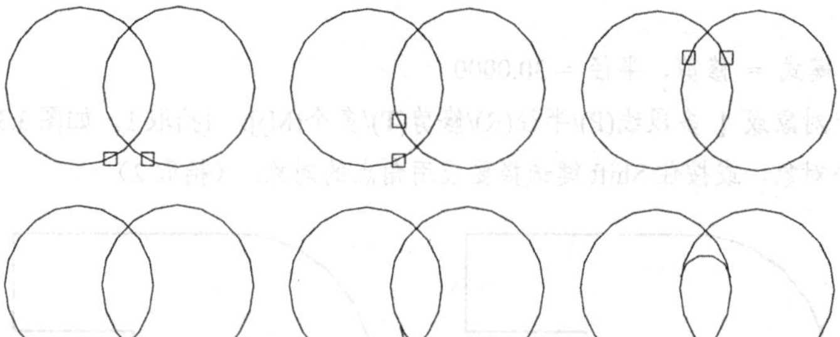

图 3.35 对圆的倒圆角

（5）对平行的直线、射线或构造线，它忽略当前圆角半径的设置，自动计算两平行线的距离来确定圆角半径，并从第一线段的端点绘制圆角（半圆），因此，不能把构造线选为第一线段，如图 3.36 所示：

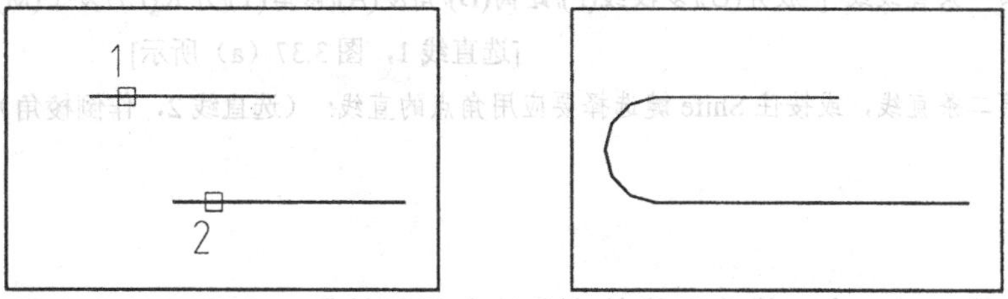

图 3.36　对平行线的倒圆角

（6）当倒圆角的两个对象，具有相同的图层、线型和颜色时，创建的圆角对象也相同，否则，创建的圆角对象采用当前图层、线型和颜色；

（7）系统变量 FILLETRAD 存放圆角半径值，系统变量 TRIMMODE 存放修剪模式。

3.10.2　倒角

1. 命令

命令行：CHAMFER（缩写名：CHA）

菜单：修改→倒角

图标："修改"工具栏

2. 功能

对两条直线边倒棱角，倒棱角的参数可用两种方法确定。

（1）距离方法：由第一倒角距 *A* 和第二倒角距 *B* 确定，如图 3.37（a）所示。

（2）角度方法：由对第一直线的倒角距 *C* 和倒角角度 *D* 确定，如图 3.37（b）所示。

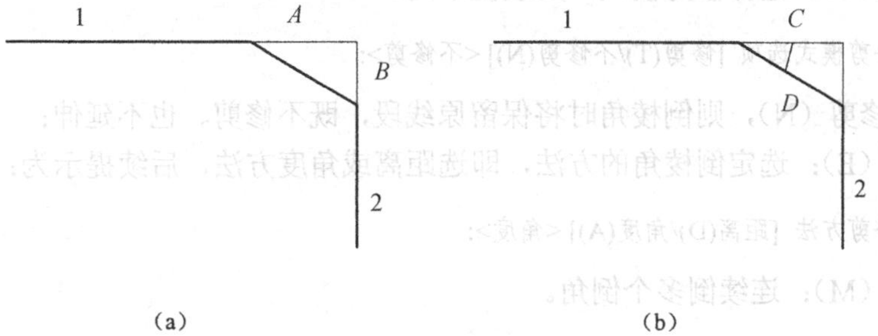

图 3.37　倒棱角

3. 格式与示例

命令: **CHAMFER**↙

("修剪"模式) 当前倒角距离 1＝10.0000，距离 2＝10.0000

选择第一条直线或［放弃(U)/多段线(P)/距离(D)/角度(A)/修剪(T)/方式(E) /多个(M)]: **D**↙

指定第一个倒角距离 <10.0000>: **4**↙

指定第二个倒角距离 <4.0000>: **2**↙

选择第一条直线或 [放弃(U)/多段线(P)/距离(D)/角度(A)/修剪(T)/方式(E) /多个(M)]:

[选直线 1，图 3.37（a）所示]

选择第二条直线，或按住 Shife 键选择要应用角点的直线: （选直线 2，作倒棱角）

命令:

4．选项

（1）多段线（P）：在二维多段线的直角边之间倒棱角，当线段长度小于倒角距时，则不作倒角，如图 3.38 顶点 *A* 处：

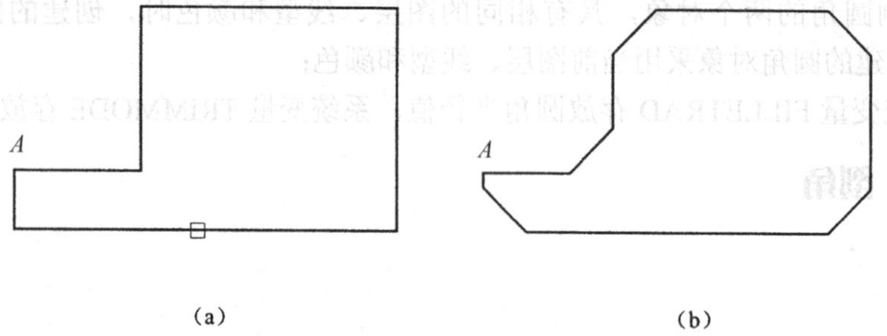

图 3.38 选多段线倒棱角

（2）距离（D）：设置倒角距离，见上例。

（3）角度（A）： 用角度方法确定倒角参数，后续提示为：

指定第一条直线的倒角长度 <10.0000>:**20**↙

指定第一条直线的倒角角度 <0>: **45**↙

实施倒角后，结果如图 3.38（b）所示；

（4）修剪（T）：选择修剪模式，后续提示为：

输入修剪模式选项 [修剪(T)/不修剪(N)] <不修剪>:

如改为不修剪（N），则倒棱角时将保留原线段，既不修剪、也不延伸；

（5）方式（E）：选定倒棱角的方法，即选距离或角度方法，后续提示为：

输入修剪方法 [距离(D)/角度(A)] <角度>:

（6）多个（M）：连续倒多个倒角。

5．说明

（1）在倒角为零时，CHAMFER 命令将使两边相交；

（2）CHAMFER 命令也可以对三维实体的棱边倒棱角，详见第 8 章内容；

（3）当倒棱角的两条直线具有相同的图层、线型和颜色时，创建的棱角边也相同，否则，创建的棱角边将用当前图层、线型和颜色；

（4）系统变量 CHAMFERA、CHAMFERB 存储采用距离方法时的第一倒角距和第二倒角距；系统变量 CHAMFERC、CHAMFERD 存储采用角度方法时的倒角距和角度值；系统变量 TRIMMODE 存储修剪模式；系统变量 CHAMMODE 存储倒棱角的方法。

3.10.3　综合示例

【例 3.3】　利用编辑命令将如图 3.39（a）所示单间办公室修改为如图 3.39（b）所示公共办公室。

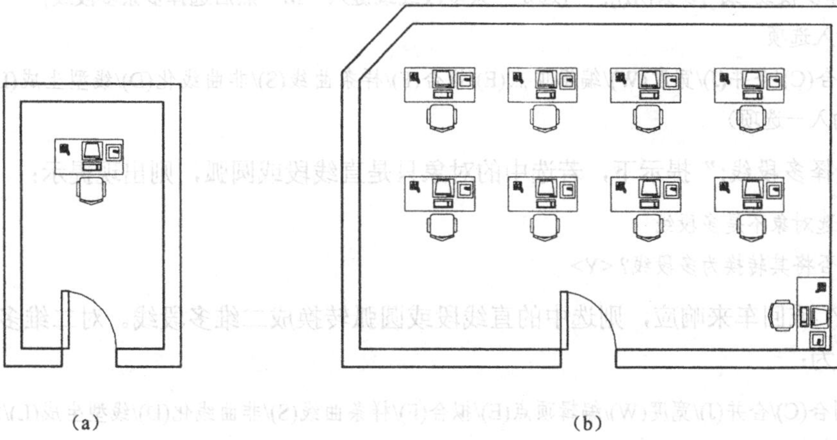

图 3.39　“办公室”平面图编辑示例

操作步骤如下：

（1）两次使用拉伸 STRETCH 命令，分别使房间拉长和拉宽（注意：在选择对象时一定要使用“C”选项）；

（2）用拉伸 STRETCH 命令将房门移动到中间位置；

（3）利用倒角 CHAMFER 命令作出左上角处墙外侧边界的倒角；

（4）根据墙厚相等，利用等距线 OFFSET 命令作出墙外侧斜角边的等距线，再利用剪切 TRIM 命令修剪成墙上内侧的倒角斜线；

（5）利用阵列 ARRAY 命令，对办公桌和扶手椅进行 2 行、4 列的矩形阵列，复制成 8 套；

（6）使用复制 COPY 命令，将桌椅在右下角复制一套；

（7）利用对齐 ALIGN 命令，通过平移和旋转，在右下角点处定位该套桌椅（也可以连续使用移动 MOVE 和旋转 ROTATE 命令）。

3.11　多段线的编辑

1. 命令

命令名：PEDIT（缩写名：PE）

菜单：修改→对象→多段线

图标：“修改 II”工具栏

2. 功能

用于对二维多段线、三维多段线和三维网络的编辑。其中，对二维多段线的编辑包括修改线段宽、曲线拟合、多段线合并和顶点编辑等。

3. 格式及举例

命令: **PEDIT**↙

选择多段线 或 [多条(M)]:　(选定一条多段线或键入“M”然后选择多条多段线)

输入选项

[闭合(C)/合并(J)/宽度(W)/编辑顶点(E)/拟合(F)/样条曲线(S)/非曲线化(D)/线型生成(L)/放弃(U)]:(输入一选项)

在“选择多段线:”提示下，若选中的对象只是直线段或圆弧，则出现提示:

所选对象不是多段线

是否将其转换为多段线? <Y>

如用 Y 或回车来响应，则选中的直线段或圆弧转换成二维多段线。对二维多段线编辑的后续提示为:

[闭合(C)/合并(J)/宽度(W)/编辑顶点(E)/拟合(F)/样条曲线(S)/非曲线化(D)/线型生成(L)/放弃(U)]:

对各选项的操作，分别举例说明如下:

（1）闭合（C）或打开（O）：如选中的是开式多段线，则用直线段闭合；如选中的是闭合多段线，则该项出现打开（O），即可取消闭合段，转变成开式多段线。

（2）合并（J）：以选中的多段线为主体，合并其他直线段、圆弧段和多段线，连接成为一条多段线，能合并的条件是各段端点首尾相连。后续提示为:

选择对象:（用于选择合并对象，如图 3.40 所示，以 1 为主体，合并 2、3）

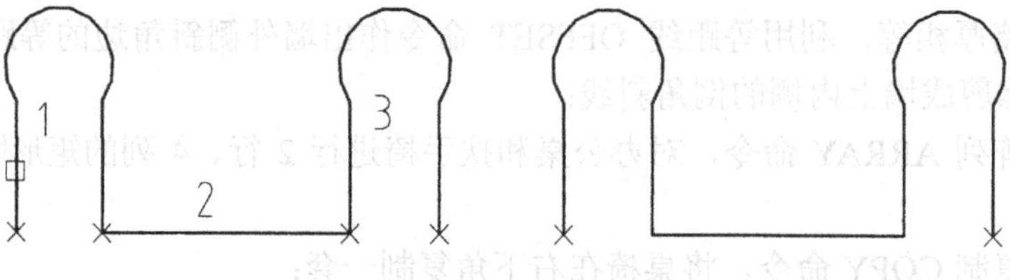

图 3.40　多段线的合并

（3）宽度（W）：修改整条多段线的线宽，后续提示为:

指定所有线段的新宽度:

如图 3.41（a）所示，原多段线各段宽度不同，利用该选项可将其调整为同一线宽线段，如图 3.41（b）所示。

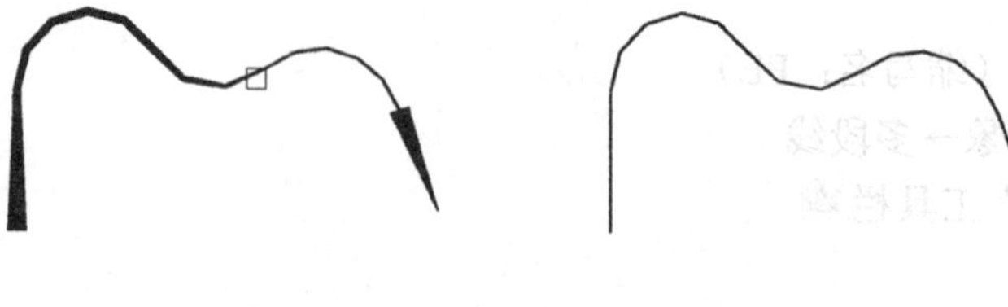

(a)　　　　(b)

图 3.41　修改整条多段线的线宽

（4）编辑顶点（E）：进入顶点编辑，在多段线某一顶点处出现斜十字叉，它为当前顶点标记，按提示可对其进行多种编辑操作。

（5）拟合（F）：生成圆弧拟合曲线，该曲线由圆弧段光滑连接（相切）组成，如图 3.42 所示。每对顶点间自动生成两段圆弧，整条曲线经过多段线的各顶点。并且，可以通过调整顶点处的切线方向（见顶点编辑选项），在通过相同顶点的条件下控制圆弧拟合曲线的形状。

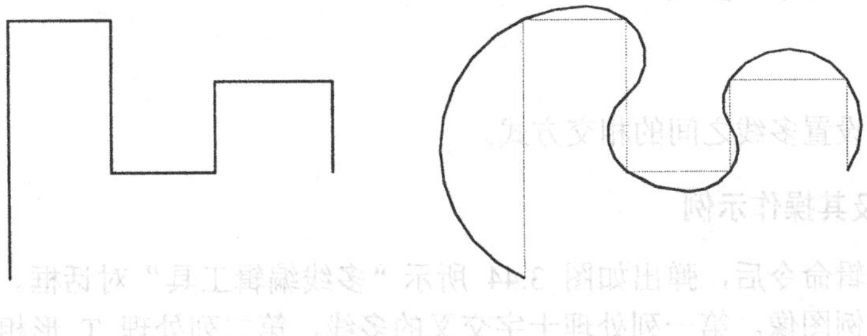

(a)　　(b)

图 3.42　生成圆弧拟合曲线

（6）样条曲线（S）：生成 *B* 样条曲线，多段线的各顶点成为样条曲线的控制点。对开式多段线，样条曲线的起点、终点和多段线的起点、终点重合；对闭式多段线，样条曲线为一光滑封闭曲线。

（7）非曲线化（D）：取消多段线中的圆弧段（用直线段代替），对于选用拟合（F）或样条曲线（S）选项后生成的圆弧拟合曲线或样条曲线，则删去生成曲线时新插入的顶点，恢复成由直线段组成的多段线。

（8）线型生成（L）：控制多段线的线型生成方式，即使用虚线、点划线等线型时，如为开（ON），则按多段线全线的起点与终点分配线型中各线段，如为关（OFF），则分别按多段线各段来分配线型中各线段，如图 3.43（a）所示为 ON，图 3.43（b）所示为 OFF。后续提示为：

输入多段线线型生成选项 [开(ON)/关(OFF)] <Off>:

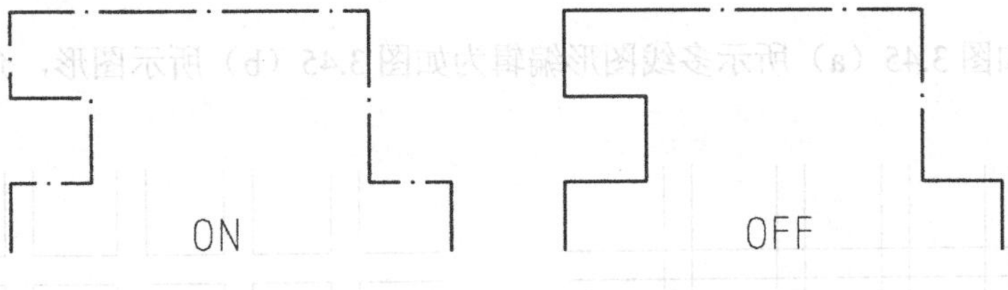

(a)　　(b)

图 3.43　控制多段线的线型生成

从图 3.43（b）中可以看出，当线型生成方式为 OFF 时，若线段过短，则点划线将退化为实线段，影响线段的表达。

（9）放弃（U）：取消编辑选择的操作。

3.12 多线的编辑

1. 命令

命令名：MLEDIT

菜单：修改→对象→多线

2. 功能

编辑多线，设置多线之间的相交方式。

3. 对话框及其操作示例

启动多线编辑命令后，弹出如图 3.44 所示“多线编辑工具”对话框。该对话框以四列显示多线编辑样例图像。第一列处理十字交叉的多线，第二列处理 T 形相交的多线，第三列处理角点连接和顶点，第四列处理多线的剪切或接合。

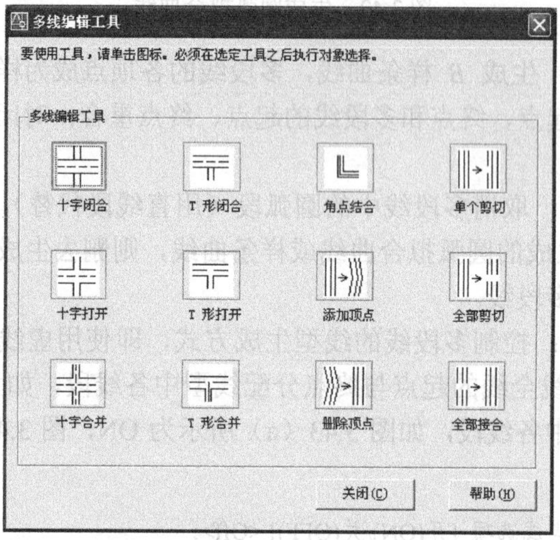

图 3.44 “多线编辑工具”对话框

现结合将如图 3.45（a）所示多线图形编辑为如图 3.45（b）所示图形，介绍多线编辑命令的操作方法。

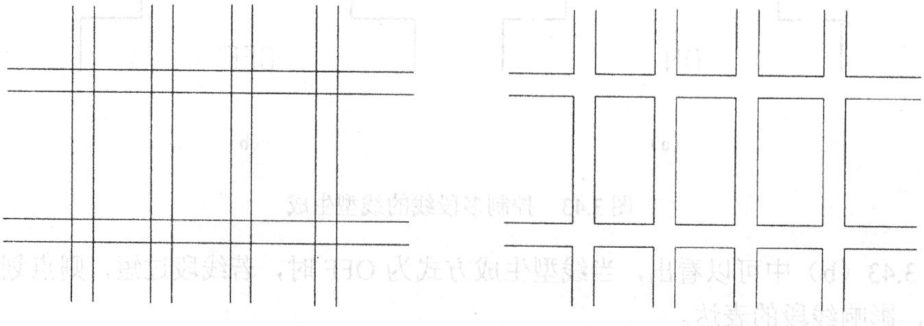
(a) (b)

图 3.45 “十字打开”方式多线编辑

启动 MLEDIT 命令，在如图 3.44 所示对话框中选择第 1 列第 2 个样例图像（即“十字打开”编辑方式），则 AutoCAD 的提示为：

选择第一条多线: [选择如图 3.45（a）所示中的任一多线]

选择第二条多线: （选择与其相交的任一多线）

AutoCAD 将完成十字交点的打开并提示：

选择第一条多线或 [放弃(U)]: （选择另一条多线继续进行“十字打开”编辑操作，直至编辑完所有交点；键入“U”可取消所进行的“十字打开”编辑操作；回车将结束多线编辑命令）

3.13　图案填充的编辑

1. 命令

命令名：HATCHEDIT（缩写名：HE）

菜单：修改→对象→图案填充

图标：“修改 II ”工具栏

2. 功能

对已有图案填充对象，可以修改图案类型和图案特性参数等。

3. 对话框及其操作说明

HATCHEDIT 命令启动后，出现“图案填充编辑”对话框，它的内容和“边界图案填充”对话框完全一样，只是有关填充边界定义部分变灰（不可操作），如图 3.46 所示。利用本命令，对已有图案填充可进行下列修改：

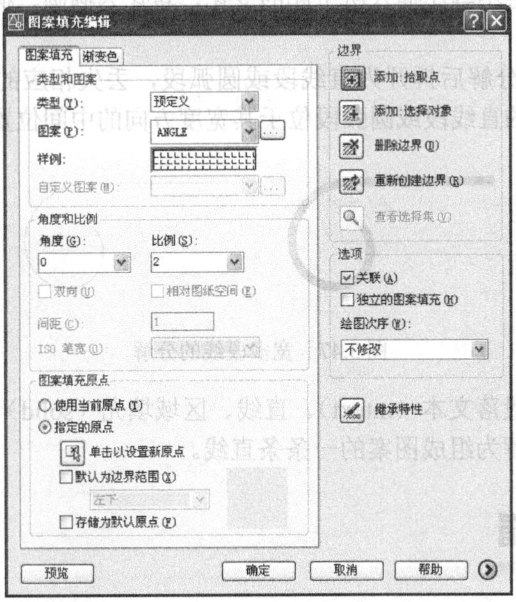

图 3.46　“图案填充编辑”对话框

（1）改变图案类型及角度和比例；
（2）改变图案特性；
（3）修改图案样式；
（4）修改图案填充的组成：关联与不关联。

3.14 分解

1. 命令

命令行：EXPLODE（缩写名：X）
菜单：修改→分解
图标：“修改”工具栏

2. 功能

用于将组合对象如多段线、块、图案填充等拆开为其组成成员。

3. 格式

命令：**EXPLODE**↙
选择对象：（选择要分解的对象）

4. 说明

对不同的对象，具有不同的分解后的效果。

（1）块：对具有相同 *X*, *Y*, *Z* 比例插入的块，分解为其组成成员，对带属性的块，分解后块将丢失属性值，显示其相应的属性标志。

系统变量 EXPLMODE 控制对不等比插入块的分解，其默认值为 1，允许分解，分解后的块中的圆、圆弧将保持不等比插入所引起的变化，转化为椭圆、椭圆弧。如取值为 0，则不允许分解。

（2）二维多段线：分解后拆开为直线段或圆弧段，丢失相应的宽度和切线方向信息；对于宽多线段，分解后的直线段或圆弧段位于其宽度方向的中间位置，如图 3.47 所示。

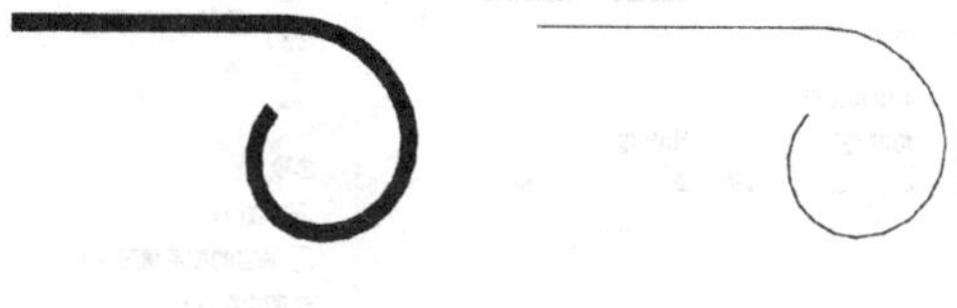

图 3.47　宽多段线的分解

（3）尺寸：分解为段落文本（mtext）、直线、区域填充（solid）和点。
（4）图案填充：分解为组成图案的一条条直线。

3.15 夹点编辑

对象夹点提供了进行图形编辑的另外一类方法，本节介绍对象夹点概念、夹点对话框和用夹点进行快速编辑。

3.15.1 对象夹点

对象夹点就是对象本身的一些特殊点。如图 3.48 所示，直线段和圆弧段的夹点是其两个端点和中点，圆的夹点是圆心和圆上的最上、最下、最左、最右四个点（象限点），椭圆的夹点是椭圆心和椭圆长、短轴的端点，多段线的夹点是构成多段线的直线段的端点、圆弧段的端点和中点等。

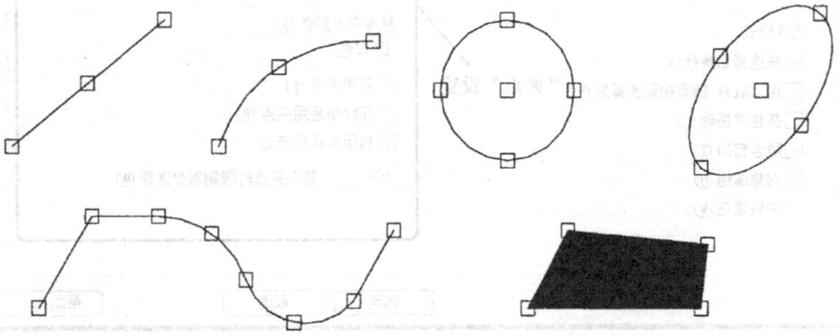

图 3.48 对象夹点

对象夹点提供了另一种图形编辑方法的基础，无需启动 AutoCAD 命令，只要用光标拾取对象，该对象就进入选择集，并显示该对象的夹点。

当显示对象夹点后，定位光标移动到夹点附近，系统将自动吸引到夹点的位置，因此，它可以实现某些对象捕捉（见第 4 章内容）的功能，如端点捕捉、中点捕捉等。

3.15.2 夹点的控制

1. 命令

命令行：DDGRIPS（可透明使用）

菜单：工具→选项→选择

2. 功能

启动“选择”选项卡中的夹点设置界面，如图 3.49 所示，用于控制夹点功能开关，夹点颜色及大小。

3. 对话框操作

对话框中有关选项说明如下：

（1）启用夹点：夹点功能开关，系统默认设置为夹点功能有效。

（2）在块中启用夹点：是否显示块成员的夹点的开关，系统默认设置为开，此时对插入块，其插入基点为夹点，并同时显示块成员的夹点（此时块并未被拆开），如图 3.50（a）所示，如设置为关，则只显示插入基点为夹点，如图 3.50（b）所示（块的概念参见第 6 章内容）。

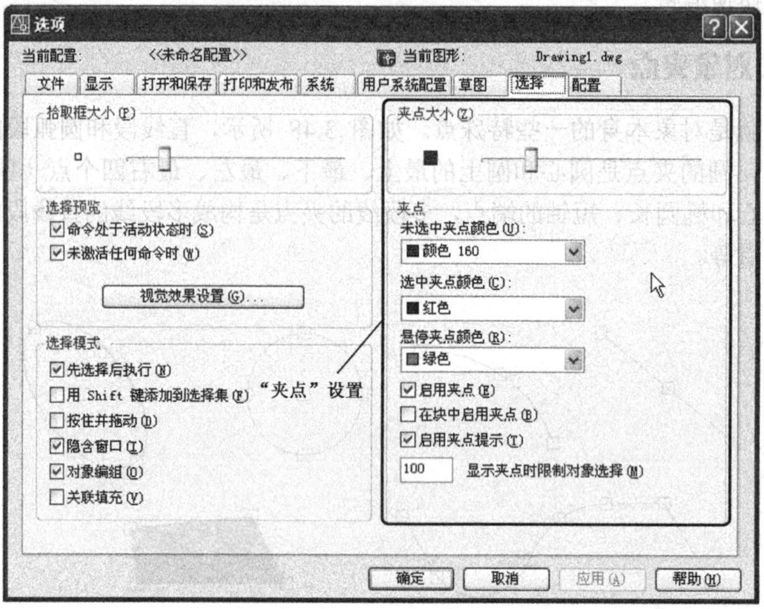

图 3.49 “选择”选项卡中的夹点设置

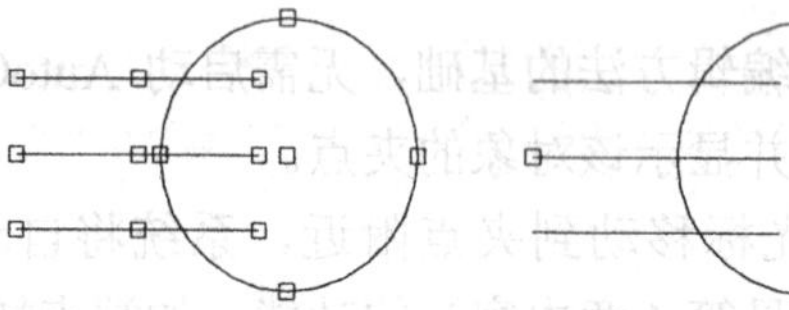

(a) (b)

图 3.50 块的夹点

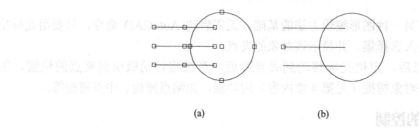

（3）夹点颜色：选中的夹点称为热点，系统默认设置为填充红色，未选中的夹点框为蓝色。

（4）夹点大小：控制夹点框的大小。

4. 说明

当夹点功能有效时，AutoCAD 绘图区的十字叉丝交点处将显示一个拾取框，这个拾取框在“先选择后执行”功能有效时（是系统默认设置，可由“对象选择设置”对话框控制）也显示，所以只有在这两项功能都为关闭时，十字叉丝的交点处才没有拾取框。

3.15.3 夹点编辑操作

1. 夹点编辑操作过程

（1）拾取对象，对象醒目显示，表示已进入当前选择集，同时显示对象夹点，在当前选择集中的对象夹点称为温点。

（2）如对当前选择集中的对象，按住 SHIFT 键再拾取一次，则就把该对象从当前选择集中撤除，该对象不再醒目显示，但该对象的夹点仍然显示，这种夹点称为冷点，它仍能发挥对象捕捉的效应。

（3）按 ESC 键可以清除当前选择集，使所有对象的温点变为冷点，再按一次 ESC 键，则清除冷点。

（4）在一个对象上拾取一个温点，则此点变为热点，即当前选择集进入夹点编辑状态，它可以完成 STRETCH（拉伸）、MOVE（移动）、ROTATE（旋转）、SCALE（比例缩放）、MIRROR（镜象）五种编辑模式操作，相应的提示顺序为：

** 拉伸 **

指定拉伸点或 [基点(B)/复制(C)/放弃(U)/退出(X)]:

** 移动 **

指定移动点或 [基点(B)/复制(C)/放弃(U)/退出(X)]:

** 旋转 **

指定旋转角度或 [基点(B)/复制(C)/放弃(U)/参照(R)/退出(X)]:

** 比例缩放 **

指定比例因子或 [基点(B)/复制(C)/放弃(U)/参照(R)/退出(X)]:

** 镜像 **

指定第二点或 [基点(B)/复制(C)/放弃(U)/退出(X)]:

在选择编辑模式时，可用回车键、空格键、鼠标右键或输入编辑模式名进行切换。要生成多个热点，则在拾取温点时要同时按住 SHIFT 键。然后再放开 SHIFT 键，拾取其中一个热点来进入编辑模式。如图 3.51（a）所示，当前选择集为二条平行线，一个热点，五个温点，圆弧上的夹点为冷点，如图 3.52（b）所示，同时有两个热点。

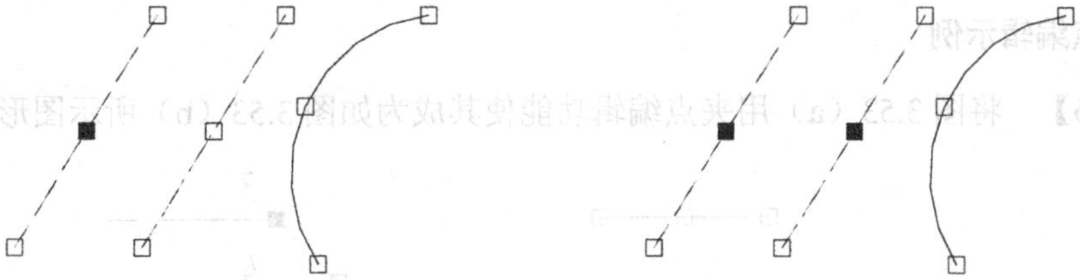

(a)　　(b)

图 3.51　热点、温点和冷点

【例 3.4】　如图 3.52（a）所示为一多段线，现利用夹点拉伸模式将其修改成如图 3.52（b）所示模式。操作步骤如下：

（1）拾取多段线，出现温点；

（2）按下 SHIFT 键，把 1，2，3 转化为热点；

（3）放开 SHIFT 键，再拾取 1 点，进入编辑模式，出现提示：

** 拉伸 **

指定拉伸点或 [基点(B)/复制(C)/放弃(U)/退出(X)]:

（4）拾取 4 点，则拉伸成如图 3.52（b）所示模式。

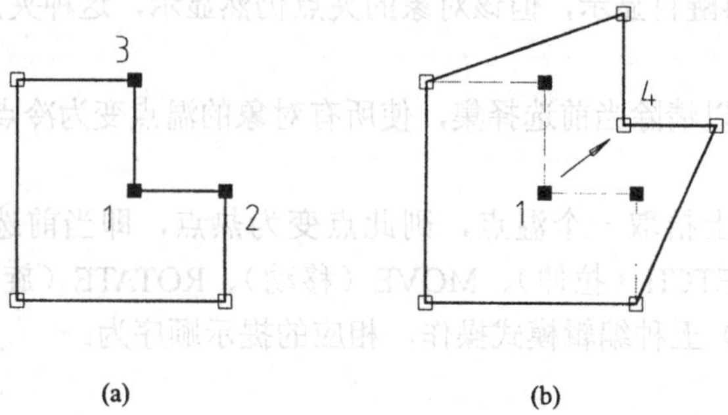

图 3.52 拉伸模式夹点编辑

2. 夹点编辑操作说明

（1）选中的热点，在默认状态下，系统认为是拉伸点、移动的基准点、旋转的中心点、变比的中心点或镜像线的第一点。因此，可以在拖动中快速完成相应的编辑操作。

（2）必要时，可以利用 B（基点）选项，另外指定基准点或旋转的中心等。

（3）象 ROTATE（旋转）和 SCALE（比例缩放）编辑命令一样，在旋转与变比模式中也可采用 R（参照）选项，用来间接确定旋转角或比例因子。

（4）通过 C（复制）选项，可进入复制方式下的多重拉伸、多重移动、多重变比等状态。如果在确定第一个复制位置时，按 SHIFT 键，则 AutoCAD 建立一个临时捕捉网格，对拉伸、移动等模式可实现矩形阵列式操作，对旋转模式可实现环形阵列式操作。

（5）对多段线的圆弧拟合曲线、样条拟合多段线，其夹点为其控制框架顶点，用夹点编辑变动控制顶点位置，将直接改变曲线形状，比利用 PEDIT 命令修改更为方便。

3. 夹点编辑示例

【例 3.5】 将图 3.53（a）用夹点编辑功能使其成为如图 3.53（b）所示图形。

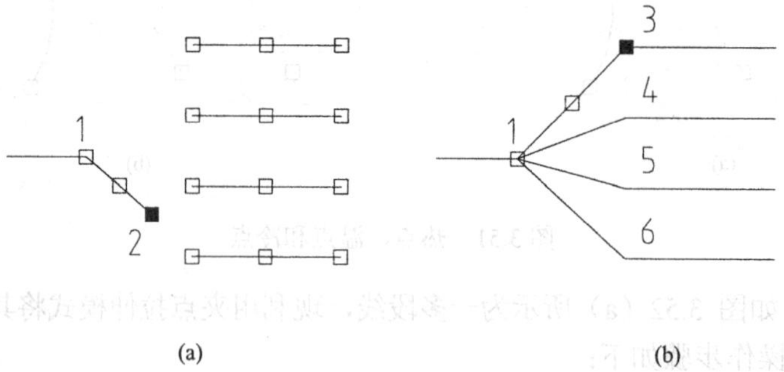

图 3.53 多重连线

操作步骤如下：

（1）拾取五条直线，出现温点；

（2）拾取热点 2，进入夹点编辑模式：

```
** 拉伸 **
指定拉伸点或 [基点(B)/复制(C)/放弃(U)/退出(X)]:
```

把 2 点拉伸到新位置 3，直线 12 变成 13；

（3）按住 SHIFT 键，拾取右侧四条直线，变直线上的夹点为冷点；

（4）拾取热点 3，进入夹点编辑模式：

** 拉伸 **

指定拉伸点或 [基点(B)/复制(C)/放弃(U)/退出(X)]:

（5）选取 C（复制），进入多重拉伸模式：

** 拉伸 (多重) **

指定拉伸点或 [基点(B)/复制(C)/放弃(U)/退出(X)]:

（6）利用夹点的对象捕捉功能，在多重拉伸模式下，把 3 点拉伸到顺序与其余三条直线左端点连接；

（7）选取 X（退出），退出多重拉伸模式，完成如图 3.53（b）所示模式。

3.16 样条曲线的编辑

1. 命令

命令名：SPLINEDIT（缩写名：SPE）

菜单：修改→样条曲线

图标：“修改 II ”工具栏

2. 功能

用于对由 SPLINE 命令生成的样条曲线的编辑操作，包括修改样条曲线起点及终点的切线方向、修改拟合偏差值、移动控制点的位置及增加控制点、增加样条曲线的阶数、给指定的控制点加权，以修改样条曲线的形状；也可以修改样条曲线的打开或闭合状态。

3. 格式

命令：**SPLINEDIT**↙

选择样条曲线：(拾取一条样条曲线)

拾取样条后，系统将显示该样条的控制点位置（如图 3.54 所示）。

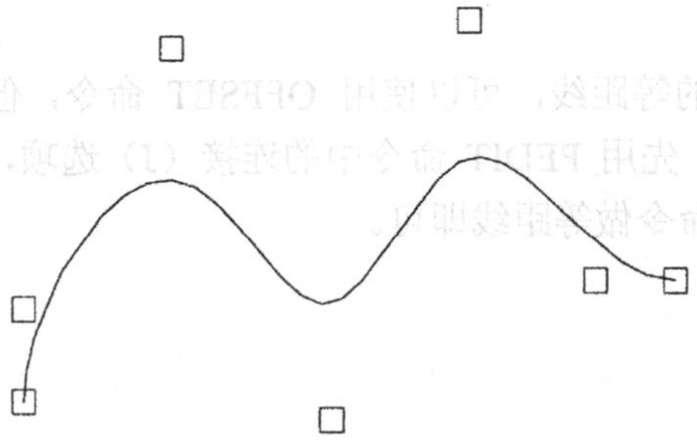

图 3.54 样条曲线的控制点

拾取样条后，出现的提示为：

输入选项 [拟合数据(F)/闭合(C)/移动顶点(M)/精度(R)/反转(E)/放弃(U)/放弃(U)] <退出>:

输入不同的选项，可以对样条曲线进行多种形式的编辑。

3.17 图形编辑综合示例

【例 3.6】 利用编辑命令根据图 3.55（a），完成如图 3.55（b）所示图形。

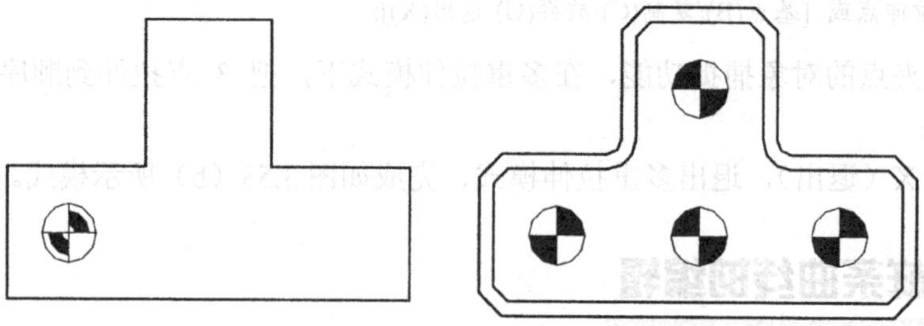

(a) (b)

图 3.55 综合示例

操作步骤

（1）先在点划线图层上，画出图形的对称中心线。

（2）比较图 3.55 左、右两图的小圆图形，可以看出，多段线圆弧段的起点、终点在小圆半径中点处，圆弧段的圆心即小圆圆心，圆弧段的宽度为小圆半径，即可画出右图的小圆图形。两图的差别就是圆弧段的宽度不同，为此可以用 PEDIT 命令，选择小圆弧段，选宽度（W）项，修改宽度为小圆半径，使其成为如右图的图形。

（3）右图有四个小圆，两两相同，为此可以用 COPY（选多重复制）命令。首先复制成四个小圆，然后用 ROTATE 命令把其中两个小圆旋转 90° 即可。

（4）对于图形外框，如左图为一条多段线，则可以利用 CHAMFER 命令，设置倒角距离，然后选多段线，全部倒棱角。

（5）由于有两个小圆角，为此可以先用 EXPLODE 拆开多段线，在有小圆角的部位，用 ERASE 命令删去原有的两条倒角棱边，再用 FILLET 命令，指定圆角半径后，作出两个小圆角。

（6）为了做外轮廓线的等距线，可以使用 OFFSET 命令，但当前的外轮廓线已是分离的直线段和圆弧段。为此，先用 PEDIT 命令中的连接（J）选项，把外轮廓线合并为一条多段线，然后再用 OFFSET 命令做等距线即可。

思考题 3

1. 请将下面左侧所列图形编辑命令与右侧命令功能用连线连起：

（1）ERASE	（a）阵列
（2）COPY	（b）移动
（3）ARRAY	（c）打断
（4）MOVE	（d）镜像
（5）BREAK	（e）比例
（6）TRIM	（f）放弃
（7）EXTEND	（g）删除
（8）FILLET	（h）圆角
（9）MIRROR	（i）倒角
（10）SCALE	（j）延伸
（11）U，UNDO	（k）修剪
（12）REDO	（l）重作
（13）CHAMFER	（m）复制

2．选择编辑对象有哪几种方式？

3．比较 ERASE、OOPS 命令与 UNDO、REDO 命令在功能上的区别。

4．分解命令 EXPLODE 可分解的对象有：

（1）块

（2）多段线

（3）尺寸

（4）图案填充

（5）以上全部

5．使用 CHAMFER 和 FILLET 命令时，需要先设置哪些参数？举例说明使用 FILLET 命令连接直线与圆弧、圆弧与圆弧时，点取对象位置的不同，圆角连接后的结果亦不同。

6．如何能将用多段线（PLINE）命令绘制的折线段转换为用直线（LINE）命令绘制的折线段？反过来呢？

7．什么是夹点编辑?利用夹点可以进行哪几种方式的编辑?

上机实习 3

目的：熟悉图形编辑命令及其使用方法。

内容：

1．按所给操作步骤上机实现本章各例题；

2．运用 TRIM 修剪命令将下左图所示的五角星分别编辑修改为空心五角星（如下中图所示）和剪去五个角后的五边形（如下右图所示）。

第 4 章 辅助绘图命令

利用前面两章介绍的绘图命令和编辑功能，用户已经能够运用 AutoCAD 绘制出基本的图形对象，但在实际绘图中仍会遇到很多问题。例如，想用点取的方法找到某些特殊点（如圆心、切点、交点等），无论怎么小心，要准确地找到这些点都非常困难，有时甚至根本不可能；画一张很大的图，由于显示屏幕的大小限制，与实际所要画的图比例存在很大悬殊时，要看清楚图中一些细小结构就非常困难。AutoCAD 提供的多种辅助绘图工具可轻松地解决这些问题。

对象特性是指对象的图层、颜色、线型、线宽和打印样式。它是 AutoCAD 提供的另一类辅助绘图命令。图层类似于透明胶片，用来分类组织不同的图形信息；颜色可以用来区分图形中相似的图形对象；线型可以很容易区分不同的图形对象（如实线、虚线、点画线等）；同一线型的不同线宽可用来表示不同的表达对象（如工程制图中的粗线和细线）；打印样式可控制图形的输出形式。而用图层来组织和管理图形对象可使得图形的信息管理更加清晰。

本章将介绍 AutoCAD 提供的主要辅助绘图命令，包括：绘图单位、精度的设置；图形界限的设置；间隔捕捉和栅格、对象捕捉、UCS 命令的使用和图形显示控制；AutoCAD 对象特性的概念、命令、设置和应用。

4.1 绘图单位和精度

1. 命令

命令行：DDUNITS（可透明使用）
菜单：格式→单位

2. 功能

调用“图形单位”对话框（如图 4.1 所示），规定记数单位和精度。（另有命令 UNITS，仅用于命令行，功能与此相同）

（1）长度单位默认设置为十进制，小数位数为 4；

（2）角度单位默认设置为度，小数位数为 0；

（3）点击“方向”按钮，弹出角度“方向控制”对话框，默认设置为 0 度，方向为正东，逆时针方向为正。

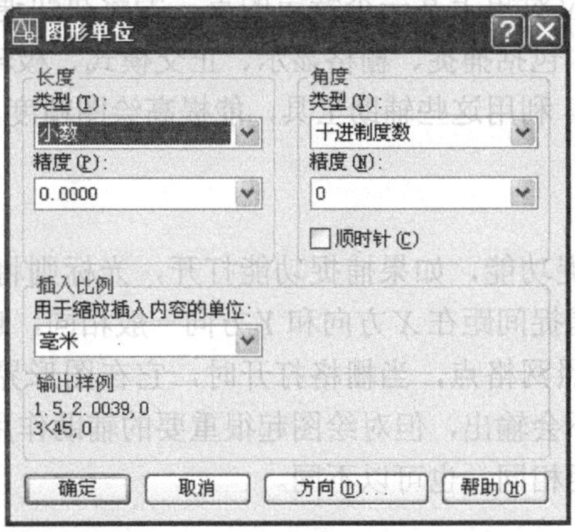

图 4.1　“图形单位”对话框

4.2　图形界限

1. 命令

命令行：LIMITS（可透明使用）
菜单：格式→图形界限

2. 功能

设置图形界限，以控制绘图的范围。图形界限的设置方式主要有两种：

（1）按绘图的图幅设置图形界限。如对 A3 图幅，图形界限可控制在 420×297 毫米左右；

（2）按实物实际大小使用绘图面积，设置图形界限。这样可以按 1:1 绘图，而在图形输出时则可设置适当的比例系数，输出图形。

3. 格式

命令：**LIMITS**↙
重新设置模型空间界限:
指定左下角点或 [开(ON)/关(OFF)] <0.0000,0.0000>:（重设左下角点）
指定右上角点 <420.0000,297.0000>:（重设右上角点）

4. 说明

提示中的“[开(ON)/关(OFF)]”指打开图形界限检查功能，设置为“开（ON）”时，检查功能打开，图形画出界限时 AutoCAD 会给出提示。

4.3　辅助绘图工具

当在图上画线、圆、圆弧等对象时，定位点的最快的方法是直接在屏幕上拾取点。但是，用光标很难准确地定位对象上某一个特定的点。为解决快速精确定点问题，AutoCAD 提供了一些辅助绘图工具，包括捕捉、栅格显示、正交模式、极轴追踪、对象捕捉、对象捕捉追踪、显示/隐藏线宽等。利用这些辅助工具，能提高绘图精度，加快绘图速度。

4.3.1 捕捉和栅格

捕捉用于控制间隔捕捉功能，如果捕捉功能打开，光标则将锁定在不可见的捕捉网格点上，进行步进式移动。捕捉间距在 *X* 方向和 *Y* 方向一般相同，也可以不同。

栅格是显示可见的参照网格点，当栅格打开时，它在图形界限范围内显示出来。栅格既不是图形的一部分，也不会输出，但对绘图起很重要的辅助作用，如同坐标纸一样。栅格点的间距值可以和捕捉间距相同，也可以不同。

1. 命令

命令行：DSETTINGS（可透明使用）
菜单：工具→草图设置

2. 功能

利用对话框打开或关闭捕捉和栅格功能，并对其模式进行设置。

3. 格式

命令：DSETTINGS

AutoCAD 打开“草图设置”对话框，其中的“捕捉和栅格”选项卡用来对捕捉和栅格功能进行设置，如图 4.2 所示。

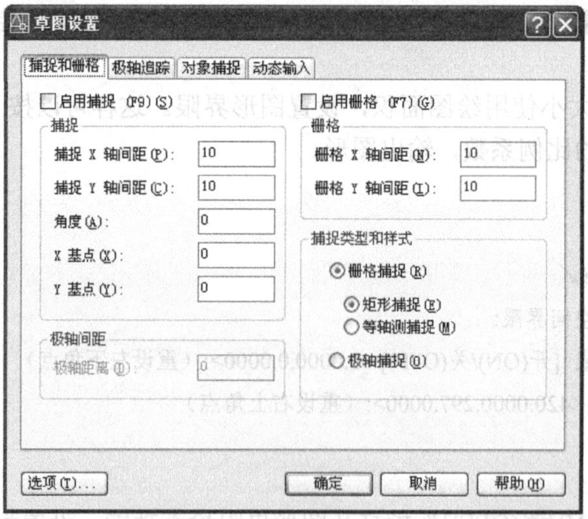

图 4.2 “草图设置”对话框中的“捕捉和栅格”选项卡

对话框中的“启用捕捉”复选框控制是否打开捕捉功能；在“捕捉”选项组中可以设置捕捉栅格的 *X* 轴间距和 *Y* 轴间距；“角度”文本框用于输入捕捉网格的旋转角度；“X 基点”和“Y 基点”用来确定捕捉网格旋转时的基准点。利用 F9 键也可以在打开和关闭捕捉功能之间切换。

“启用栅格”复选框控制是否打开栅格功能；“栅格”选项组用来设置可见网格的间距。利用 F7 键也可以在打开和关闭栅格功能之间切换。

4.3.2　自动追踪

AutoCAD 提供的自动追踪功能，可以使用户在特定的角度和位置绘制图形。打开自动追踪功能，执行绘图命令时屏幕上会显示临时辅助线，帮助用户在指定的角度和位置上精确地绘出图形对象。自动追踪功能包括两种：极轴追踪和对象捕捉追踪。

1. 极轴追踪

在绘图过程中，当 AutoCAD 要求用户给定点时，利用极轴追踪功能可以在给定的极角方向上出现临时辅助线。例如，如图 4.3 所示中，先从点 1 到 2 画一水平线段，再从点 2 到 3 画一条线段与之成 60° 角，这时可以打开极轴追踪功能并设极角增量为 60°，则当光标在 60° 位置附近时 AutoCAD 显示一条辅助线和提示，如图 4.3 所示，光标远离该位置时辅助线和提示消失。

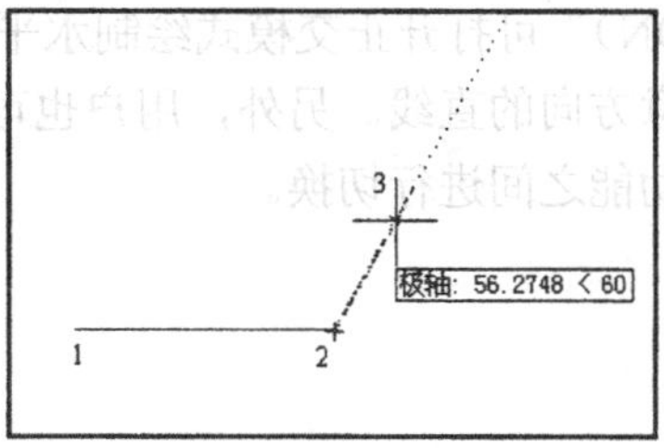

图 4.3　极轴追踪功能

极轴追踪的有关设置可在“草图设置”对话框的“极轴追踪”选项卡中完成。对于是否打开极轴追踪功能，可用 F10 键或状态栏中的“极轴”按钮来切换控制。

2. 对象捕捉追踪

对象捕捉追踪与对象捕捉功能相关，启用对象捕捉追踪功能之前必须先启用对象捕捉功能。利用对象捕捉追踪可产生基于对象捕捉点的辅助线，例如图 4.4 所示，在画线过程中，AutoCAD 捕捉到前一段线段的端点，追踪提示说明光标所在位置与捕捉的端点间距离为 44.6315，辅助线的极轴角为 330°。关于对象捕捉功能将在第 4 节中进一步详细介绍。

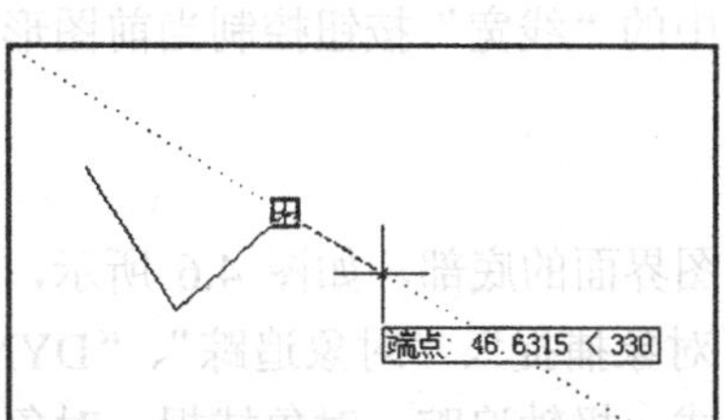

图 4.4　对象捕捉追踪

4.3.3 正交模式

当正交模式打开时，AutoCAD 限定只能画水平线和铅垂线，使用户可以精确地绘制水平线和铅垂线，这样可以大大地方便绘图。另外，执行移动命令时也只能沿水平和铅垂方向移动图形对象。

1. 命令

命令行：ORTHO

2. 功能

控制是否以正交方式画图。

3. 格式

命令: **ORTHO**↙

输入模式 [开(ON)/关(OFF)] <关>:

在此提示下，选择“开（ON）”可打开正交模式绘制水平或铅垂线，选择“关（OFF）”则关闭正交模式，用户可画任意方向的直线。另外，用户也可以按 F8 键或状态栏中的“正交”按钮，在打开和关闭正交功能之间进行切换。

4.3.4 设置线宽

为所绘图形指定图线宽度。

1. 命令

命令行：LINEWEIGHT
菜单：格式→线宽
图标：“对象特性”工具栏中的“线宽”下拉列表框 [如图 4.5（a）所示]

2. 功能

设置当前线宽及线宽单位，控制线宽的显示及调整显示比例。

3. 格式

打开如图 4.5（b）所示“线宽设置”对话框。可通过“线宽”列表框设置图线的线宽。“显示线宽”复选框和状态栏中的“线宽”按钮控制当前图形中是否显示线宽。

4.3.5 状态栏控制

状态栏位于 AutoCAD 绘图界面的底部，如图 4.6 所示，自左至右排列的按钮“捕捉”、“栅格”、“正交”、“极轴”、“对象捕捉”、“对象追踪”、“DYN”“线宽”、“模型”分别显示捕捉模式、栅格模式、正交模式、极轴追踪、对象捕捉、对象捕捉追踪、动态输入、线宽显示以及模型空间功能是否打开，按钮弹起时表示该功能关闭，按钮按下时表示该功能打开。单击按钮，可以在打开与关闭功能之间进行切换。

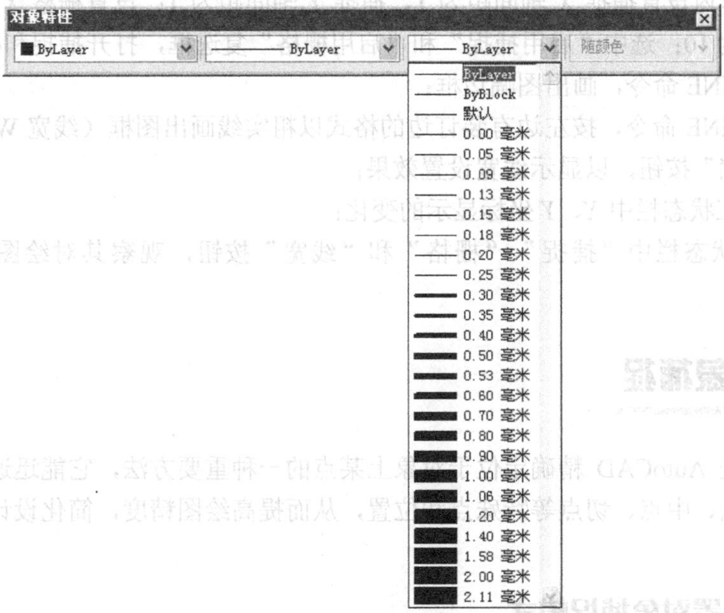

（a）图标

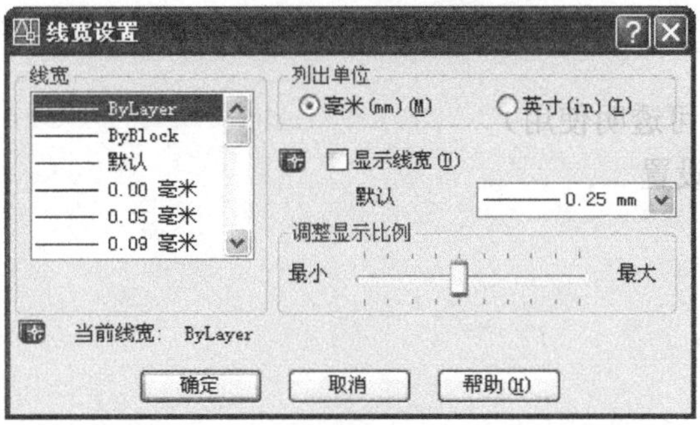

（b）对话框

图 4.5　"线宽设置"图标及对话框

图 4.6　状态栏

4.3.6　举例

【例 4.1】　设置一张 A4（210 毫米×297 毫米）图幅，单位精度选小数 2 位，捕捉间隔为 1.0，栅格间距为 10.0。

步骤如下：

（1）开始画新图，采用"无样板打开—公制"模式；

（2）从"格式"菜单中选择"单位"选项，打开"图形单位"对话框，将长度单位的类型设置为小数，精度设为 0.00；

（3）调用 LIMITS 命令，设图形界限左下角为 10，10，右上角为 220，307；

（4）使用 ZOOM 命令的 All（全部）选项，按设定的图形界限调整屏幕显示；

（5）从"工具"菜单中选择"草图设置"命令，打开"草图设置"对话框，在"捕捉与栅格”选项卡内设置捕捉 X 轴间距为 1，捕捉 Y 轴间距为 1；设置栅格 X 轴间距为 10，栅格 Y 轴间距为 10；选中“启用捕捉”和“启用栅格”复选框，打开捕捉和栅格功能；

（6）用 PLINE 命令，画出图幅边框；

（7）用 PLINE 命令，按左边有装订边的格式以粗实线画出图框（线宽 W=0.7），单击状态栏中的“线宽”按钮，以显示线宽设置效果；

（8）注意在状态栏中 X、Y 坐标显示的变化；

（9）单击状态栏中“捕捉”、“栅格”和“线宽”按钮，观察其对绘图与屏幕显示的影响。

4.4 对象捕捉

对象捕捉是 AutoCAD 精确定位于对象上某点的一种重要方法，它能迅速地捕捉图形对象的端点、交点、中点、切点等特殊点和位置，从而提高绘图精度，简化设计、计算过程，提高绘图速度。

4.4.1 设置对象捕捉模式

1. 命令

命令行：OSNAP（可透明使用）

菜单：工具→草图设置

2. 功能

设置对象捕捉模式。

3. 格式

命令：**OSNAP**↙

打开“草图设置”对话框的“对象捕捉”选项卡（如图 4.7 所示）。

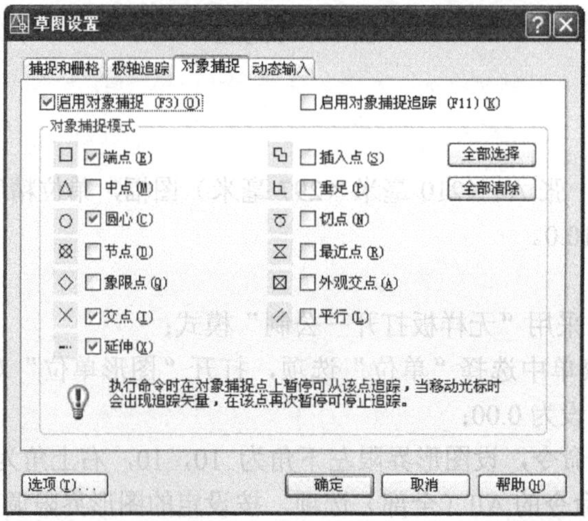

图 4.7 “草图设置”对话框中的“对象捕捉”选项卡

选项卡中的两个复选框“启用对象捕捉”和“启用对象捕捉追踪”用来确定是否打开对象捕捉功能和对象捕捉追踪功能。在“对象捕捉模式”选项组中，程序规定了对象上 13 种特征点的捕捉。选中捕捉模式后，在绘图屏幕上，只要把靶框放在对象上，即可捕捉到对象上的特征点。并且在每种特征点前都规定了相应的捕捉显示标记，例如中点用小三角表示，圆心用一个小圆圈表示。选项卡中还有“全部选择”和“全部清除”两个按钮，单击前者，则选中所有捕捉模式；单击后者，则清除所有捕捉模式。

各捕捉模式的含义如下：

（1）端点（END）：捕捉直线段或圆弧的端点，捕捉到离靶框较近的端点；

（2）中点（MID）：捕捉直线段或圆弧的中点；

（3）圆心（CEN）：捕捉圆或圆弧的圆心，靶框放在圆周上，捕捉到圆心；

（4）节点（NOD）：捕捉到靶框内的孤立点；

（5）象限点（QUA）：相对于当前用户坐标系 UCS，圆周上最左、最右、最上、最下的四个点称为象限点，靶框放在圆周上，捕捉到最近的一个象限点；

（6）交点（INT）：捕捉两线段的显示交点和延伸交点；

（7）延伸（EXT）：当靶框在一个图形对象的端点处移动时，AutoCAD 显示该对象的延长线，并捕捉正在绘制的图形与该延长线的交点；

（8）插入点（INS）：捕捉图块、图像、文本和属性等的插入点；

（9）垂足（PER）：当向一对象画垂线时，把靶框放在对象上，可捕捉到对象上的垂足位置；

（10）切点（TAN）：当向一对象画切线时，把靶框放在对象上，可捕捉到对象上的切点位置；

（11）最近点（NEA）：当靶框放在对象附近拾取，捕捉到对象上离靶框中心最近的点；

（12）外观交点（APP）：当两对象在空间交叉，而在一个平面上的投影相交时，可以从投影交点捕捉到某一对象上的点；或者捕捉两投影延伸相交时的交点；

（13）平行（PAR）：捕捉图形对象的平行线。

对垂足捕捉和切点捕捉，AutoCAD 还提供延迟捕捉功能，即根据直线的两端条件来准确求解直线的起点与端点。如图 4.8（a）所示为求两圆弧的公切线；如图 4.9（b）所示为求圆弧与直线的公垂线；如图 4.9（c）所示为作直线与圆相切且和另一直线垂直。

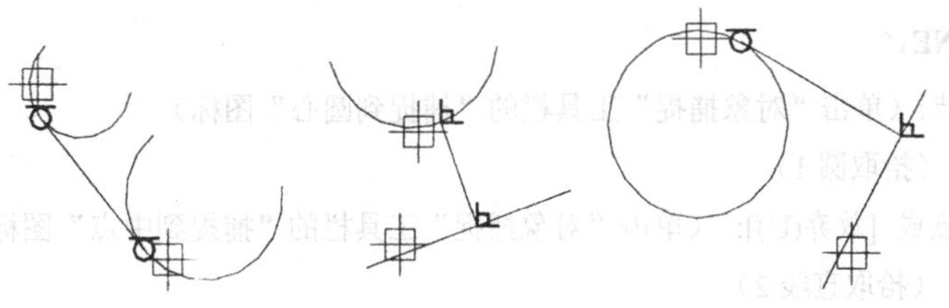

(a)　(b)　(c)

图 4.8　延迟捕捉功能

注意

（1）选择了捕捉类型后，在后续命令中，要求指定点时，这些捕捉设置长期有效，作图时可以看到出现靶框要求捕捉。若要修改，要再次启动“草图设置”对话框；

（2）AutoCAD 为了操作方便，在状态栏中设置有对象捕捉开关，对象捕捉功能可通过状态栏中的“对象捕捉”按钮来控制其打开和关闭。

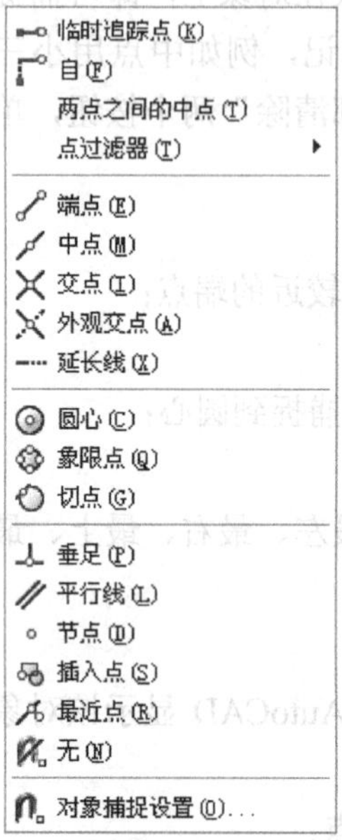

图 4.9 “对象捕捉”光标菜单

4.4.2 利用光标菜单和工具栏进行对象捕捉

AutoCAD 还提供有另一种对象捕捉的操作方式，即在命令要求输入点时，临时调用对象捕捉功能，此时它覆盖“对象捕捉”选项卡的设置，称为单点优先方式。此方式只对当前点有效，对下一点的输入无效。

1. 对象捕捉光标菜单

在命令要求输入点时，同时按下 SHIFT 键和鼠标右键，在屏幕上当前光标处出现“对象捕捉”光标菜单，如图 4.9 所示。

2. “对象捕捉”工具栏

“对象捕捉”工具栏如图 4.10 所示，打开该工具栏的方法是：将光标移到任一工具栏的图标上，右击鼠标，在弹出的工具栏光标菜单中单击“对象捕捉”菜单项，即可使“对象捕捉”工具栏显示在屏幕上。从内容上看，它和“对象捕捉”光标菜单类似。

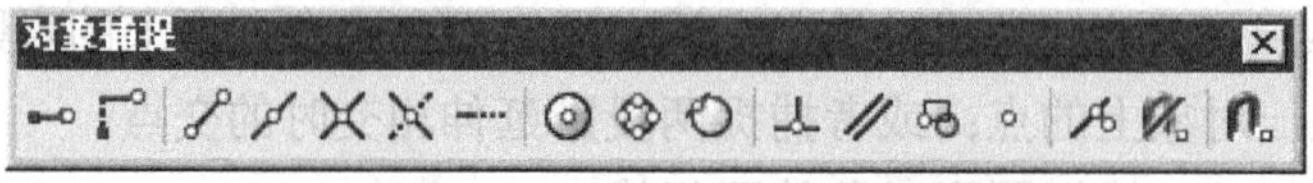

图 4.10 “对象捕捉”工具栏

【例 4.2】 如图 4.11（a）所示，已知上边一圆和下边一条水平线，现利用对象捕捉功能从圆心→直线中点→圆切点→直线端点画一条折线。

具体过程如下：

命令：**LINE**↙

指定第一点:（单击“对象捕捉”工具栏的“捕捉到圆心”图标）

_cen 于 （拾取圆 1）

指定下一点或 [放弃(U)]: （单击“对象捕捉”工具栏的“捕捉到中点”图标）

_mid 于 （拾取直线 2）

指定下一点或 [放弃(U)]: （单击“对象捕捉”工具栏的“捕捉到切点”图标）

_tan 到 （拾取圆 3）

指定下一点或 [闭合(C)/放弃(U)]: （单击“对象捕捉”工具栏的“捕捉到端点”图标）

_endp 于 （拾取直线 4）

指定下一点或 [闭合(C)/放弃(U)]: ↙ （回车）

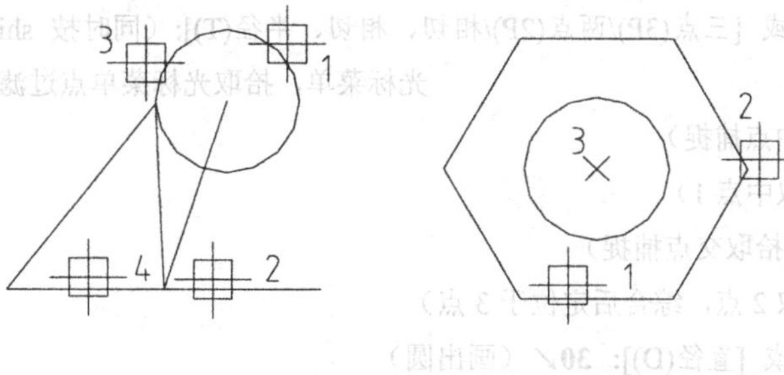

(a)　　(b)

图 4.11　对象捕捉应用举例

3. 追踪捕捉

追踪捕捉用于二维作图，可以先后提取捕捉点的 *X*、*Y* 坐标值，从而综合确定一个新点。因此，它经常和其他对象捕捉方式配合使用。

【例 4.3】 以图 4.11（b）中的正六边形中心为圆心，画一半径为 30 的圆。

具体过程如下：

（先绘制出图中的六边形）

命令: **CIRCLE**↙

指定圆的圆心或 [三点(3P)/两点(2P)/相切、相切、半径(T)]:**TRACKING**↙ （拾取追踪捕捉，自动打开正交功能）

第一个追踪点:（拾取中点捕捉）

_mid 于（拾取底边中心 1 处）

下一点 (按 ENTER 键结束追踪): （拾取交点捕捉）

_int 于（拾取交点 2 处）

下一点 (按 ENTER 键结束追踪): ↙（回车结束追踪，AutoCAD 提取 1 点 X 坐标，2 点 Y 坐标，定位于 3 点，即正六边形中心）

指定圆的半径或 [直径(D)]: **30**↙（画一半径为 30 的圆）

命令:

打开追踪后，系统自动打开正交功能，拾取到第 1 点后，如靶框水平移动，则提取 1 点的 *Y* 坐标，如靶框垂直移动，则提取 1 点的 *X* 坐标，然后由第二点补充另一坐标。

4. 点过滤器

点过滤是指通过过滤拾取点的坐标值的方法来确定一个新点的位置。在如图 4.9 所示的光标菜单中“点过滤器”菜单项的下一级菜单内：“.X”为提取拾取点的 *X* 坐标；“.XY”为提取拾取点的 *X*、*Y* 坐标。

【例 4.4】 在如图 4.12 所示中，以正六边形中心点为圆心，画一半径为 30 的圆。

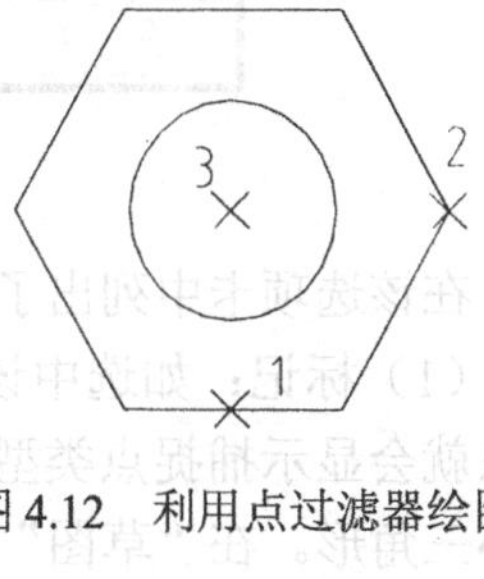

图 4.12　利用点过滤器绘图

利用点过滤实现绘图的操作过程如下：

命令：**CIRCLE**↙

指定圆的圆心或 [三点(3P)/两点(2P)/相切、相切、半径(T)]:（同时按 shift 键和鼠标右键，弹出光标菜单，拾取光标菜单点过滤器子菜单的 .XZ 项）

XZ 于（拾取中点捕捉）

_mid 于（拾取中点 1）

（需要 Y):（拾取交点捕捉）

_int 于 （拾取 2 点，综合后定位于 3 点）

指定圆的半径或 [直径(D)]: **30**↙（画出圆）

把这种操作与追踪捕捉对照，就可以看出追踪捕捉就是在二维作图中取代了点过滤的操作。

4.5 自动捕捉

AutoCAD 的自动捕捉功能提供了视觉效果，指示出对象正在被捕捉的特征点，以便使用户正确地捕捉点。当光标放在图形对象上时，自动捕捉会显示一个特征点的捕捉标记和捕捉提示。用户可通过如图 4.13 所示的“选项”对话框中的“草图”选项卡设置自动捕捉的有关功能。打开该对话框的方法是：从“工具”菜单中选择“选项”命令，即可打开“选项”对话框，在该对话框中单击“草图”标签，即可打开“草图”选项卡。

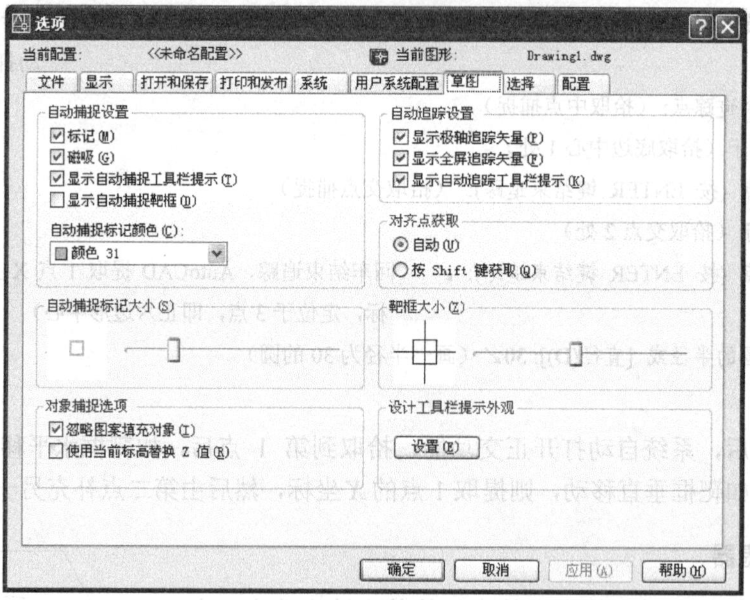

图 4.13 “选项”对话框中的“草图”选项卡

在该选项卡中列出了自动捕捉的有关设置：

（1）标记：如选中该复选框，则当拾取靶框经过某个对象时，该对象上符合条件的特征点就会显示捕捉点类型标记并指示捕捉点的位置。如图 4.14 所示，中点的捕捉标记为一个小三角形。在“草图”选项卡中，还可以通过“自动捕捉标记大小”和“自动捕捉标记颜色”两项来调整标记的大小和颜色；

（2）磁吸：如选中该复选框，则拾取靶框会锁定在捕捉点上，拾取靶框只能在捕捉点间跳动；

（3）显示自动捕捉工具栏提示：如选中该复选框，则系统将显示关于捕捉点的文字说明，捕捉到中点，则在该点旁边显示“中点”，如图 4.14 所示：

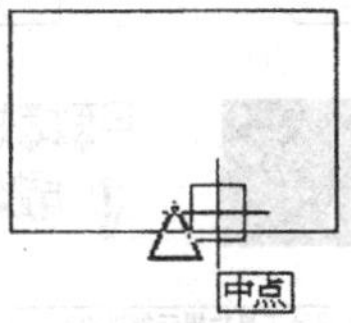

图 4.14 捕捉标记和捕捉提示

（4）显示自动捕捉靶框：如选中该复选框，则系统将显示拾取靶框；选项卡中的“靶框大小”项用于调整靶框的大小。

4.6 动态输入

动态输入是 AutoCAD 2006 新增加的一种辅助绘图工具。用户使用动态输入功能，可以在工具栏提示中输入坐标值，而不必在命令行中进行输入。

光标旁边显示的工具栏提示信息将随着光标的移动而动态更新。当某个命令处于活动状态时，可以在工具栏提示中输入值，如图 4.15 所示。

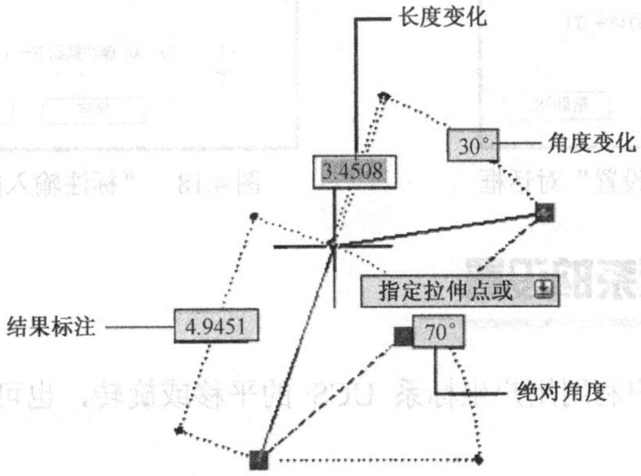

图 4.15 动态输入显示

AutoCAD 2006 有两种动态输入方式，分别为指针输入和标注输入。指针输入用于输入坐标值，标注输入用于输入距离和角度。对于动态输入方式，用户可利用如图 4.16 所示“草图设置”对话框中的“动态输入”选项卡进行设置。对于指针输入及标注输入的格式与可见性，用户可在如图 4.16 所示“草图设置”对话框中单击“设置”按钮，在弹出的如图 4.17 所示的“指针输入设置”对话框或如图 4.18 所示的“标注输入的设置”对话框中进行选择设置。

用户可以通过单击状态栏上的“DYN”按钮来打开或关闭动态输入。

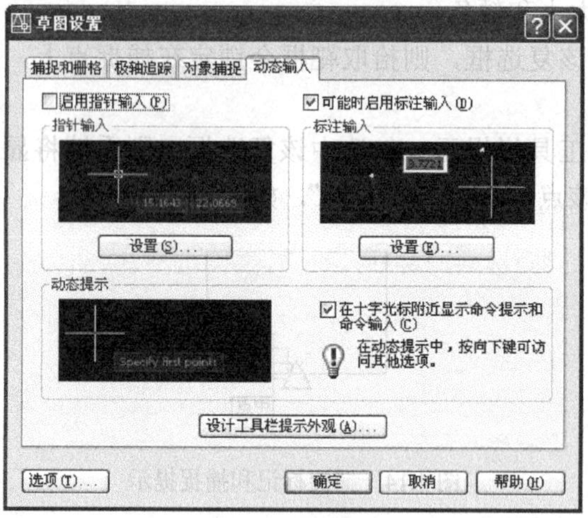

图 4.16 “草图设置”对话框中的“动态输入”选项卡

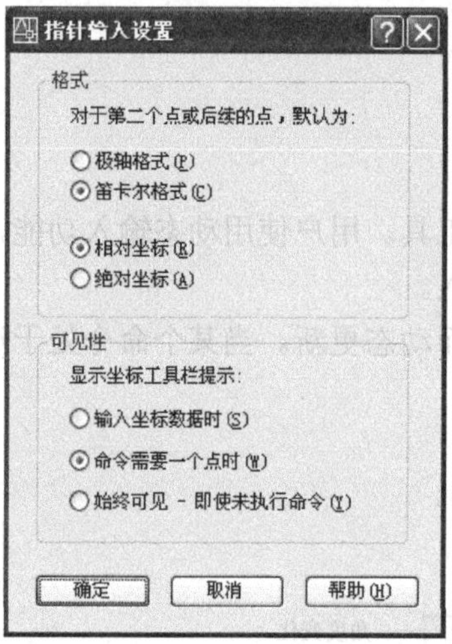

图 4.17 “指针输入设置”对话框

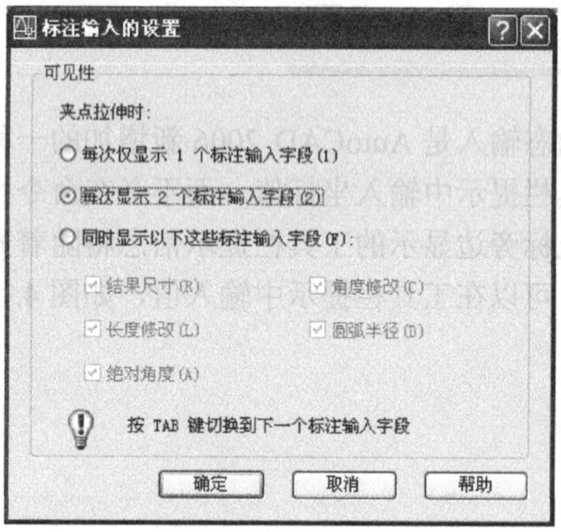

图 4.18 “标注输入的设置”对话框

4.7 用户坐标系的设置

在二维绘图中，用户利用用户坐标系 UCS 的平移或旋转，也可以准确与方便地作图。其主要操作如下：

（1）调用菜单：视图→显示→UCS 图标，设置 UCS 图标的显示、关闭、位置及相关特性；

（2）平移：调用菜单：工具→移动 UCS，把坐标系平移到新原点处；

（3）旋转：调用菜单：工具→新建 UCS，把坐标系绕某一坐标轴旋转或 XOY 面绕原点旋转；

（4）保存：调用菜单：工具→命名 UCS，把当前 UCS 命名保存；

（5）特定位置：调用菜单：工具→正交 UCS，将 UCS 设置为俯视、仰视、左视、主视、右视、后视，或其他预先设置好的位置。

关于 UCS 的全面利用，将在三维绘图中详细介绍。

如图 4.19（a）所示为利用 UCS 平移作图；图 4.19（b）所示为利用 UCS 旋转作图。

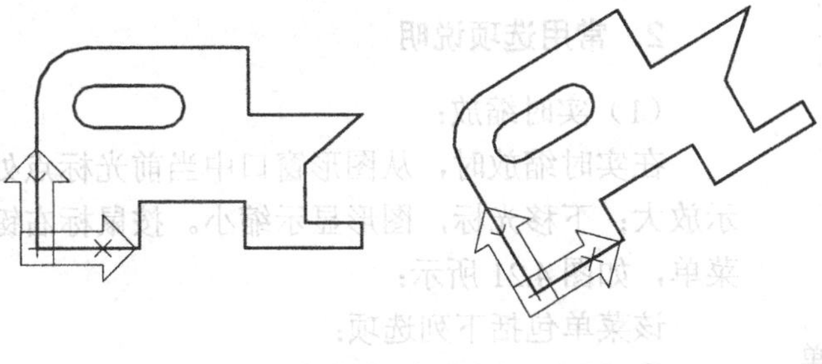

(a)　　　　　　　　　　(b)

图 4.19　利用 UCS 作图

4.8　显示控制

在绘图过程中，经常需要对所画图形进行显示缩放、平移、重画、重生成等各种操作。本节介绍的命令用于控制图形在屏幕上的显示。通过这些命名指示，系统可以按照用户所期望的位置、比例和范围控制屏幕窗口对“图纸”相应部位的显示，便于用户观察和绘制图形。这些命令只改变视觉效果，而不改变图形的实际尺寸及图形对象间的相互位置关系。本节将介绍刷新屏幕的重画和重生成命令，以及控制显示的缩放和平移命令，并介绍鸟瞰视图。

4.8.1　显示缩放

显示缩放命令 ZOOM 的功能如同相机的变焦镜头，它能将镜头对准“图纸”上的任何部分，放大或缩小观察对象的视觉尺寸，而其实际尺寸保持不变。

1. 命令

命令名：ZOOM（缩写名：Z，可透明使用）

菜单：视图→缩放→由级联菜单列出各选项

图标：①“标准”工具栏中的三个图标：“实时缩放”；“缩放为前一个”；

“窗口缩放”和弹出工具栏，如图 4.20（a）所示。

②“缩放”工具栏中的各图标，如图 4.20（b）所示。

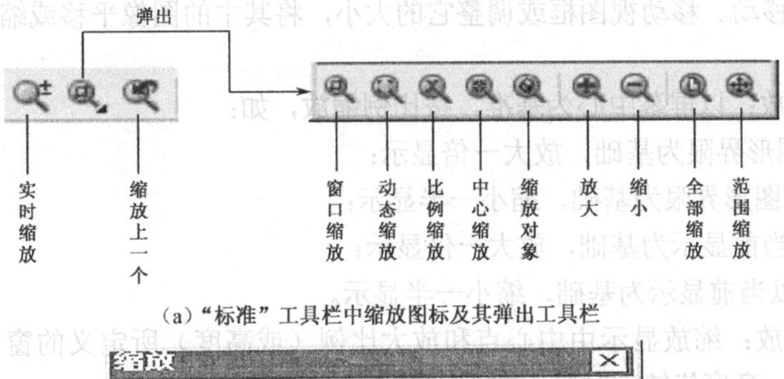

（a）“标准”工具栏中缩放图标及其弹出工具栏

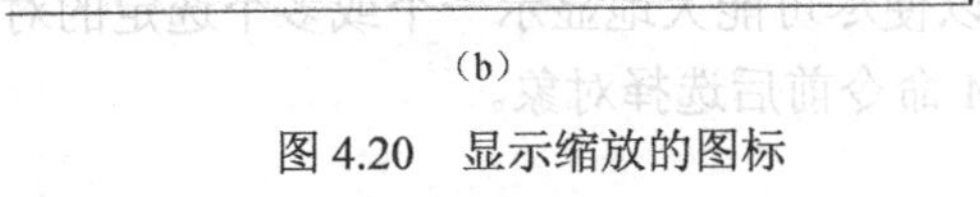

（b）

图 4.20　显示缩放的图标

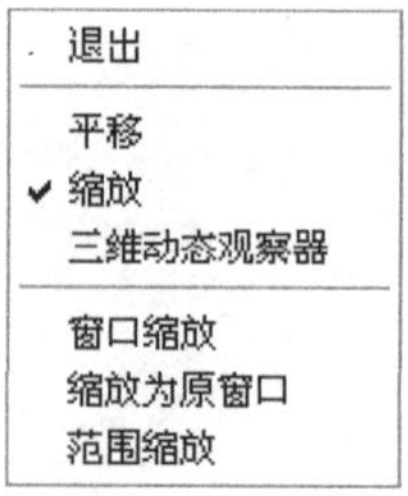

图 4.21 快捷光标菜单

2．常用选项说明

（1）实时缩放：

在实时缩放时，从图形窗口中当前光标点处上移光标，图形显示放大；下移光标，图形显示缩小。按鼠标右键，将弹出快捷光标菜单，如图 4.21 所示：

该菜单包括下列选项：

① 退出：退出实时模式；

② 平移：从实时缩放转换到实时平移；

③ 缩放：从实时平移转换到实时缩放；

④ 三维动态观察器：进行三维轨道显示；

⑤ 窗口缩放：显示一个指定窗口，然后回到实时缩放；

⑥ 缩放为原窗口：恢复原窗口显示；

⑦ 范围缩放：按图形界限显示全图，然后回到实时缩放；

（2）缩放上一个：恢复前一次显示；

（3）窗口缩放：指定一个窗口[如图 4.22（a）]，把窗口内图形放大到全屏幕[图 4.22（b）]；

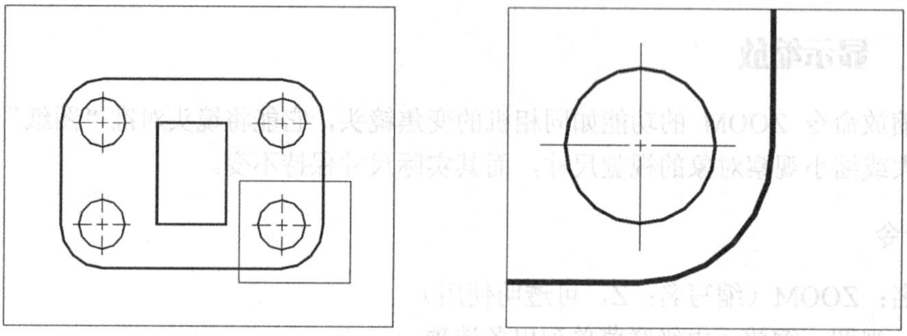

（a） （b）

图 4.22 缩放窗口

（4）动态缩放：缩放显示在视图框中的部分图形。视图框表示视口，可以改变它的大小，或在图形中移动。移动视图框或调整它的大小，将其中的图像平移或缩放，以充满整个视口。

（5）比例缩放：以屏幕中心为基准，按比例缩放，如：

2：以图形界限为基础，放大一倍显示；

0.5：以图形界限为基础，缩小一半显示；

2x：以当前显示为基础，放大一倍显示；

0.5x：以当前显示为基础，缩小一半显示。

（6）中收缩放：缩放显示由中心点和放大比例（或高度）所定义的窗口。高度值较小时增加放大比例。高度值较大时减小放大比例。

（7）缩放对象：缩放以便尽可能大地显示一个或多个选定的对象并使其位于绘图区域的中心。可以在启动 ZOOM 命令前后选择对象。

（8）放大：相当于 2x 的比例缩放；

（9）缩小：相当于 0.5x 的比例缩放；

（10）全部缩放：按图形界限显示全图；

（11）范围缩放：按图形对象占据的范围全屏显示，而不考虑图形界限的设置。

4.8.2　显示平移

1．命令

命令名：PAN（可透明使用）

菜单：视图→平移→由级联菜单列出常用操作项

图标："标准"工具栏中"实时平移"

2．说明

在选择"实时平移"时，光标变成一只小手，按住鼠标左键移动光标，当前视口中的图形就会随着光标的移动而移动。

在选择"定点"平移时，AutoCAD 提示：

指定基点或位移：（输入点 1）

指定第二点：（输入点 2）

通过给定的位移矢量 12 来控制平移的方向与大小。

进入实时平移或缩放后，按 ESC 键或回车键可以随时退出"实时"状态。

4.8.3　鸟瞰视图

1．命令

命令名：DSVIEWER

菜单：视图→鸟瞰视图

2．功能

鸟瞰视图是观察图形的辅助工具，它把绘图显示在鸟瞰视图窗口中（通常放在屏幕右下角）。若在鸟瞰视图窗口中使用 ZOOM/PAN 命令，则在图形窗口中就会显示出相应的效果。这是在观察一幅复杂图形时，处理全局搜索与局部放大的方便办法。

如图 4.23 所示，在鸟瞰视图中设置一个窗口，在图形窗口中就显示该窗口的局部放大图。

4.8.4　重画

1．命令

命令名：REDRAW（缩写名：R，可透明使用）

菜单：视图→重画

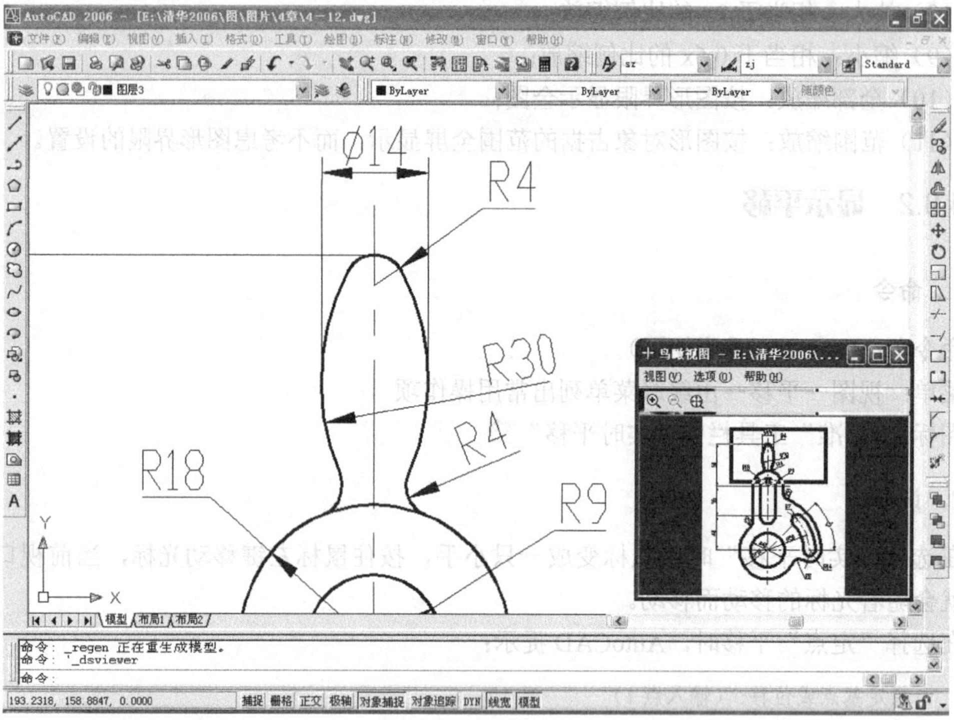

图 4.23 鸟瞰视图

2．功能

快速地刷新当前视口中显示内容，去掉所有的临时“点标记”和图形编辑残留。

4.8.5 重生成

1．命令

命令名：REGEN（缩写名：RE）
菜单：视图→重生成

2．功能

重新计算当前视口中的所有图形对象，进而刷新当前视口中的显示内容。它将原显示不太光滑的图形重新变得光滑。REGEN 命令比 REDRAW 命令更费时间。对绘图过程中有些设置的改变，如填充（FILL）模式、快速文本（QTEXT）的打开与关闭，往往要执行一次 REGEN，才能使屏幕产生变动。

4.9 对象特性概述

对象特性是指对象的图层、颜色、线型、线宽和打印样式。它是 AutoCAD 提供的另一类辅助绘图命令。图层类似于透明胶片，用来分类组织不同的图形信息；颜色可以用来区分图形中相似的图形对象；线型可以很容易区分不同的图形对象（如实线、虚线、点画线等）；同一线型的不同线宽可用来表示不同的表达对象（如工程制图中的粗线和细线）；打印样式可控制图形的输出形式。而用图层来组织和管理图形对象可使得图形的信息管理更加清晰。

4.9.1　图层

图形分层的例子是司空见惯了的。套印和彩色照片都是分层做成的。AutoCAD 的图层（LAYER）可以被想象为一张没有厚度的透明纸，上边画着属于该层的图形对象。图形中所有这样的层叠放在一起，就组成了一个 AutoCAD 的完整图形。

应用图层在图形设计和绘制中具有很大的实际意义。例如在城市道路规划设计中，就可以将道路、建筑以及给水、排水、电力、电信、煤气等管线的布置图画在不同的图层上，把所有层加在一起就是整条道路规划设计图。而单独对各个层进行处理时（例如要对排水管线的布置进行修改），只要单独对相应的图层进行修改即可，不会影响到其他层。

图层是 AutoCAD 用来组织图形的有效工具之一，AutoCAD 图形对象必须绘制在某一层上。

图层具有下列特点：

（1）每一图层对应有一个图层名，系统默认设置的图层为“0”（零）层。其余图层由用户根据绘图需要命名创建，数量不限。

（2）各图层具有同一坐标系，好像透明纸重叠在一起一样。每一图层对应一种颜色、一种线型。新建图层的默认设置为白色、连续线（实线）。图层的颜色和线型设置可以修改。一般在一个图层上创建图形对象时，就自然采用该图层对应的颜色和线型，称为随层（Bylayer）方式。

（3）当前作图使用的图层称为当前层，当前层只有一个，但可以切换。

（4）图层具有以下特征，用户可以根据需要进行设置：

- 打开（ON）/关闭（OFF）：控制图层上的实体在屏幕上的可见性。图层打开，则该图层上的对象可见，图层关闭，该图层的对象从屏幕上消失。
- 冻结（Freeze）/解冻（Thaw）：也影响图层的可见性，并且控制图层上的实体在打印输出时的可见性。图层冻结，该图层的对象不仅在屏幕上不可见，而且也不能打印输出。另外，在图形重新生成时，冻结图层上的对象不参加计算，因此可明显提高绘图速度。
- 锁定（Lock）/解锁（Unlock）：控制图层上的图形对象能否被编辑修改，但不影响其可见性。图层锁定，该图层上的对象仍然可见，但不能对其进行删除、移动等图形编辑操作。

（5）AutoCAD 通过图层命令（LAYER）、“对象特性”工具栏中的图层列表以及工具图标等实施图层操作。

如图 4.24 所示为一机械“零件图”，左上位置为其“图层”工具栏中的图层列表，从中可以看到该图的部分图层设置。

4.9.2　颜色

颜色也是 AutoCAD 图形对象的重要特性，在 AutoCAD 颜色系统中，图形对象的颜色设置可分为：

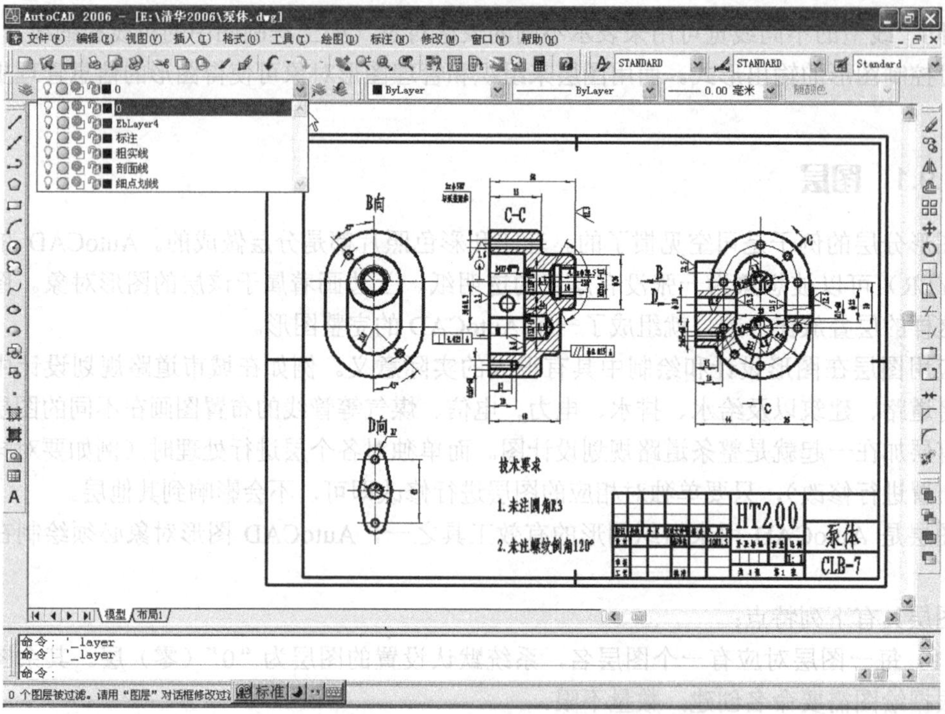

图 4.24 机械“零件图”的图层设置

（1）随层（Bylayer）：依对象所在图层，具有该层所对应的颜色。

（2）随块（Byblock）：当对象创建时，具有系统默认设置的颜色（白色），当该对象定义到块中，并插入到图形中时，具有块插入时所对应的颜色（块的概念及应用将在第 6 章中介绍）。

（3）指定颜色：即图形对象不随层、随块时，可以具有独立于图层和图块的颜色，AutoCAD 颜色由颜色号对应，编号范围是 1～255，其中 1～7 号是 7 种标准颜色，如表 4.1 所示。其中 7 号颜色随背景而变，背景为黑色时，7 号代表白色；背景为白色时，则其代表黑色。

表 4.1 标准颜色列表

编　号	颜 色 名 称	颜　色
1	RED	红
2	YELLOW	黄
3	GREEN	绿
4	CYAN	青
5	BLUE	蓝
6	MAGENTA	洋红
7	WHITE/BLACK	白/黑

因此，根据具体的设置，画在同一图层中的图形对象，可以具有随层的颜色，也可以具有独立的颜色。在实际操作中，颜色的设置常用“选择颜色”对话框（如图 4.25 所示）直观选择。AutoCAD 提供的 COLOR 命令，可以打开该对话框。

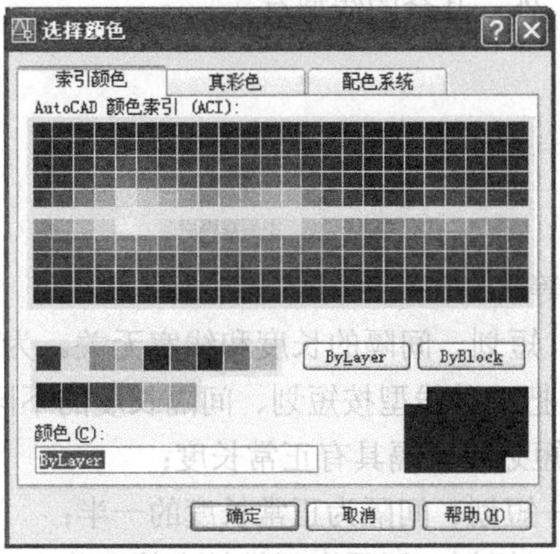

图 4.25　“选择颜色”对话框

4.9.3　线型

线型（Linetype）是 AutoCAD 图形对象的另一重要特性，在公制测量系统中，AutoCAD 提供线型文件 acadiso.lin，其以毫米为单位定义了各种线型（虚线、点画线等）的划长、间隔长等。AutoCAD 支持多种线型，用户可根据具体情况选用，例如中心线一般采用点画线，可见轮廓线采用粗实线，不可见轮廓线采用虚线等。

1．线型分类

用 AutoCAD 绘图时可采用的线型分三大类：ISO 线型、AutoCAD 线型和组合线型，下面分别予以介绍：

（1）ISO 线型：在线型文件 acadiso.lin 中按国际标准（ISO）、采用线宽 W=1.00mm 定义的一组标准线型。例如：

ACAD_ISO02W100：线型说明为 ISO dash，即 ISO 虚线。

ACAD_ISO04W100：线型说明为 ISO long-dash dot，即 ISO 长点画线。

AutoCAD 的连续线（Continuous）用于绘制粗实线或细实线。

（2）AutoCAD 线型：在线型文件 acad.lin 中由 AutoCAD 软件自定义的一组线型，如图 4.26 所示。

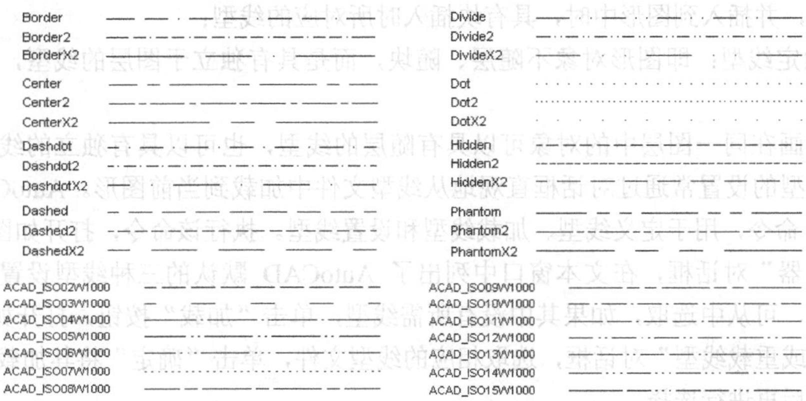

图 4.26　AutoCAD 线型

除连续线（Continuous）外，其余的线型有：

-DASHED（虚线）

-HIDDEN（隐藏线）

-CENTER（中心线）

-DOT（点线）

-DASHDOT（点画线）等。

AutoCAD 线型定义中，短划、间隔的长度和线宽无关。为了使用户能调整线型中短划和间隔的长度，AutoCAD 又把一种线型按短划、间隔长度的不同，扩充为三种，例如：

DASHED（虚线）——短划、间隔具有正常长度；

DASHED.2（虚线）——短划、间隔为正常长度的一半；

DASHEDX2（虚线）——短划、间隔为正常长度的 2 倍。

（3）组合线型：除上述一般线型外，AutoCAD 还在 ltypeshp.lin 线型文件中提供了一些组合线型（如图 4.27 所示）：由线段和字符串组合的线型，如 Gas line（煤气管道线）、Hot water supply（热水供运管线）等；由线段和图案（形）组合的线型，如 Fenceline（栅栏线）、Zigzag（折线）等。它们的使用方法和简单线型相同。

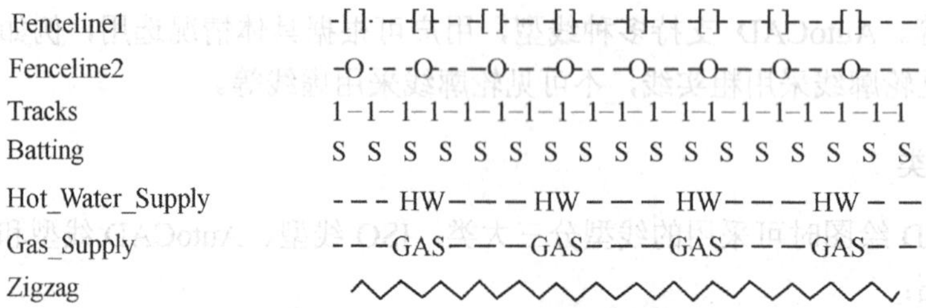

图 4.27　AutoCAD 中的组合线型

2. 线型设置

和颜色相似，AutoCAD 中图形对象的线型设置有三种方式：

（1）随层（Bylayer）：按对象所在图层，具有该层所对应的线型；

（2）随块（Byblock）：当对象创建时，具有系统默认设置的线型（连续线），当该对象定义到块中，并插入到图形中时，具有块插入时所对应的线型；

（3）指定线型：即图形对象不随层、随块，而是具有独立于图层的线型，用对应的线型名表示。

因此，画在同一图层中的对象可以具有随层的线型，也可以具有独立的线型。在实际操作中，线型的设置常通过对话框直观地从线型文件中加载到当前图形。AutoCAD 提供的 LINETYPE 命令，用于定义线型、加载线型和设置线型。执行该命令，打开如图 4.28 所示“线型管理器”对话框，在文本窗口中列出了 AutoCAD 默认的三种线型设置：随层、随块、连续线，可从中选取，如果其中没有所需线型，单击“加载”按钮，打开如图 4.29 所示的“加载或重载线型”对话框，选取相应的线型文件，单击“确定”将其加载到线型管理器当中，然后再进行选择。

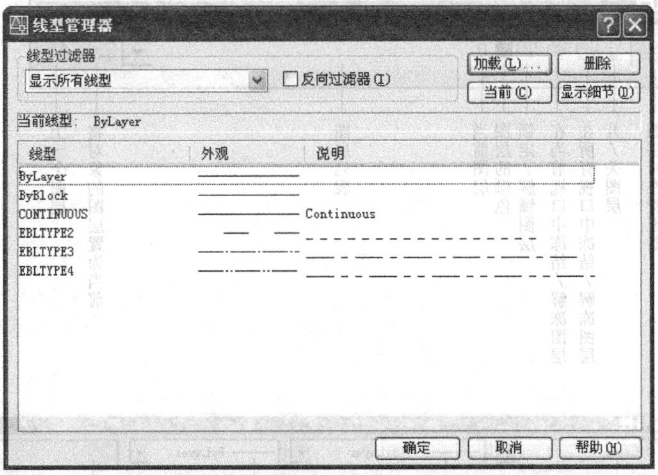

图 4.28　“线型管理器”对话框

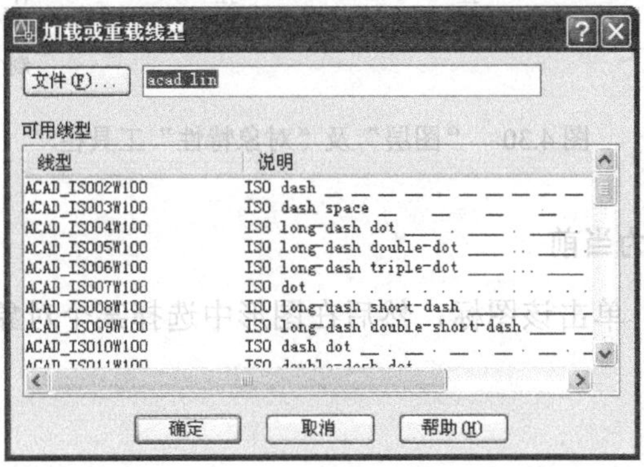

图 4.29　“加载或重载线型”对话框

3．线型比例

AutoCAD 还提供线型比例的功能，即对一个线段，在总长不变的情况下，用线型比例来调整线型中短划、间隔的显示长度，该功能通过 LTSCALE 命令实现。具体如下：

命令名：LTSCALE（缩写名：LTS；可透明使用）

格式：

命令：**LTSCALE**↙

新比例因子<1.0000>:（输入新值）

此时 AutoCAD 根据新的比例因子自动重新生成图形。比例因子越大，则线段越长。

4.9.4　对象特性的设置与控制

AutoCAD 提供了“图层”及“对象特性”两个工具栏（如图 4.30 所示），排列了有关图层、颜色、线型的有关操作。由此用户可方便地设置和控制有关的对象特性。

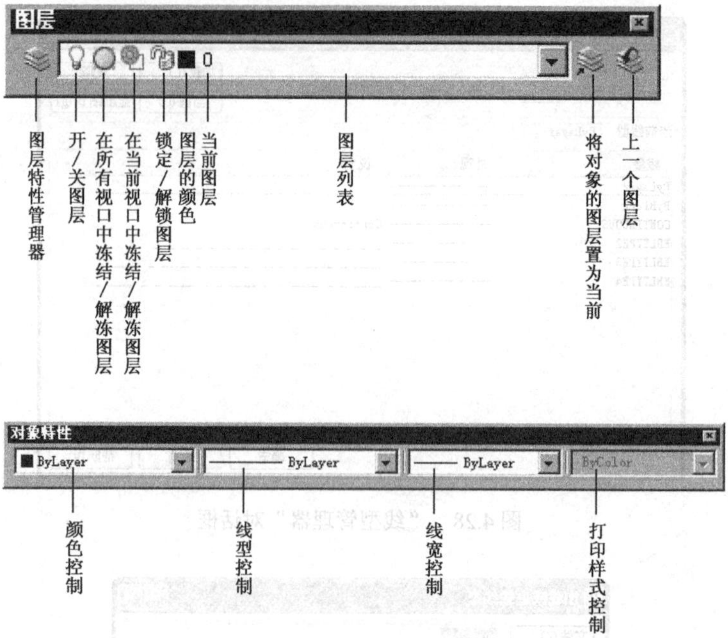

图 4.30 “图层”及“对象特性”工具栏

1. 将对象的图层置为当前

用于改变当前图层。单击该图标，然后在图形中选择某个对象，则该对象所在图层将成为当前层。

2. 图层特性管理器

用于打开图层特性管理器。单击该图标，AutoCAD 打开如图 4.31 所示的“图层特性管理器”对话框，用户可对图层的各个特性进行修改。

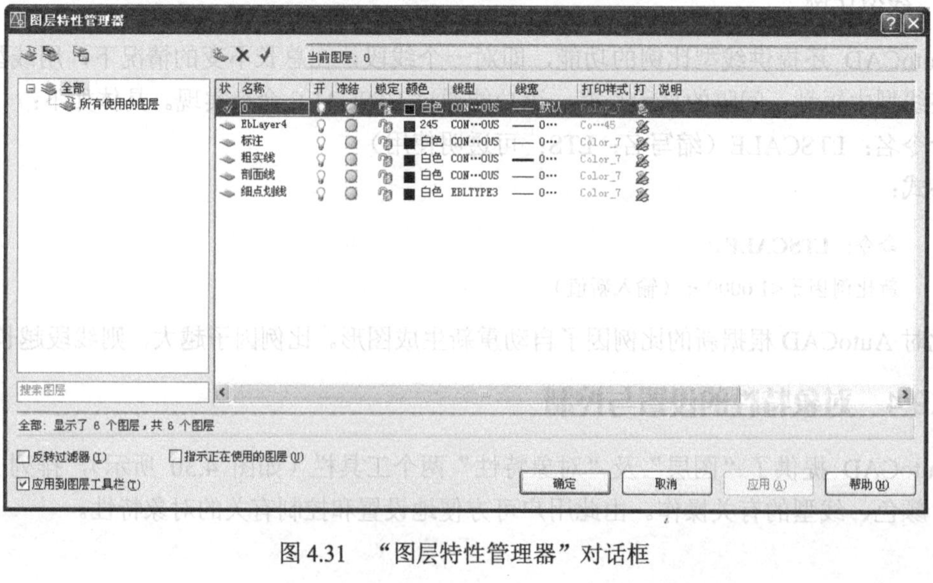

图 4.31 “图层特性管理器”对话框

3. 图层列表

用于修改图层的开/关、锁定/解锁、冻结/解冻、打印/非打印特性。对选定的图层单击右侧箭头，出现图层下拉列表，用户可单击相应层的相应图标改变其特性。

4. 颜色控制

用于修改当前颜色。下拉列表中列出了“随层”、“随块”及七种标准颜色，单击“选择颜色”按钮可打开“选择颜色”对话框，用户从中可修改当前绘制图形所用的颜色。此修改不影响当前图层的颜色设置。

5. 线型控制

用于修改当前线型。此修改只改变当前绘制图形用的线型，不影响当前图层的线型设置。

6. 线宽控制

用于修改当前线宽。与前两项相同，此修改不影响图层的线宽设置。

7. 打印样式控制

用于修改当前的打印样式，不影响对图层打印样式的设置。

4.10 图层

AutoCAD 提供的图层特性管理器，使用户可以方便地对图层进行操作，例如建立新图层、设置当前图层、修改图层颜色、线型以及打开/关闭图层、冻结/解冻图层、锁定/解锁图层等。

4.10.1 图层的设置与控制

1. 命令

命令行：LAYER（缩写名：LA，可透明使用）
菜单：格式→图层
图标：“对象特性”工具栏中

2. 功能

对图层进行操作，控制其各项特性。

3. 格式

命令：**LAYER**↙

打开如图 4.31 所示的“图层特性管理器”对话框，利用此对话框可对图层进行各种操作。

（1）创建新图层：单击新建图层按钮可创建新的图层，新图层的特性将继承 0 层的特性或继承已选择的某一图层的特性。新图层的默认名为“图层 n”，显示在中间的图层列表中，用户可以立即更名。图层名也可以使用中文。

可以一次生成多个图层，单击“新建”按钮后，在名称栏中输入新层名，紧接着输入“,”，就可以再输入下一个新层名。

（2）图层列表框：在图层特性管理器中有一个图层列表框，列出了用户指定范围的所有图层，其中“0”图层为 AutoCAD 系统默认的图层。对每一图层，都有一状态条说明该层的特性，内容如下：

- 名称：列出图层名；
- 开：有一灯泡形图标，单击此图标可以打开/关闭图层，灯泡发光说明该层打开，灯泡变暗说明该图层关闭；
- 冻结（有视口冻结）：有一雪花形/太阳形图标，单击此图标可以冻结/解冻图层，图标为太阳说明该层处于解冻状态，图标为雪花说明该层被冻结，注意当前层不可以被冻结；
- 锁定：有一锁形图标，单击此图标可以锁定/解锁图层，图标为打开的锁说明该层处于解锁状态，图标为闭合的锁说明该层被锁定；
- 颜色：有一色块形图标，单击此图标将弹出“选择颜色”对话框（如图 4.25 所示），可修改图层颜色；
- 线型：列出图层对应的线型名，单击线型名，将弹出图 4.32 所示的“选择线型”对话框，可以从已加载的线型中选择一种代替该图层线型，如果“选择线型”对话框中列出的线型不够，则可单击底部的“加载”按钮调出“加载或重载线型”对话框（如图 4.29 所示），从线型文件中加载所需的线型；

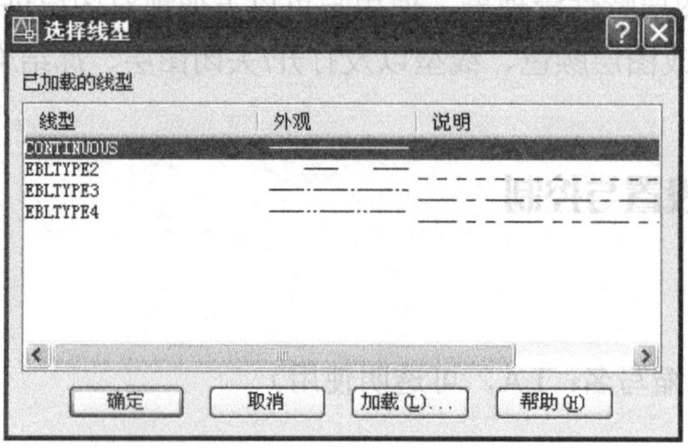

图 4.32 “选择线型”对话框

- 线宽：列出图层对应的线宽，单击线宽值，AutoCAD 打开“线宽”对话框，如图 4.33 所示，可用于修改图层的线宽；
- 打印样式：显示图层的打印样式；
- 打印：有一打印机形图标，单击它可控制图层的打印特性，打印机上有一红色球时表明该层不可被打印，否则可被打印。

（3）设置当前图层：从图层列表框中选择任一图层，按“当前”按钮，即把它设置为当前图层。

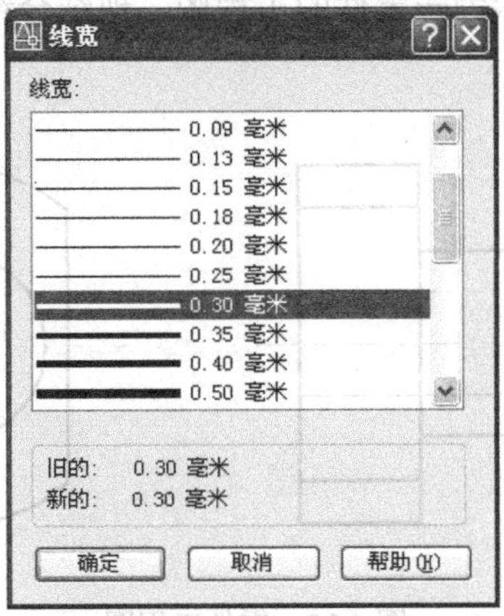

图 4.33 “线宽”对话框

（4）图层排序：单击图层列表中的“名称”，就可以改变图层的排序。例如要按层名排序，第一次单击“名称”，系统按字典顺序降序排列；第二次单击“名称”，系统按字典顺序升序排列。如单击“颜色”，则图层按 AutoCAD 颜色排序。

（5）删除已创建的图层：用户创建的图层若从未被引用过，则可以点击“删除”按钮，将其删去。方法是：选中该图层，单击“删除”按钮，则该图层消失。系统创建的 0 层不能删除。

（6）图层操作快捷菜单：在图层特性管理器中，单击鼠标右键将弹出一快捷菜单，如图 4.34 所示，利用此菜单中的各选项可方便地对图层进行操作，包括设置当前层、建立新图层、全部选择或全部删除图层、设置图层过滤条件等。

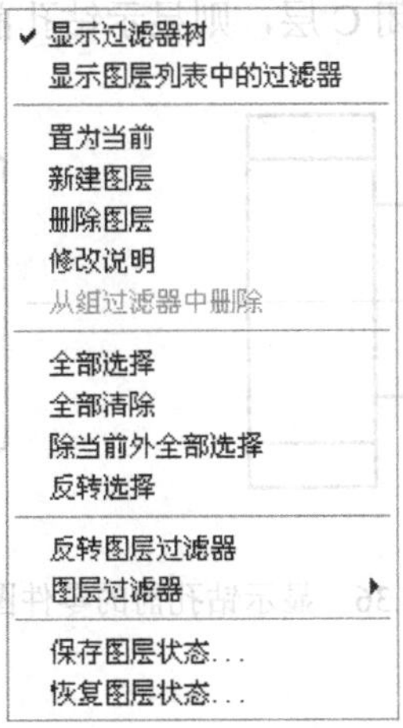

图 4.34 图层操作快捷菜单

4.10.2 图层的应用

图层广泛应用于组织图形，通常可以按线型（如粗实线、细实线、虚线和点画线等）、按图形对象类型（如图形、尺寸标注、文字标注、剖面线等）、按功能（如桌子、椅子等）或按生产过程、管理需要来分层，并给每一层赋予适当的名称，使图形管理变得十分方便。

【例 4.5】 如图 4.35 所示为一零件的工程图，现结合绘图与生产过程对其设置图层和进行绘图操作。

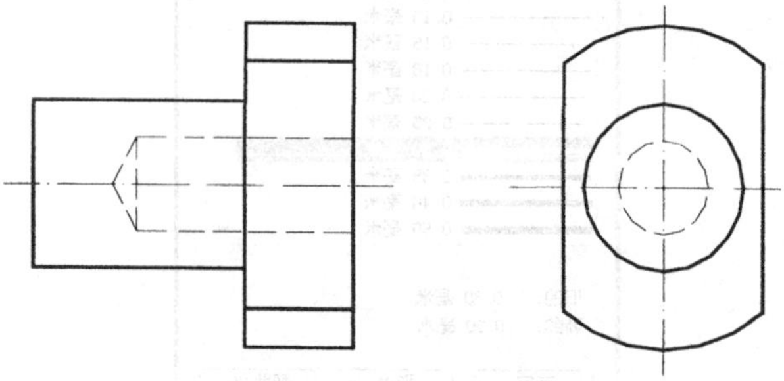

图 4.35 零件工程图

步骤

（1）打开“图层特性管理器”，建立三个图层，并规定其名称、颜色、线型、线宽如下，通常保留系统提供的 0 层，供辅助作图用：

A 层：红色，ACAD_ISO04W100，线宽 0.15 毫米——用于画定位轴线（细点画线）；

B 层：蓝色，Continuous，线宽 0.30 毫米——用于画可见轮廓线（粗实线）；

C 层：绿色，ACAD_ISO02W100，线宽 0.1 毫米——用于画不可见轮廓线（虚线）。

（2）选中 A 层，单击“当前”按钮，将其设为当前层，画定位轴线。

（3）设 B 层为当前层，画可见轮廓线。

（4）设 C 层为当前层，画中间钻孔。

（5）如设 0 层为当前层，并关闭 C 层，则显示钻孔前的零件图形，如图 4.36 所示。

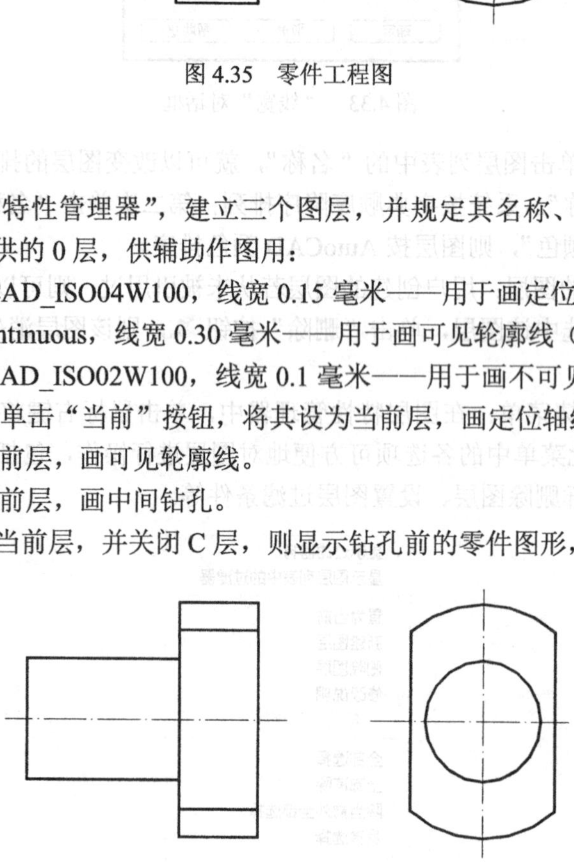

图 4.36 显示钻孔前的零件图形

4.11 颜色

用户可以根据需要为图形对象设置不同的颜色，从而把不同类型的对象区分开来。颜色的确定可以采用“随层”方式，即取其所在层的颜色；也可以采用“随块”方式，对象随着图块插入到图形中时，根据插入层的颜色而改变；对象的颜色还可以脱离于图层或图块单独设置。对于若干取相同颜色的对象，比如全部的尺寸标注，可以把它们放在同一图层上，为图层设定一个颜色，而对象的颜色设置为“随层”方式。有关颜色的操作说明如下：

1. 为图层设置颜色

在图层特性管理器中，单击所选图层属性条的颜色块，弹出“选择颜色”对话框，如图 4.25 所示，用户可从中选择适当颜色作为该层颜色。

2. 为图形对象设置颜色

“对象特性”工具栏的颜色下拉列表如图 4.37 所示，它用于改变图形对象的颜色或为新创建对象设置颜色。

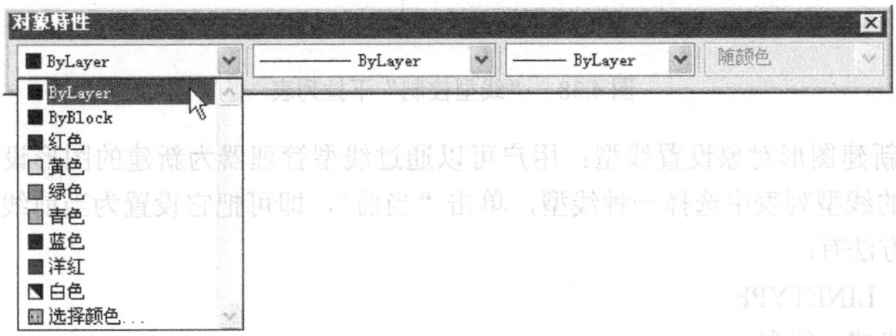

图 4.37　颜色下拉列表

（1）颜色列表框中的颜色设置：第一行通常显示当前层的颜色设置。列表框中包括“随层”(ByLayer)、“随块” (ByBlock)、7 种标准颜色和“选择颜色”选项，点击“选择颜色”将弹出“选择颜色”对话框，用户可从中选择颜色，新选中的颜色将加载到颜色列表框的底部，最多可加载 4 种其他颜色；

（2）改变图形对象的颜色：应先选取图形对象，然后从颜色列表框中选择所需要的颜色，图形对象的颜色则变为用户所选的颜色；

（3）为新创建对象设置颜色：可直接从颜色列表框中选取颜色，它显示成为当前颜色，AutoCAD 将以此颜色绘制新创建的对象；也可调用 COLOR 命令，在命令行输入该命令，打开“选择颜色”对话框，确定一种颜色为当前色。

4.12　线型

除了用颜色区分图形对象之外，用户还可以为对象设置不同的线型。线型的设置可采用“随层”方式，即与其所在层的线型一致；“随块”方式，与所属图块插入到的图层线型一致；还可以独立于图层和图块而具有确定的线型。为方便绘图，可以把相同线型的图形对象放在同一图层上绘制，而其线型采用“随层”方式，例如，可把所有的中心线放在一个层上，该层的线型设定为点画线。有关线型的操作说明如下：

1. 为图层设置线型

在图层特性管理器中单击所选图层属性条中的“线型”项，通过“选择线型”对话框（如图 4.32 所示）和“加载或重载线型”对话框（如图 4.29 所示）为该图层设置线型。

2. 为图形对象设置线型

（1）修改图形对象的线型：可通过“对象特性”工具栏中的“线型控制”下拉列表框（如图 4.38 所示）实现。先选中要修改线型的图形对象，然后在下拉列表框中选择某一线型，则该对象的线型就改为所选线型。

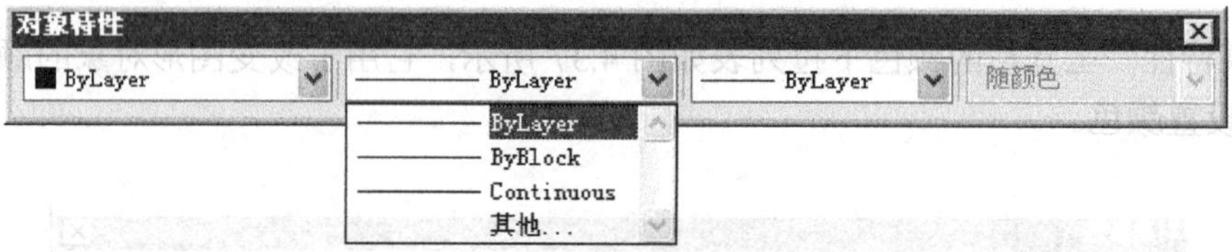

图 4.38 “线型控制”下拉列表

（2）为新建图形对象设置线型：用户可以通过线型管理器为新建的图形设置线型，在线型管理器的线型列表中选择一种线型，单击“当前”，即可把它设置为当前线型。打开线型管理器的方法有：

命令行：LINETYPE

菜单：格式→线型

图标：“对象特性”工具栏中的“线型控制”下拉列表

4.13 修改对象特性

AutoCAD 提供了修改对象特性的功能，可执行 PROPERTIES 命令打开“特性”对话框来实现，其中包含对象的图层、颜色、线型、线宽、打印样式等基本特性以及该对象的几何特性，用户可根据需要进行修改。

另外，AutoCAD 还提供了特性匹配命令 MATCHPROP，可以方便地把一个图形对象的图层、线型、线型比例、线宽等特性赋予另一个对象，而不用再逐项设定，可大大提高绘图速度，节省时间，并保证对象特性的一致性。

4.13.1 修改对象特性说明

1. 命令

命令行：PROPERTIES

菜单：修改→特性

图标：“标准”工具栏

2. 功能

修改所选对象的图层、颜色、线型、线型比例、线宽、厚度等基本属性及其几何特性。

3. 格式

命令：**PROPERTIES↙**

打开“特性”对话框，如图 4.39 所示，其中列出了所选对象的基本特性和几何特性的设置，用户可根据需要进行相应修改。

图 4.39 “特性”对话框

4. 说明

（1）选择要修改特性的对象，可用以下三种方法：在调用特性修改命令之前用夹点选中对象；调用命令打开“特性”对话框之后用夹点选择对象；单击“特性”对话框右上角的“快速选择”按钮，打开“快速选择”对话框，产生一个选择集。

（2）选择的对象不同，对话框中显示的内容也不一样。选取一个对象，执行特性修改命令，可修改的内容包括对象所在的图层、对象的颜色、线型、线型比例、线宽、厚度等基本特性以及线段长度、角度、坐标、直径等几何特性，如图 4.39 所示为修改直线特性的对话框。

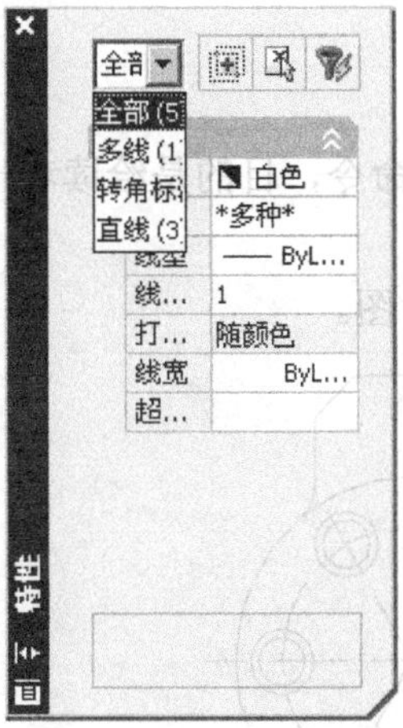

图 4.40 多个对象选取的“特性”对话框设置示例

（3）如选取多个对象，则执行修改特性命令后，对话框中只显示这些对象的图层、颜色、线型、线型比例、线宽、厚度等基本特性，如图 4.40 所示，可对这些对象的基本特性进行统一修改，文本框中的“全部（5）”表示共选择了 5 个对象。也可单击右侧箭头，在下拉列表中选择某一对象，对其特性进行单独修改。

4.13.2 特性匹配

1. 命令

命令行：MATCHPROP（缩写名：MA，可透明使用）

菜单：修改→特性匹配

图标：“标准”工具栏

2. 功能

把源对象的图层、颜色、线型、线型比例、线宽和厚度等特性复制到目标对象。

3. 格式

命令：**MATCHPROP**↙

选择源对象：（拾取 1 个对象）

当前活动设置:颜色 图层 线型 线型比例 线宽 厚度 打印样式 文字 标注 填充图案 多段线视口表格

选择目标对象或 [设置(S)]：（拾取目标对象）

则源对象的图层、颜色、线型、线型比例和厚度等特性将复制到目标对象。

利用选项“设置（S）”，打开“特性设置”对话框，如图 4.41 所示，可设置复制源对象的指定特性。

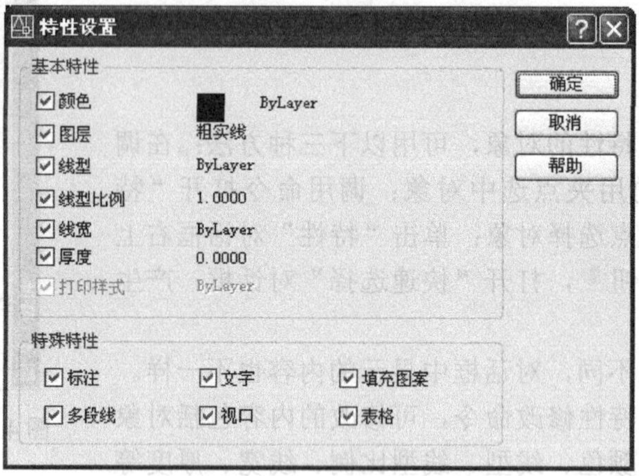

图 4.41 “特性设置”对话框

4.14 综合应用示例

本节介绍的两个示例综合应用了第 2、3、4 章介绍的有关命令，目的是给读者一个相对完整的绘图概念。

【例 4.6】 利用相关命令由图 4.42（a）图完成图 4.42（b）图。

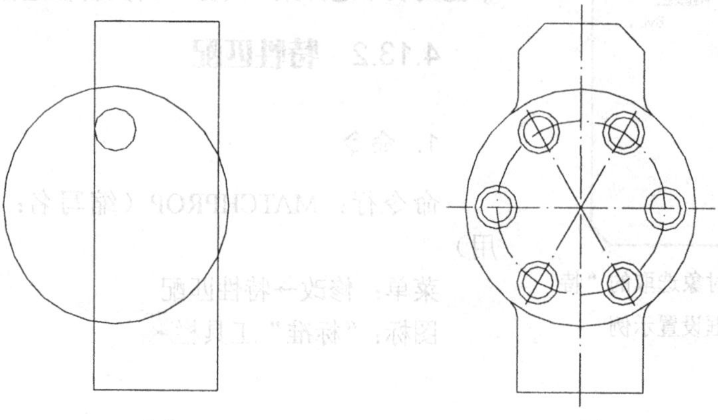

（a） （b）

图 4.42 图形编辑

操作步骤

（1）利用 LINE 命令或 XLINE 命令找出矩形的中心，然后用 MOVE 命令使得大圆圆心与矩形中心重合；

（2）用 CHAMFER 命令作出矩形上部的两个倒角；

（3）用 TRIM 命令剪切掉矩形边的圆内部分；

（4）用 OFFSET 命令在小圆内复制其一个同心圆；

（5）新建一点画线图层并将其设置为当前层，分别捕捉矩形上下两边的中点，用 LINE 命令绘制出竖直点画线；用 XLINE 命令的 H 选项绘制出过大圆圆心的水平点画线；分别捕捉大圆和小圆的圆心，用 LINE 命令绘制出小圆的法向中心线；用 CIRCLE 命令绘制过小圆圆心的切向中心线；

（6）用 LENGTHEN 命令（或 TRIM、EXTEND 命令）调整点画线的长度；

（7）用阵列 ARRAY 命令将两同心小圆及其法向中心线绕大圆圆心环形阵列 6 个。

【例 4.7】　利用相关命令由图 4.43（a）图完成图 4.43（b）图。

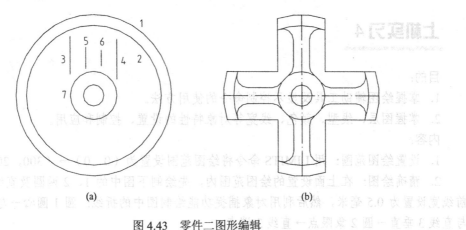

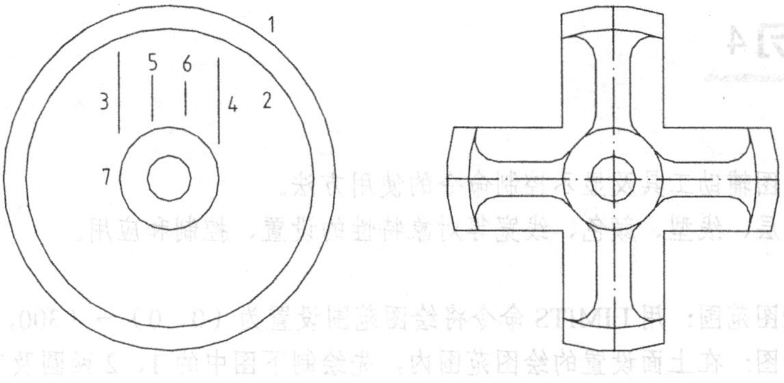

(a)　(b)

图 4.43　零件二图形编辑

操作步骤

（1）用 EXTEND 命令分别延伸 3、4 直线的两端均与圆 1 相交；

（2）用 TRIM 命令剪切掉 3、4 直线外侧的圆 1 和圆 2；

（3）用 ARRAY 命令将 3、4 直线及圆 1 和圆 2 的剩余部分绕圆心作环形阵列两份；

（4）用 TRIM 剪切命令剪切掉“大十字”形的中间部分；

（5）用 FILLET 命令在 5、6 直线与圆 2 及圆 7 间倒圆角；

（6）用 ARRAY 命令将 5、6 直线及其相连圆角绕圆心作环形阵列 4 份；

（7）新建一点画线图层并将其设置为当前层，捕捉最左、最右圆弧的中点，用 LINE 命令绘制水平对称线；捕捉最上、最下圆弧的中点，用 LINE 命令绘制垂直对称线。

思考题 4

1．确定图形界限所考虑的主要因素是：

（1）图形的尺寸

（2）绘图比例

（3）以上两个因素

2．为什么要运用对象捕捉？对象捕捉有哪几种模式？它们分别在什么情况下运用？

3．常见图形对象有哪些对象捕捉特殊点？

4．图形显示控制命令是否改变图形的实际尺寸及图形对象间的相对位置关系？实时缩放和实时平移命令有何特点？

5. AutoCAD 的对象特性有哪些？如何设置？

6. 图层的状态包括哪些？如何设置？

7. 在一个线型设置为点画线的图层上可以画实线线段吗？如果可以，如何实现？这样做好吗？为什么？

8. 如何把一个图形中错画为虚线的中心线改为点画线？

9. 图层的颜色和层上图形对象的颜色是否是“一回事”？其间关系如何？

上机实习 4

目的：

1. 掌握绘图辅助工具及显示控制命令的使用方法。

2. 掌握图层、线型、颜色、线宽等对象特性的设置、控制和应用。

内容：

1. 设置绘图范围：用 LIMITS 命令将绘图范围设置为（0，0）→（300，200）；

2. 精确绘图：在上面设置的绘图范围内，先绘制下图中的 1、2 两圆及直线 3，再将当前线宽设置为 0.5 毫米，然后利用对象捕捉功能绘制图中的折线：圆 1 圆心→与圆 2 相切→与直线 3 垂直→圆 2 象限点→直线 3 端点。

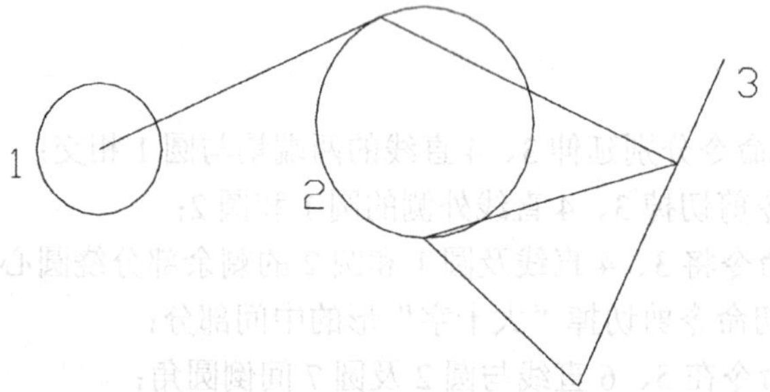

3. 显示控制：以上面所绘图形为样图，练习 ZOOM、PAN、DSVIEWER、REDRAW、REGEN 命令及有关选项的使用。

4. 对象特性的基本操作：打开 C:Program Files\AutoCAD2006\Sample 文件夹下的某一 .dwg 文件，然后对其中的某些图层进行关闭、冻结、改变颜色、改变线型、改变线宽等操作，观察图形显示的变化情况，最后不存盘退出；

5. 图层应用：使用图层绘制下图。

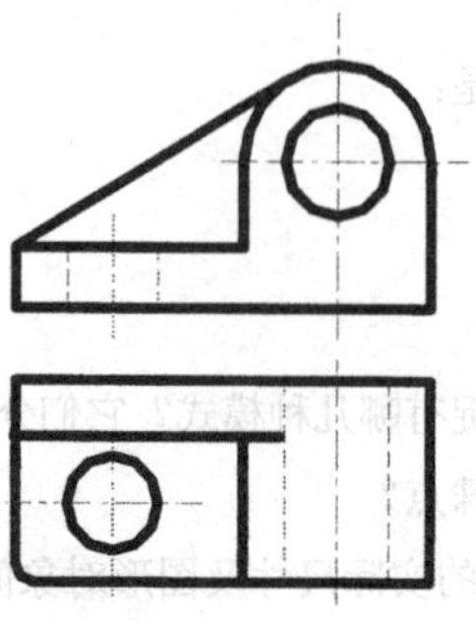

提示：在绘制上图时，可建立三个图层：

（1）CSHX 层：绘制图中的粗实线。线型 CONTINOUS，颜色为白色或黑色，线宽 0.3 毫米；

（2）XX 层：绘制图中的虚线。线型 ACAD_ISO02W100，颜色为红色，线宽 0.1 毫米；

（3）DHX 层：绘制图中的点画线。线型 ACAD_ISO04W100，颜色为蓝色，线宽 0.1 毫米；

若图中未直观地显示出所设图线的粗细，请检查状态栏中的“线宽”按钮是否按下；若显示出的图线太粗，可在状态栏“线宽”按钮处右击鼠标，从快捷菜单中选择“设置”，在弹出的图所示“线宽设置”对话框内，向左拖动“调整显示比例”选项组内的滑块至适当位置。

6. 按照所给步骤完成本章第 14 节两例图的绘制和编辑，并提出对此方法和步骤的改进意见。

第5章 文字和尺寸标注

在工程设计中，图形只能表达物体的结构形状，而物体的真实大小和各部分的相对位置则必须通过标注尺寸才能确定。此外，图样中还要有必要的文字，如注释说明、技术要求以及标题栏等。尺寸、文字和图形一起表达设计者完整的设计思想，在工程图样中起着非常重要的作用。

AutoCAD 提供了强大的尺寸标注、文字输入和尺寸、文字编辑功能，而且支持包括 True Type 字体在内的多种字体，用户可以用不同的字体、字型、颜色、大小和排列方式等达到使用多种多样的文字效果的目的。本章将介绍如何利用 AutoCAD 进行图样中尺寸、文字的标注和编辑。

5.1 字体和字样

在工程图中，不同位置可能需要采用不同的字体，即使用同一种字体，也可能需要采用不同的样式，如有的需要字大一些，有的需要字小一些，有的需要水平排列文字，有的需要垂直排列文字或倾斜一定角度排列文字等，这些效果可以通过定义不同的文字样式来实现。

5.1.1 字体和字样的概念

AutoCAD 系统使用的字体定义文件是一种形（SHAPE）文件，它存放在文件夹 FONTS 中，如 txt.shx，romans.shx，gbcbig.shx 等。采用一种字体构成的文件，运用不同的高宽比、字体倾斜角度等选项操作，可将字体定义成多种字样，形成由多种字体文字构成的文件。系统默认使用的字样名为“Standard”，它根据字体文件 txt.shx 定义生成。用户如果需定义其他字体样式，可以使用 STYLE（文字样式）命令。

AutoCAD 还允许用户使用 Windows 系统提供的 True Type 字体，包括宋体、仿宋体、隶书、楷体等和特殊字符，它们具有实心填充功能。同一种字体可以定义成多种样式，如图 5.1 所示为用仿宋体定义的几种文字样式。

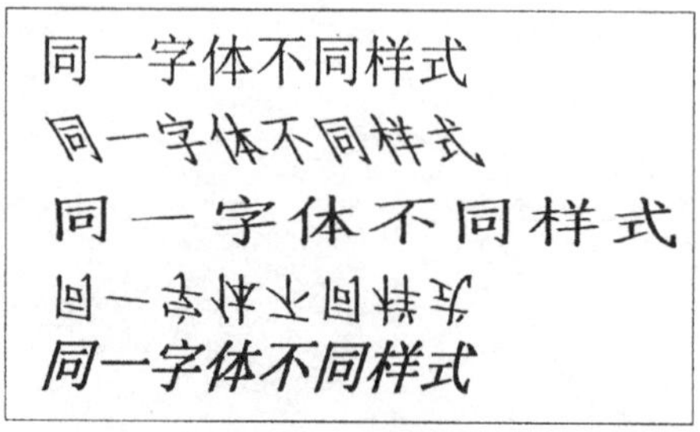

图 5.1 用仿宋体创建的不同文字样式

5.1.2　文字样式的定义和修改

用户可以利用 STYLE 命令建立新的文字样式，或对文字已有样式进行修改。一旦一个文字样式的参数发生变化，则所有使用该样式的文字都将随之更新。

1. 命令

命令行：STYLE
菜单：格式→文字样式
图标："文字"工具栏中

2. 功能

定义和修改文字样式，设置当前样式，删除已有样式以及文字样式重命名。

3. 格式

命令：**STYLE↙**

打开如图 5.2 所示"文字样式"对话框，用户从中可以选择字体，建立或修改文字样式。

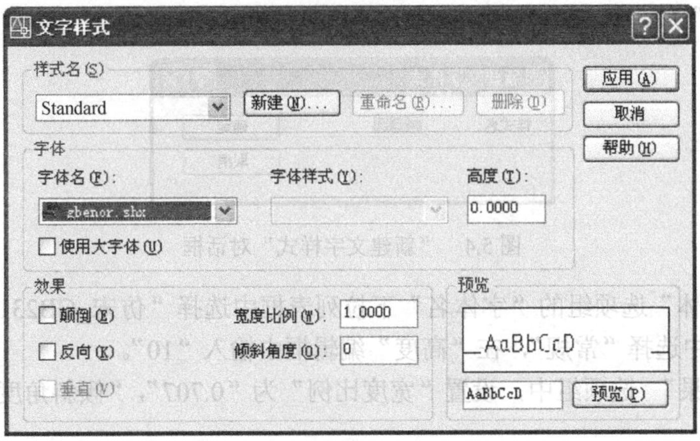

图 5.2　"文字样式"对话框

如图 5.3 所示为不同设置下的文字效果。

在"文字样式"对话框中，也可使用 AutoCAD 中文版提供的符合我国制图国家标准的长仿宋矢量字体。具体方法为：选中"使用大字体"前面的复选框，然后在"字体样式"下拉列表框中选取"gbcbig.shx"。

4. 示例

【例 5.1】　建立名为"工程图"的工程制图用文字样式，字体采用仿宋体，常规字体样式，固定字高 10mm，宽度比例为 0.707。

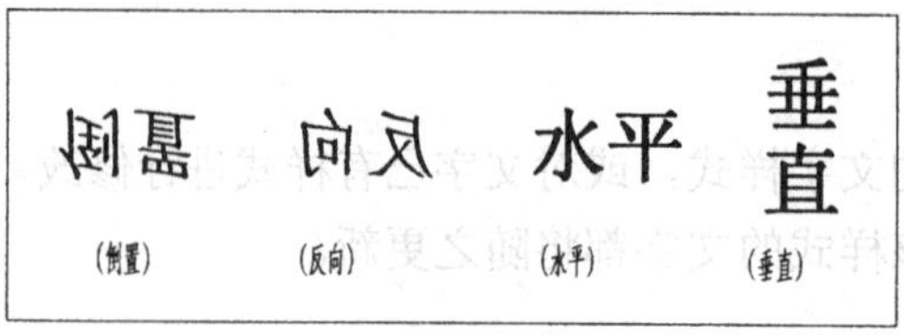

（a）不同放置

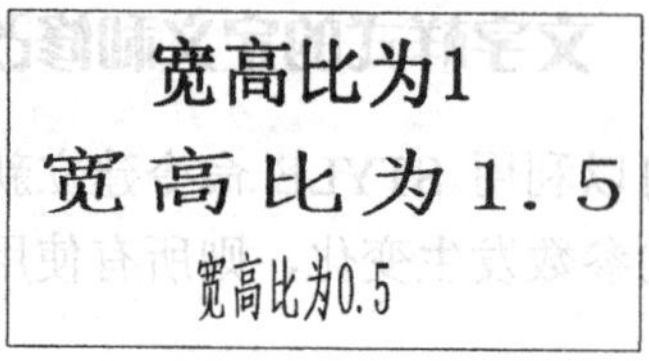

（b）不同宽度比例

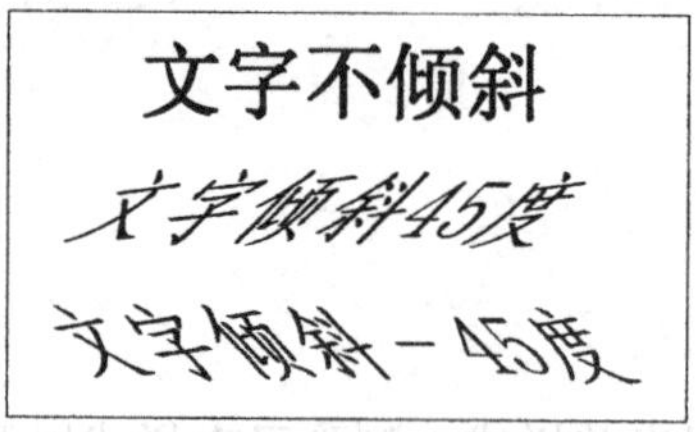

（c）不同倾斜角度

图 5.3　不同设置下的文字效果

步骤

（1）在“格式”菜单中选择“文字样式”命令，打开“文字样式”对话框。

（2）单击“新建”按钮，打开如图 5.4 所示的“新建文字样式”对话框，输入新建文字样式名“工程图”后，单击“确定”按钮关闭该对话框。

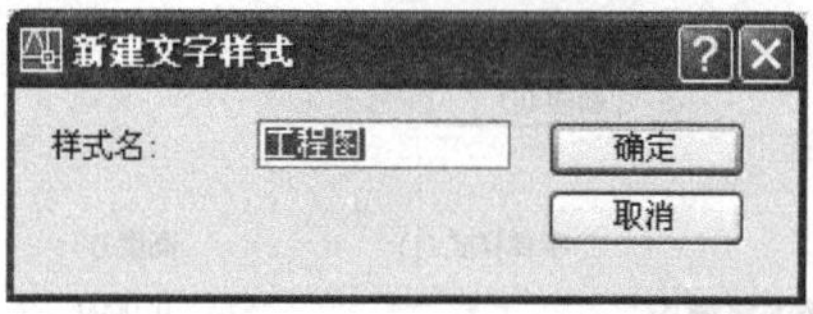

图 5.4　“新建文字样式”对话框

（3）在“字体”选项组的“字体名”下拉列表框中选择“仿宋_GB2312”，在“字体样式”下拉列表框中选择“常规”，在“高度”编辑框中输入“10”。

（4）在“效果” 选项组中，设置“宽度比例”为“0.707”，“倾斜角度”为“0”，其余复选框均不选中。

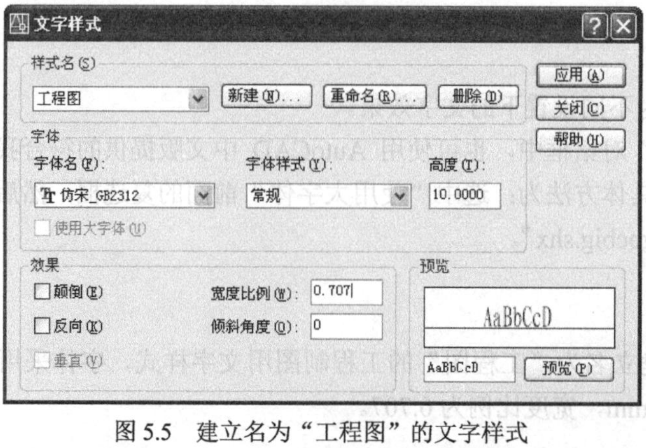

图 5.5　建立名为“工程图”的文字样式

各项设置如图 5.5 所示。

（5）依次单击“应用”和“关闭”按钮，建立此字样并关闭对话框。

如图 5.6 所示为用上面建立的“工程图”字样书写的文字效果。

图样是工程界的一种技术语言

图 5.6　使用“工程图”字样书写的文字

5.2　单行文字

1. 命令

命令行：TEXT 或 DTEXT

菜单：绘图→文字→单行文字

图标：“文字”工具栏

2. 功能

动态书写单行文字，在书写时所输入的字符动态显示在屏幕上，并用方框显示下一文字书写的位置。书写完一行文字后回车可继续输入另一行文字，利用此功能可创建多行文字，但是每一行文字为一个对象，可单独进行编辑修改。

3. 格式

命令：**TEXT**↙

当前文字样式： Standard　当前文字高度： 2.5000

指定文字的起点或 [对正(J)/样式(S)]：（点取一点作为文本的起始点）

指定高度 <2.5000>:（确定字符的高度）

指定文字的旋转角度 <0>:（确定文本行的倾斜角度）

输入文字: (输入文字内容)

输入文字：（输入下一行文字或直接回车）

4. 选项及说明

（1）指定文字的起点：为默认选项，用户可直接在屏幕上点取一点作为输入文字的起始点。

（2）对正（J)：用于选择输入文本的对正方式，对正方式决定文本的哪一部分与所选的起始点对齐。执行此选项，AutoCAD 提示：

输入选项

[对齐(A)/调整(F)/中心(C)/中间(M)/右(R)/左上(TL)/中上(TC)/右上(TR)/左中(ML)/正中(MC)/右中(MR)/左下(BL)/中下(BC)/右下(BR)]:

AutoCAD 提供了 14 种对正方式，这些对正方式都基于为水平文本行定义的顶线、中线、基线和底线，以及 12 个对齐点：左上（TL）/左中（ML）/左下（BL）/中上（TC）/正中（MC）/中央（M）/中心（C）/中下（BC）/右上（TR）/右中（MR）/右（R）/右下（BR）,各对正点如图 5.7 所示。

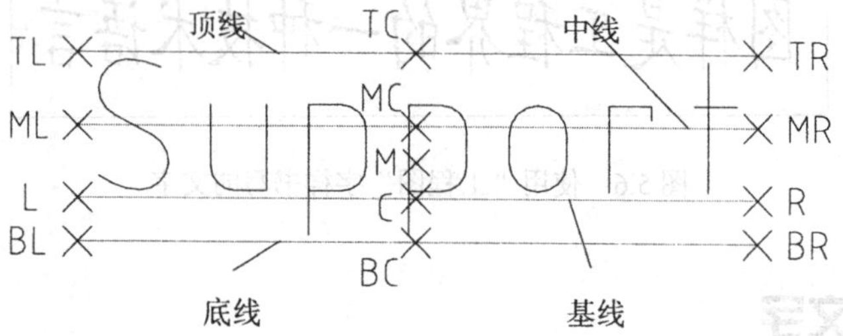

图 5.7　文字的对正方式

用户应根据文字书写外观布置要求，选择一种适当的文字对正方式。

（3）样式（S）：确定当前使用的文字样式。

5. 文字输入中的特殊字符

对有些特殊字符，如直径符号、正负公差符号、度符号以及上划线、下划线等，AutoCAD 提供了控制码的输入方法。常用控制码意义及其输入示例和输出效果如表 5.1 所示。

表 5.1　常用控制码意义及其输入示例和输出效果

控 制 码	意 义	输 入 示 例	输 出 效 果
%%o	文字上划线开关	%%oAB%%oCD	ABCD
%%u	文字下划线开关	%%uAB%%uCD	ABCD
%%d	度符号	45%%d	45°
%%p	正负公差符号	50%%p0.5	50±0.5
%%c	圆直径符号	%%c60	Φ60

5.3　多行文字

MTEXT 命令允许用户在多行文字编辑器中创建多行文本，与 TEXT 命令创建的多行文本不同的是，前者所有文本行为一个对象，作为一个整体进行移动、复制、旋转、镜像等编辑操作。多行文本编辑器与 Windows 的文字处理程序类似，用户可以灵活方便地输入文字，不同的文字可以采用不同的字体和文字样式，而且支持 True Type 字体、扩展的字符格式（如粗体、斜体、下划线等）、特殊字符，并可实现堆叠效果以及查找和替换功能等。多行文本的宽度由用户在屏幕上划定一个矩形框来确定，也可在多行文本编辑器中精确设置，文字书写到该宽度后自动换行。

1. 命令

命令行：MTEXT

菜单：绘图→文字→多行文字

图标："绘图"工具栏

"文字"工具栏

2. 功能

利用多行文字编辑器书写多行的段落文字，可以控制段落文字的宽度、对正方式，允许段落内文字采用不同字样、不同字高、不同颜色和排列方式，整个多行文字是一个对象。如图 5.8 所示为一个多行文字对象，其中包括五行，各行采用不同的字体、字样或字高。

图 5.8　多行的段落文字

3. 格式

命令：MTEXT↙

当前文字样式："Standard"　当前文字高度：2.5

指定第一角点：(指定矩形框的第一个角点)

指定对角点或 [高度(H)/对正(J)/行距(L)/旋转(R)/样式(S)/宽度(W)]:

在此提示下指定矩形框的另一个角点，则显示一个矩形框，文字按默认的左上角对正方式排布，矩形框内有一箭头表示文字的扩展方向。当指定第二角点后，AutoCAD 弹出如图 5.9 所示带有"文字格式"工具栏的"多行文字编辑器"对话框，用户从中可输入和编辑多行文字，并进行文字参数的多种设置。

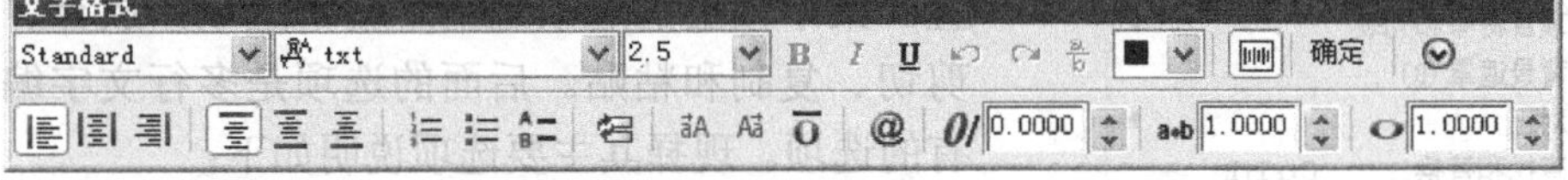

图 5.9　"多行文字编辑器"对话框

4. 说明与操作

"文字格式"工具栏用于控制多行文字对象的文字样式和选定文字的字符格式。其中从左至右的各选项说明如下：

➢ **文字样式**：设定多行文字的文字样式。

➢ **字体**：为新输入的文字指定字体或改变选定文字的字体。True Type 字体按字体族的名称列出。AutoCAD 编译的形（SHX）字体按字体所在文件的名称列出。

- **文字高度**：按图形单位设置新文字的字符高度或更改选定文字的高度。如果当前文字样式没有固定高度，则文字高度是 TEXTSIZE 系统变量中存储的值。多行文字对象可以包含不同高度的字符。
- **粗体**：为新输入文字或选定文字打开或关闭粗体格式。此选项仅适用于使用 True Type 字体的字符。
- **斜体**：为新输入文字或选定文字打开或关闭斜体格式。此选项仅适用于使用 True Type 字体的字符。
- **下划线**：为新输入文字或选定文字打开或关闭下划线格式。
- **放弃**：在多行文字编辑器中撤销操作，包括对文字内容或文字格式的更改。
- **重做**：在多行文字编辑器中重做操作，包括对文字内容或文字格式的更改。
- **堆叠**：如果选定文字中包含堆叠字符，则创建堆叠文字（例如分数）。如果选定堆叠文字，则取消堆叠。使用堆叠字符、插入符 (^)、正向斜杠 (/) 和磅符号 (#) 时，堆叠字符左侧的文字将堆叠在字符右侧的文字之上。

默认情况下，包含插入符 (^) 的文字转换为左对正的公差值。包含正向斜杠 (/) 的文字转换为置中对正的分数值，斜杠被转换为一条同较长的字符串长度相同的水平线。包含磅符号 (#) 的文字转换为被斜线（高度与两个字符串高度相同）分开的分数。斜线上方的文字向右下对齐，斜线下方的文字向左上对齐。

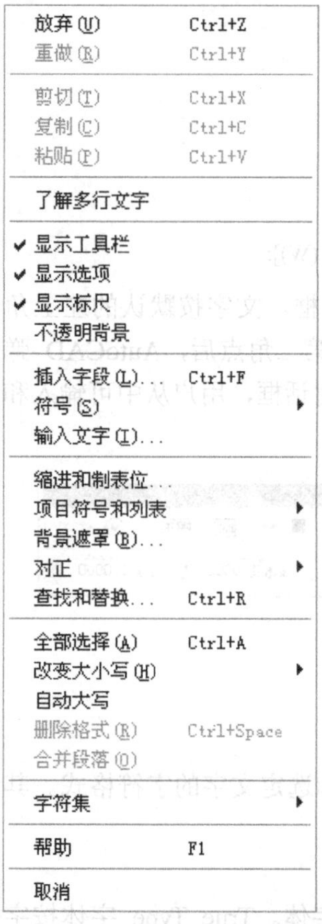

图 5.10 “多行文字编辑器”快捷菜单

- **颜色**：为新输入文字指定颜色或修改选定文字的颜色。用户可以将文字颜色设置为随层（ByLayer）或随块（ByBlock），也可以从颜色列表中选择一种颜色。
- **标尺**：在多行文字编辑器的顶端显示或关闭文字位置标尺。
- **确定**：关闭多行文字编辑器并保存所做的任何修改。用户也可以在编辑器外的图形中单击以保存修改并退出编辑器。

在多行文字编辑器中单击右键将显示快捷菜单（如图 5.10 所示），从中可进行多行文字的进一步设置。菜单顶层的选项是基本编辑选项：放弃、重做、剪切、复制和粘贴。后面的选项是多行文字编辑器特有的选项。现择其主要选项说明如下：

- **缩进和制表位**：设置段落的缩进和制表位。段落的第一行和其余行可以采用不同的缩进。
- **对正**：设置多行文字对象的对正和对齐方式。
- **查找和替换**：查找指定的字符串或用新字符串替代指定的字符串。其操作方法和一般字处理程序的查找、替换操作方法相同。
- **删除格式**：清除选定文字的粗体、斜体或下划线格式。

➢ **合并段落**：将选定的段落合并为一段并用空格替换每段的回车。

➢ **符号**：在光标位置插入列出的符号或不间断空格。在“符号”列表中单击“其他”将显示“字符表”对话框，其中包含了当前字体的整个字符集。要从对话框插入字符，请选中该字符，然后单击“选择”。选择要使用的所有字符，然后单击“复制”。在多行文字编辑器中单击右键，然后在快捷菜单中单击“粘贴”。

需注意的是，在多行文字编辑器中，直径符号显示为 %%c，而不间断空格显示为空心矩形。两者在图形中会正确显示。

➢ **输入文字**：可将已有的纯文本文件或.RTF 文件输入到编辑框中，而用户不必再逐字输入。

5.4 文字的修改

用户可以利用 DDEDIT 命令或 PROPERTIES 命令编辑已创建的文本对象，但 DDEDIT 命令只能修改单行文本的内容和多行文本的内容及格式，而 PROPERTIES 命令不仅可以修改文本的内容，还可以改变文本的位置、倾斜角度、样式和字高等属性。

5.4.1 修改文字内容

1. 命令

命令行：DDEDIT
菜单：修改→对象→文字→编辑
图标：“文字”工具栏

2. 功能

修改已经绘制在图形中的文字内容。

3. 格式

命令: **DDEDIT**↙
选择注释对象或 [放弃(U)]:

在此提示下用户选择想要修改的文字对象，如果选取的文本是用 TEXT 命令创建的单行文本，则打开如图 5.11 所示的“编辑文字”对话框，在其中的“文字”文本框中显示出所选的文本内容，可直接对其进行修改。如果选取的文本是用 MTEXT 命令创建的多行文本，选取后则打开“多行文字编辑器”对话框（如图 5.9 所示），用户可在对话框中对其进行编辑。

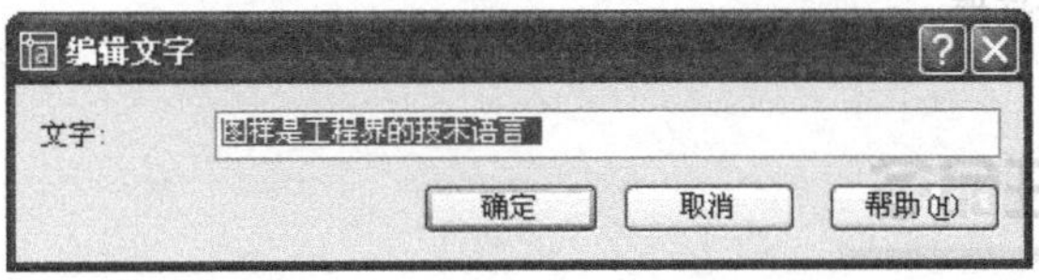

图 5.11 “编辑文字”对话框

5.4.2　修改文字大小

1. 命令

命令行：SCALETEXT
菜单：修改→对象→文字→比例
图标：“文字”工具栏

2. 功能

修改已经绘制在图形中的文字的大小。

3. 格式

命令: **SCALETEXT**↙
选择对象: （指定欲缩放的文字）
输入缩放的基点选项
[现有(E)/左(L)/中心(C)/中间(M)/右(R)/左上(TL)/中上(TC)/右上(TR)/左中(ML)/正中(MC)/右中(MR)/左下(BL)/中下(BC)/右下(BR)] <现有>:（指定缩放的基点选项）
指定新高度或 [匹配对象(M)/缩放比例(S)] <2.5>: （指定新高度或缩放比例）

5.4.3　一次修改文字的多个参数

1. 命令

命令行：PROPERTIES

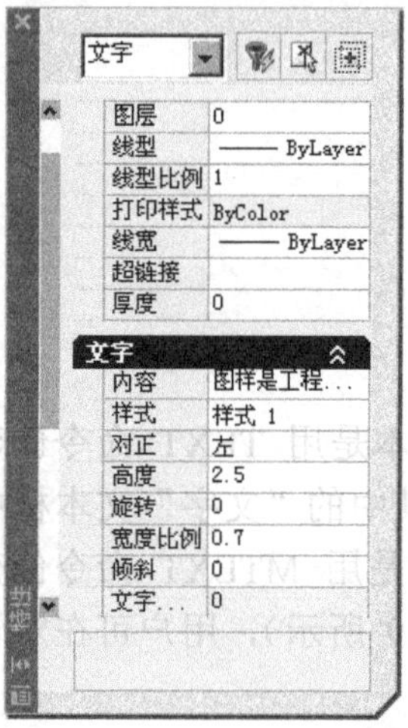

图 5.12　“特性”对话框

菜单：修改→特性
图标：“标准”工具栏

2. 功能

修改文字对象的各项特性。

3. 格式

命令: **PROPERTIES**↙

先选中需要编辑的文字对象，然后启动该命令，AutoCAD 将打开“特性”对话框（如图 5.12 所示），利用此对话框可以方便地修改文字对象的内容、样式、高度、颜色、线型、位置、角度等属性。

5.5　尺寸标注命令

由于标注类型较多，AutoCAD 把标注命令和标注编辑命令集中安排在“标注”下拉菜单和“标注”工具栏（如图 5.13 所示）中，使得用户可以方便灵活地进行尺寸标注。图 5.14 列出了“标注”工具栏中每一图标的功能。

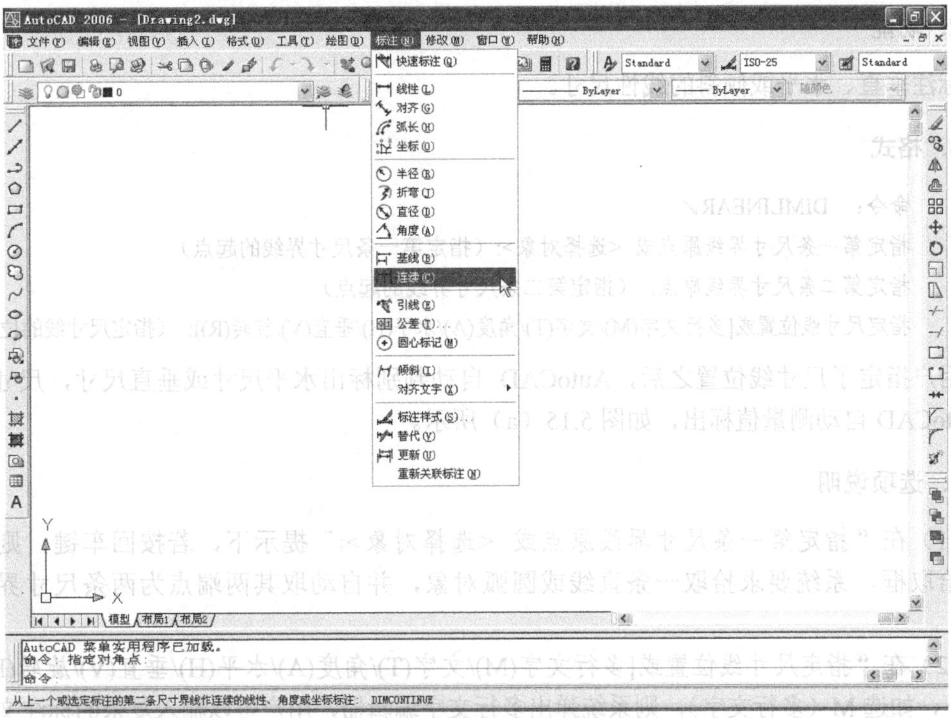

图 5.13　“标注”菜单

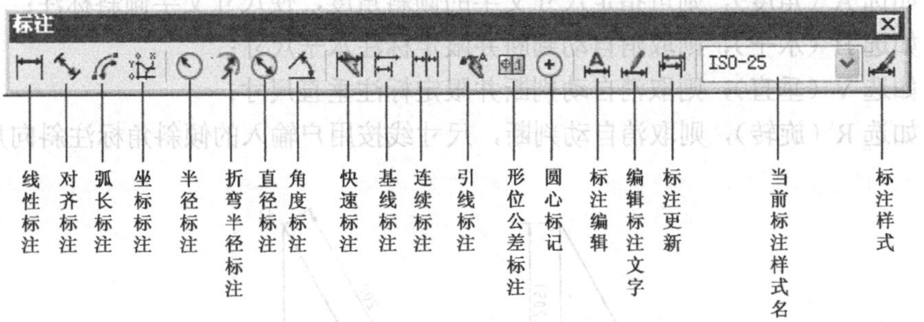

图 5.14　“标注”工具栏

一个完整的尺寸标注由四部分组成：尺寸界线、尺寸线、箭头和尺寸文字，涉及大量的数据。AutoCAD 采用半自动标注的方法，即用户只需指定一个尺寸标注的关键数据，其余参数由预先设定的标注样式和标注系统变量来提供，从而使尺寸标注得到简化。

5.5.1　线性尺寸标注

命令名为 DIMLINEAR，用于标注线性尺寸，该功能可以根据用户操作自动判别标出水平尺寸或垂直尺寸，在指定尺寸线倾斜角后，可以标注斜向尺寸。

1. 命令

命令行：DIMLINEAR

菜单：标注→线性
图标："标注"工具栏

2．功能

标注垂直、水平或倾斜的线性尺寸。

3．格式

命令： DIMLINEAR↙
指定第一条尺寸界线原点或 <选择对象>:（指定第一条尺寸界线的起点）
指定第二条尺寸界线原点：（指定第二条尺寸界线的起点）
指定尺寸线位置或[多行文字(M)/文字(T)/角度(A)/水平(H)/垂直(V)/旋转(R)]：（指定尺寸线的位置）

用户指定了尺寸线位置之后，AutoCAD 自动判别标出水平尺寸或垂直尺寸，尺寸文字按 AutoCAD 自动测量值标出，如图 5.15（a）所示。

4．选项说明

（1）在"指定第一条尺寸界线原点或 <选择对象>:"提示下，若按回车键，则光标变为拾取框，系统要求拾取一条直线或圆弧对象，并自动取其两端点为两条尺寸界线的起点；

（2）在"指定尺寸线位置或[多行文字(M)/文字(T)/角度(A)/水平(H)/垂直(V)/旋转(R)]:"提示下，如选 M（多行文字），则系统弹出多行文字编辑器，用户可以输入复杂的标注文字；

（3）如选 T（文字），则系统在命令行显示尺寸的自动测量值，用户可以修改尺寸值；

（4）如选 A（角度），则可指定尺寸文字的倾斜角度，使尺寸文字倾斜标注；

（5）如选 H（水平），则取消自动判断并限定标注水平尺寸；

（6）如选 V（垂直），则取消自动判断并限定标注垂直尺寸；

（7）如选 R（旋转），则取消自动判断，尺寸线按用户输入的倾斜角标注斜向尺寸。

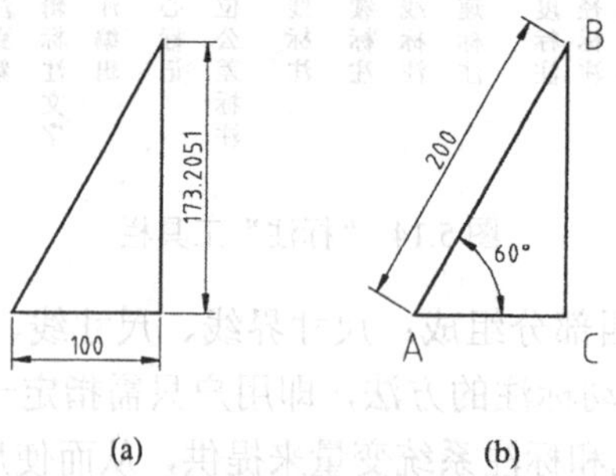

图 5.15　线性尺寸标注和角度尺寸标注

5.5.2　对齐尺寸标注

命令名为 DIMALIGNED，也是标注线性尺寸，其特点是尺寸线和两条尺寸界线起点连线平行，如图 5.15（b）所示。

1．命令

命令行：DIMALIGNED
菜单：标注→对齐
图标："标注"工具栏

2．功能

标注对齐尺寸。

3．格式

命令：DIMALIGNED↙
指定第一条尺寸界线原点或 <选择对象>: [指定 A 点，如图 5.15（b）所示]
指定第二条尺寸界线原点:（指定 B 点）
指定尺寸线位置或[多行文字(M)/文字(T)/角度(A)]: （指定尺寸线位置）

尺寸线位置确定之后，AutoCAD 即自动标出尺寸，尺寸线和 AB 平行，如图 5.15（b）所示。

4．选项说明

（1）如果直接回车，用拾取框选择要标注的线段，则对齐标注的尺寸线与该线段平行。
（2）其他选项 M、T、A 的含义与线性尺寸标注中相应选项含义相同。

5.5.3　坐标型尺寸标注

命令名为 DIMORDINATE，用于标注指定点相对于 UCS 原点的 *X* 坐标或 *Y* 坐标值，但这种标注结果和我国现行标准不符合。此处不予介绍。

5.5.4　半径标注

用于标注圆或圆弧的半径，并自动带半径符号"R"，如图 5.16（a）所示中的 R50。

1．命令

命令行：DIMRADIUS
菜单：标注→半径
图标："标注"工具栏

2．功能

标注半径。

3．格式

命令：**DIMRADIUS**↙
选择圆弧或圆：（选择圆弧，我国标准规定对圆及大于半圆的圆弧应标注直径）
标注文字 =50
指定尺寸线位置或[多行文字(M)/文字(T)/角度(A)]:（确定尺寸线的位置，尺寸线总是指向或通过圆心）

4．选项说明

三个选项的含义与前文所述相关选项含义相同。

5.5.5 直径标注

在圆或圆弧上标注直径尺寸，并自动带直径符号“ϕ”，如图 5.16（b）所示。

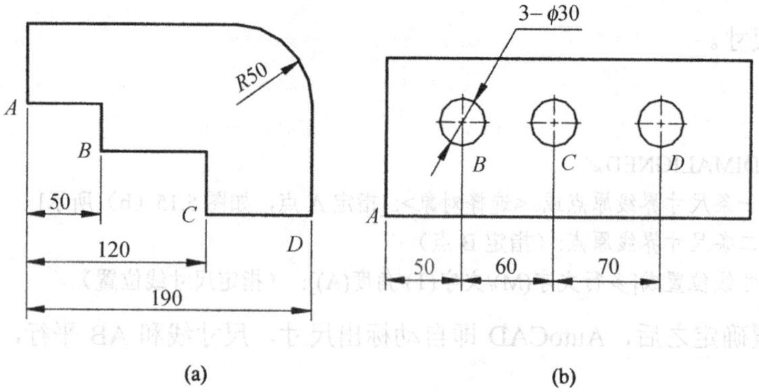

图 5.16　半径和直径标注、基线标注和连续标注

1．命令

命令行：DIMDIAMETER
菜单：标注→直径
图标：“标注”工具栏

2．功能

标注直径。

3．格式及示例

命令：**DIMDIAMETER**↙
选择圆弧或圆：[选择要标注直径的圆弧或圆，如图 5.16（b）中的小圆]
标注文字 =30
指定尺寸线位置或 [多行文字(M)/文字(T)/角度(A)]:**T**↙（输入选项 T）
输入标注文字 <30>: **3-<>**↙（“<>”表示测量值，“3-”为附加前缀）
指定尺寸线位置或 [多行文字(M)/文字(T)/角度(A)]:（确定尺寸线位置）

结果如图 5.16（b）中的 3-ϕ30。

4．选项说明

命令选项 M、T 和 A 的含义和前面所述含义相同。当用户选择 M 或 T 项，在多行文字编辑器或命令行修改尺寸文字的内容时，用“<>”表示保留 AutoCAD 的自动测量值。若取消“<>”，则用户可以完全改变尺寸文字的内容。

5.5.6　角度型尺寸标注

用于标注角度尺寸，角度尺寸线为圆弧。如图 5.15（b）所示，指定角度顶点 *A* 和 *B*、*C* 两点，标注角度 60°。此命令可标注两条直线所夹的角、圆弧的中心角及三点确定的角。

1. 命令

命令行：DIMANGULAR
菜单：标注→角度
图标：“标注”工具栏

2. 功能

标注角度。

3. 格式

命令：**DIMANGULAR**↙
选择圆弧、圆、直线或 <指定顶点>:（选择一条直线）
选择第二条直线:（选择角的第二条边）
指定标注弧线位置或 [多行文字(M)/文字(T)/角度(A)]:（确定尺寸弧的位置）
标注文字 =60

5.5.7　基线标注

用于标注有公共的第一条尺寸界线（作为基线）的一组尺寸线互相平行的线性尺寸或角度尺寸。必须先标注第一个尺寸后才能使用此命令，如图 5.16（a）所示，在标注 *AB* 间尺寸 50 后，可用基线尺寸命令选择第二条尺寸界线起点 *C*、*D* 来标注尺寸 120、190。

1. 命令

命令行：DIMBASELINE
菜单：标注→基线
图标：“标注”工具栏

2. 功能

标注具有共同基线的一组线性尺寸或角度尺寸。

3. 格式及示例

命令：DIMBASELINE↙
指定第二条尺寸界线原点或 [放弃(U)/选择(S)] <选择>:（回车选择作为基准的尺寸标注）
选择基准标注: [如图 5.18（a）所示，选择 AB 间的尺寸标注 50 为基准标注]
指定第二条尺寸界线原点或 [放弃(U)/选择(S)] <选择>:（指定 C 点，标注出尺寸 120）
指定第二条尺寸界线原点或 [放弃(U)/选择(S)] <选择>:（指定 D 点，标注出尺寸 190）

5.5.8 连续标注

用于标注尺寸线连续或链状的一组线性尺寸或角度尺寸。如图 5.16（b）所示，从 *A* 点标注尺寸 50 后，可用连续尺寸命令继续选择第二条尺寸界线起点，链式标注尺寸 60、70。

1．命令

命令行：DIMCONTINUE
菜单：标注→连续
图标：“标注”工具栏中

2．功能

标注连续型链式尺寸。

3．格式及示例

命令：**DIMCONTINUE**↙
指定第二条尺寸界线原点或 [放弃(U)/选择(S)] <选择>:（回车选择作为基准的尺寸标注）
选择连续标注: [选择图 5.16（b）中的尺寸标注 50 作为基准]
指定第二条尺寸界线原点或 [放弃(U)/选择(S)] <选择>:（指定 C 点，标出尺寸 60）
指定第二条尺寸界线原点或 [放弃(U)/选择(S)] <选择>:（指定 D 点，标出尺寸 70）

5.5.9 标注圆心标记

用于给指定的圆或圆弧画出圆心符号或中心线。圆心标记如图 5.17 所示。

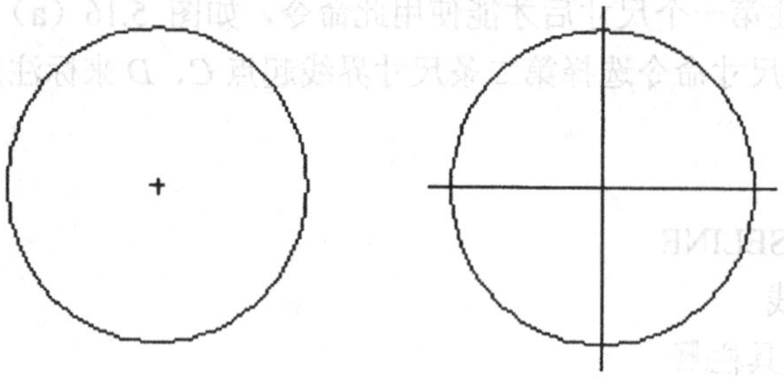

（a）圆心符号　　（b）中心线

图 5.17　圆心标记

1．命令

命令行：DIMCENTER
菜单：标注→圆心标记
图标：“标注”工具栏

2．功能

为指定的圆或圆弧标绘制圆心标记或中心线。

3. 格式

命令：**DIMCENTER**↙
选择圆弧或圆：

4. 说明

可以选择圆心标记或中心线，并在设置标注样式时指定它们的大小。还可以使用 DIMCEN 系统变量，修改中心标记线的长短。

5.5.10　引线标注

1. LEADER 命令

（1）命令
命令行：LEADER
（2）功能
完成带文字的注释或形位公差标注。如图 5.18 所示为用不带箭头的引线标注圆柱管螺纹和圆锥管螺纹代号的标注示例。

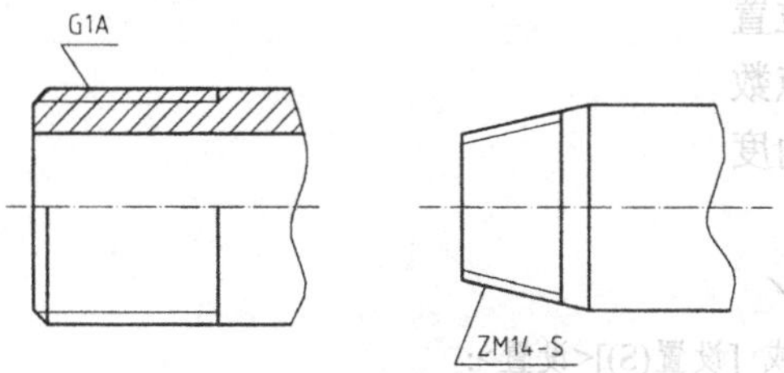

图 5.18　引线标注

（3）格式

命令：**LEADER**↙
指定引线起点：
指定下一点：
指定下一点或 [注释(A)/格式(F)/放弃(U)] <注释>:

在此提示下直接回车，则输入文字注释。回车后提示如下：

输入注释文字的第一行或 <选项>:

在此提示下，输入一行注释后回车，则出现以下提示：

输入注释文字的下一行：

在此提示下可以继续输入注释，回车则结束注释的输入。

若需要改变文字注释的大小、字体等，在提示"输入注释文字的第一行或 <选项>:"下直接回车，则提示"输入注释选项 [公差(T)/副本(C)/块(B)/无(N)/多行文字(M)] <多行文字>:"，继续回车将打开"多行文字编辑器"对话框。可由此输入和编辑注释。

如果需要修改标注格式，在提示指定下一点或 [注释(A)/格式(F)/放弃(U)] <注释>:下选择选项格式(F)，则后续提示为：

输入引线格式选项 [样条曲线(S)/直线(ST)/箭头(A)/无(N)] <退出>:

各选项说明如下：

- 样条曲线（S）：设置引线为样条曲线
- 直线（ST）：设置引线为直线
- 箭头（A）：在引线的起点绘制箭头
- 无（N）：绘制不带箭头的引线

2．QLEADER 命令

（1）命令

命令行：QLEADER

菜单：标注→引线

工具栏："标注"工具栏

（2）功能

快速绘制引线和进行引线标注。利用 QLEADER 命令可以实现以下功能：

- 进行引线标注和设置引线标注格式
- 设置文字注释的位置
- 限制引线上的顶点数
- 限制引线线段的角度

（3）格式

命令：**QLEADER↙**

指定第一个引线点或 [设置(S)]<设置>:

指定下一点:

指定下一点:

指定文字宽度 <0>:

输入注释文字的第一行 <多行文字(M)>:（在该提示下回车，则打开"多行文字编辑器"对话框）

输入注释文字的下一行:

若在提示指定第一个引线点或 [设置(S)]<设置>:下直接回车，则打开"引线设置"对话框，如图 5.19 所示。

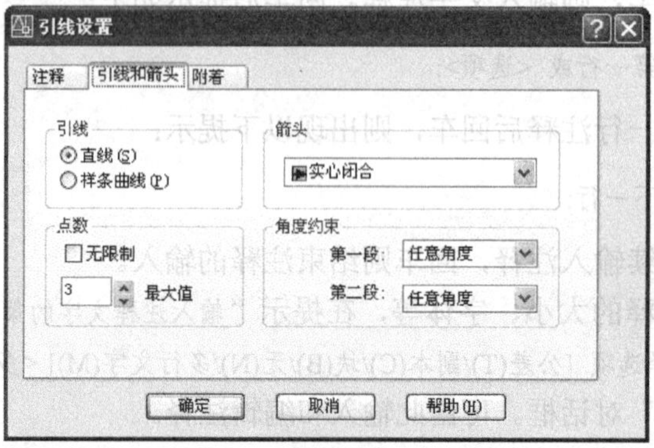

图 5.19 "引线设置"对话框

在引线设置对话框有三个选项卡，通过选项卡可以设置引线标注的具体格式。

5.5.11 形位公差标注

对于一个零件，其实际形状和位置相对于理想形状和位置存在一定的误差，该误差称为形位公差。在工程图中，应当标注出零件某些重要要素的形位公差。AutoCAD 提供了标注形位公差的功能。形位公差标注命令为 TOLERANCE。所标注的形位公差文字的大小由系统变量 DIMTXT 确定。

1．命令

命令行：TOLERANCE
菜单：标注→公差
工具栏：“标注”工具栏

2．功能

标注形位公差。

3．格式

启动该命令后，打开“形位公差”对话框，如图 5.20 所示。

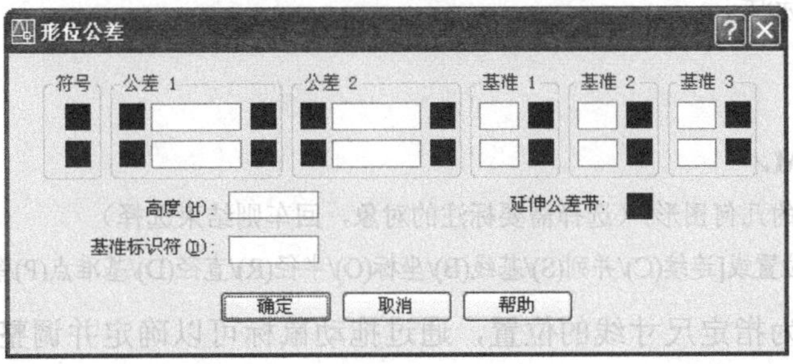

图 5.20　“形位公差”对话框

在对话框中，单击“符号”下面的黑色方块，打开“特征符号”对话框，如图 5.21 所示，通过该对话框可以设置形位公差的代号。在该对话框中，若想选择某个符号，则单击该符号，若不进行选择，则单击右下角的白色方块或按 ESC 键退出。

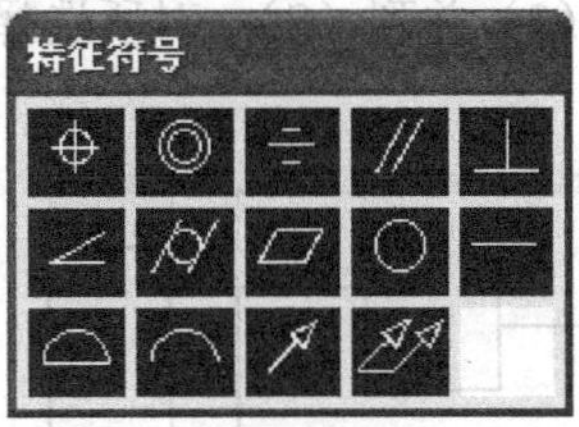

图 5.21　“特征符号”对话框

在“形位公差”对话框“公差 1”输入区的文本框中输入公差数值，单击文本框左侧的黑色方块则设置直径符号 ϕ，单击文本框右侧的黑色方块，则打开“附加符号”对话框，利用该对话框可设置附加符号。

若需要设置两个公差，则可利用同样的方法在“公差 2”输入区进行设置。

在“形位公差”对话框的“基准”输入区设置基准，在其文本框输入基准的代号，单击文本框右侧的黑色方块，则可以设置附加符号。

如图 5.22 所示为标注的圆柱轴线的直线度公差。

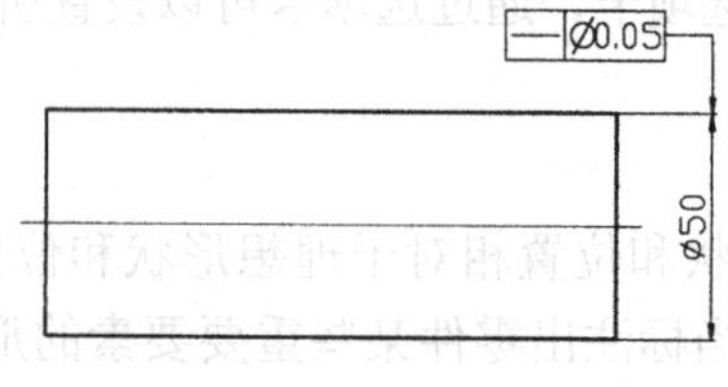

图 5.22 圆柱轴线的直线度公差

5.5.12 快速标注

用户一次选择多个对象，可同时标注多个相同类型的尺寸，这样可大大节省时间，提高工作效率。

1. 命令

命令行：QDIM
菜单：标注→快速标注
工具栏："标注"工具栏

2. 功能

快速生成尺寸标注。

3. 格式

命令：**QDIM**↙
选择要标注的几何图形：（选择需要标注的对象，回车则结束选择）
指定尺寸线位置或[连续(C)/并列(S)/基线(B)/坐标(O)/半径(R)/直径(D)/基准点(P)/编辑(E)/设置(T)]<连续>:

系统默认状态为指定尺寸线的位置，通过拖动鼠标可以确定并调整尺寸线的位置。其余各选项说明如下：

（1）连续（C）：对所选择的多个对象快速生成连续标注，如图 5.23（a）所示。

（2）并列（S）：对所选择的多个对象快速生成尺寸标注，如图 5.23（b）所示。

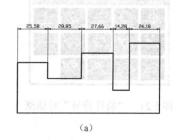

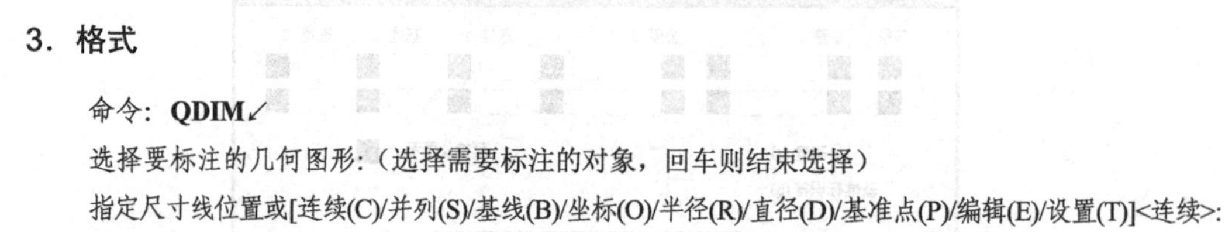

（a）（b）（c）

图 5.23 快速标注

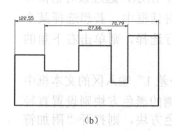

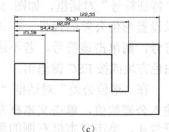

（3）基线（B）：对所选择的多个对象快速生成基线标注，如图 5.23（c）所示。

（4）坐标（O）：对所选择的多个对象快速生成坐标标注。

（5）半径（R）：对所选择的多个对象标注半径。

（6）直径（D）：对所选择的多个对象标注直径。

（7）基准点（P）：为基线标注和连续标注确定一个新的基准点。

（8）编辑（E）：编辑已有标注。可在现有标注中添加或删除标注点。

（9）设置（T）：为尺寸界线原点设置默认的捕捉对象（端点或交点）。

5.6　尺寸标注的修改

如前所述，AutoCAD 提供的尺寸标注功能是一种半自动标注，它只要求用户输入最少的标注信息，其他参数是通过标注样式的设置来确定的，而标注样式中的各种状态与参数都对应有相应的尺寸标注系统变量。

在进行尺寸标注时，系统的标注形式可能不符合具体要求，在此情况下，可以根据需要对所标注的尺寸进行编辑。

5.6.1　修改标注样式

当进行尺寸标注时，AutoCAD 默认的设置往往不能满足需要，这就需要对标注的样式进行修改，DIMSTYLE 命令提供了设置和修改标注样式的功能。

1. 命令

命令名行：DIMSTYLE

菜单：标注→标注样式

图标：“标注”工具栏

2. 功能

创建和修改标注样式，设置当前标注样式。

3. 格式

调用 DIMSTYLE 命令后，打开“标注样式管理器”对话框，如图 5.24 所示。

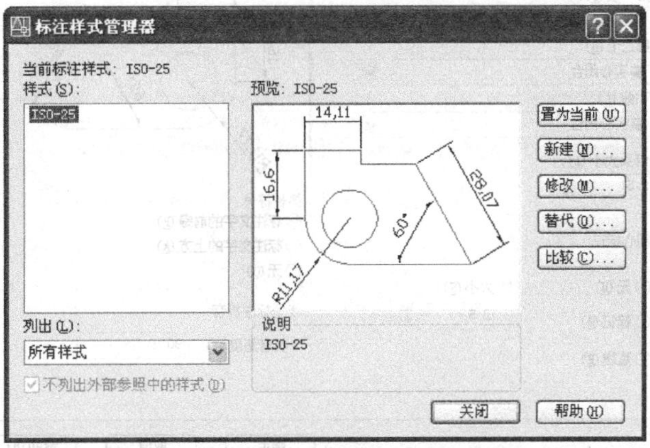

图 5.24　“标注样式管理器”对话框

在该对话框的“样式”列表框，显示标注样式的名称。若在“列出”下拉列表框选择

“所有样式”，则在“样式”列表框显示所有样式名；若在下拉列表框选择“正在使用的样式”，则显示当前正在使用的样式的名称。AutoCAD 提供的默认标注样式为 Standard。

在该对话框单击“修改”按钮，打开“修改标注样式”对话框，如图 5.25 所示。

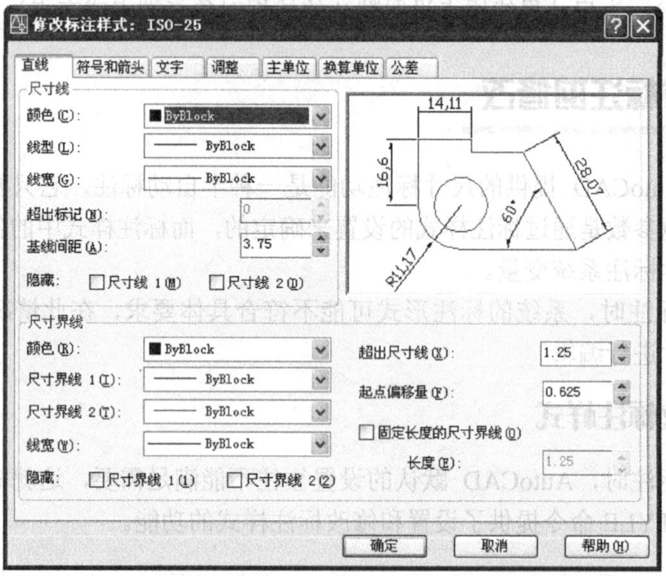

图 5.25　“直线”选项卡

在“修改标注样式”对话框中，通过 7 个选项卡可以实现标注样式的修改。各选项卡的主要内容简介如下：

（1）“直线”选项卡：如图 5.25 所示，设置尺寸线、尺寸界线的格式及尺寸。

（2）“符号和箭头”选项卡：如图 5.26 所示，设置箭头、圆心标记、弧长符号、半径标注折弯等格式及尺寸。

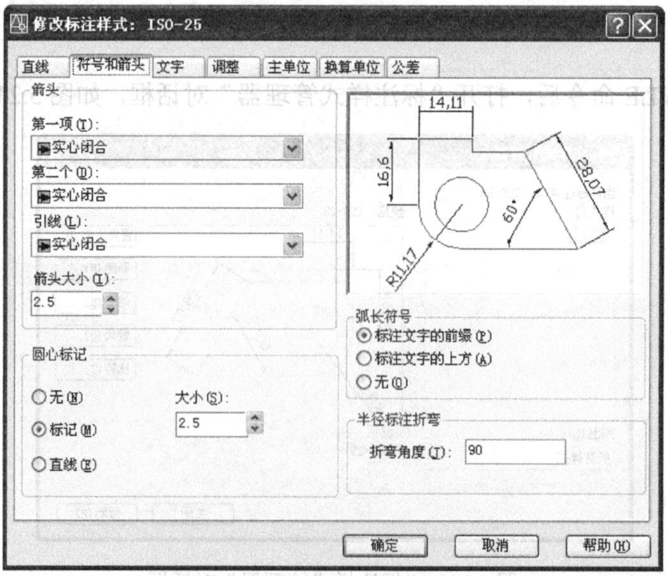

图 5.26　“符号和箭头”选项卡

（3）“文字”选项卡：如图 5.27 所示，设置尺寸文字的样式、位置、大小和对齐方式。

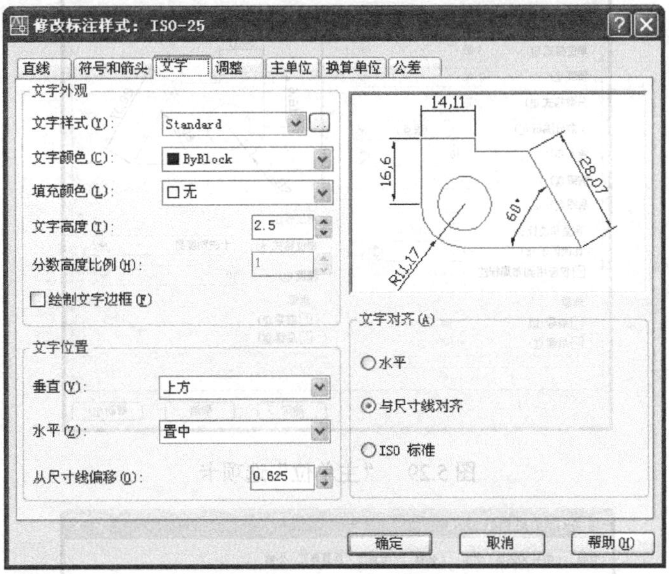

图 5.27　“文字”选项卡

（4）“调整”选项卡：如图 5.28 所示，在进行尺寸标注时，在某些情况下尺寸界线之间的距离太小，不能够容纳尺寸数字，在此情况下，可以通过该选项卡根据两条尺寸界线之间的空间，设置将尺寸文字、尺寸箭头放在两尺寸界线的里边还是外边，以及定义尺寸要素的缩放比例等。

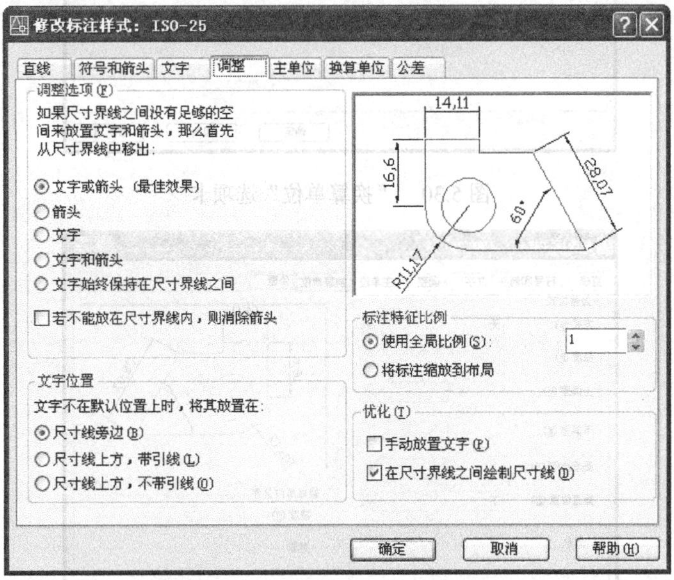

图 5.28　“调整”选项卡

（5）“主单位”选项卡：如图 5.29 所示，设置尺寸标注的单位和精度等。

（6）“换算单位”选项卡：如图 5.30 所示，设置换算单位及格式等。

（7）“公差”选项卡：如图 5.31 所示，设置尺寸公差的标注形式和精度等。

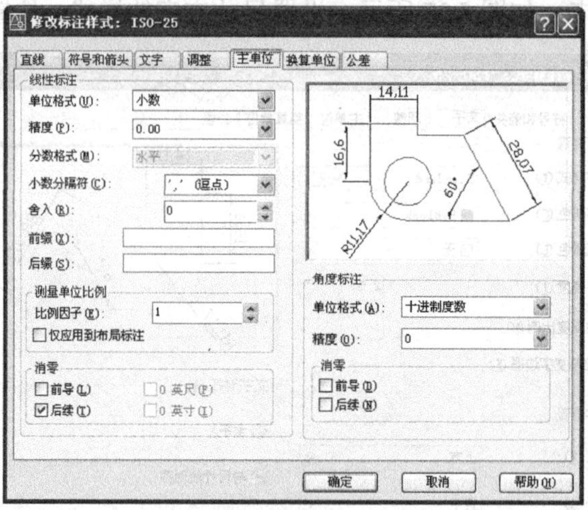

图 5.29 “主单位”选项卡

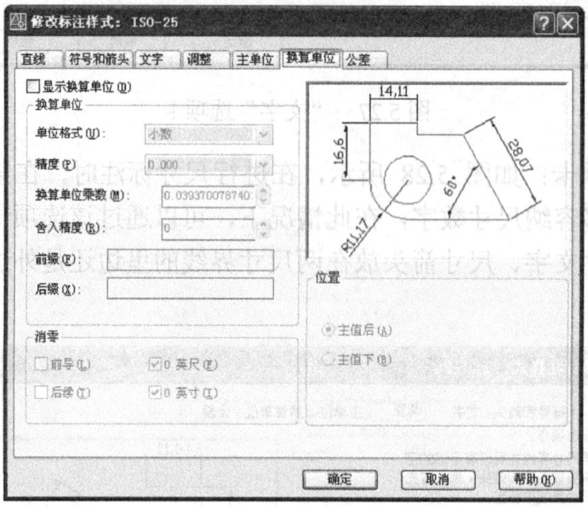

图 5.30 “换算单位”选项卡

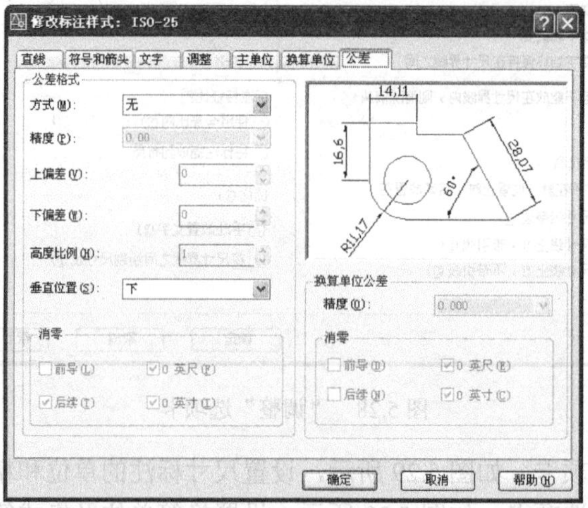

图 5.31 “公差”选项卡

5.6.2 修改尺寸标注系统变量

标注样式中的各种状态与参数设置除可以通过上述“修改标注样式”对话框控制外，它们还都对应有相应的尺寸标注系统变量，用户可通过直接修改尺寸标注系统变量，来设置标注状态与参数。

尺寸标注系统变量的设置方法与其他系统变量的设置完全一样，下面的例子说明了尺寸标注中文字高度变量的设置过程：

命令: **DIMTXT**↙↙
输入 DIMTXT 的新值 <2.5000>: **5.0**↙↙

5.6.3 修改尺寸标注

1. 命令

命令行：DIMEDIT
工具栏：“标注”工具栏

2. 功能

用于修改选定标注对象的文字位置、文字内容和倾斜尺寸线。

3. 格式

命令: **DIMEDIT**↙
输入标注编辑类型 [默认(H)/新建(N)/旋转(R)/倾斜(O)] <默认>:

各选项说明如下：

（1）默认（H）：使标注文字放回到默认位置。

（2）新建（N）：修改标注文字内容，弹出如图 5.9 所示的“多行文字编辑器”对话框。

（3）旋转（R）：使标注文字旋转一角度。

（4）倾斜（O）：使尺寸线倾斜，与此相对应的菜单为“标注”下拉菜单的“倾斜”命令。如把如图 5.32（a）所示的尺寸线修改成如图 5.32（b）所示的斜尺寸线。

5.6.4 修改尺寸文字位置

1. 命令

命令行：DIMTEDIT
菜单：标注→对齐文字
工具栏：“标注”工具栏

2. 功能

用于移动或旋转标注文字，可动态拖动文字。

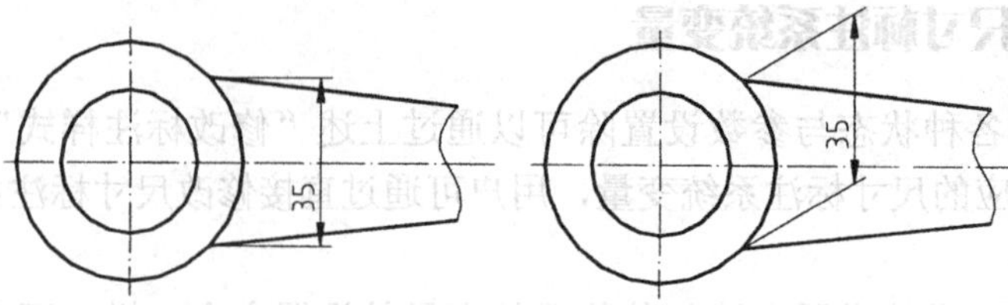

(a) (b)

图 5.32 使尺寸线倾斜

3．格式

命令：**DIMTEDIT**↙

选择标注：（选择一标注对象）

指定标注文字的新位置或 [左(L)/右(R)/中心(C)/默认(H)/角度(A)]:

提示默认状态为指定标注所选择的标注对象的新位置，通过鼠标拖动所选对象到合适的位置。其余各选项说明如表 5.2 所示。

表 5.2 尺寸文字编辑命令的选项

选 项 名	说 明	图 例
左（L）	把标注文字左移	图 5.33（a）
右（R）	把标注文字右移	图 5.33（b）
中心（C）	把标注文字放在尺寸线上的中间位置	图 5.33（c）
默认（H）	把标注文字恢复为默认位置	
角度（A）	把标注文字旋转一角度	图 5.33（d）

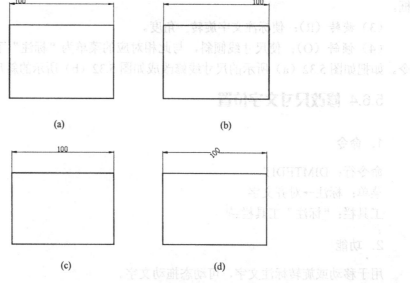

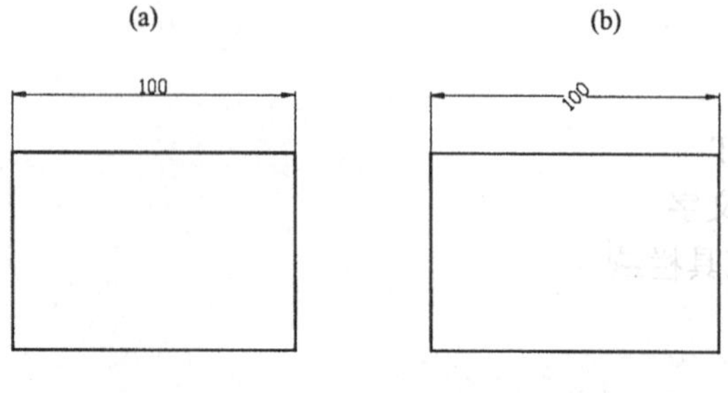

(c) (d)

图 5.33 标注文本的编辑

思考题 5

1．请将下列命令与功能用直线连接：

DIMALIGNED	对齐尺寸标注
DIMLINEAR	半径标注
DIMRADIUS	线性尺寸标注
DIMDIAMETER	基线标注
DIMANGULAR	引线标注
DIMBASELINE	形位公差标注
DIMCONTINUE	快速标注
LEADER	角度型尺寸标注
TOLERANCE	连续标注
QDIM	直径标注

2．如何修改尺寸标注文字和尺寸线箭头的大小？

3．如何标注下图所示的尺寸？

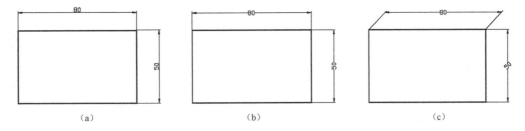

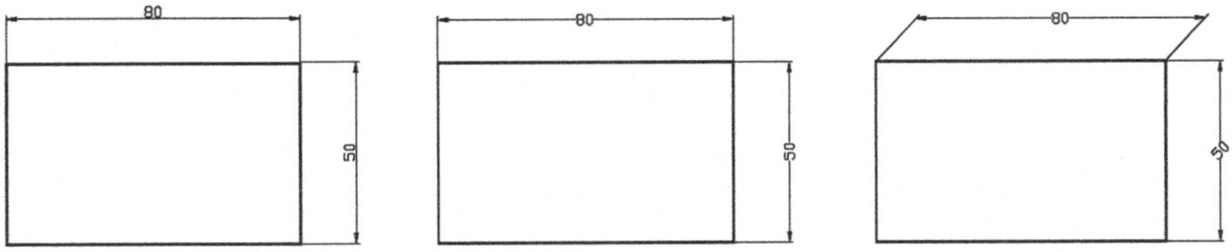

（a）　　　（b）　　　（c）

4．要建立文字“Φ60±0.5”，可以输入以下内容：

（1）%%O60%%U0.5

（2）%%u60%%P0.5

（3）%%C60%%P0.5

（4）%%P60%%D0.5

上机实习 5

目的：熟悉文字的输入方法和文字样式的定义方法；初步掌握图形中尺寸标注的方法。

内容：

1．定义文字样式和输入文字。

（1）建立一个名为USER的工程制图用文字样式，采用仿宋体，固定字高16mm，宽度比例0.66。然后分别用单行文字（TEXT）和多行文字（MTEXT）命令输入你的校名、班级和姓名。最后用编辑文字命令（DDEDIT）将你的姓名修改为你一位同学的姓名。

（2）输入下述文字和符号：

45° Ø60 100±0.1

123$\underline{456}$ Auto$\overline{\text{CAD}}$

2. 按照下面的格式为图形标注尺寸。

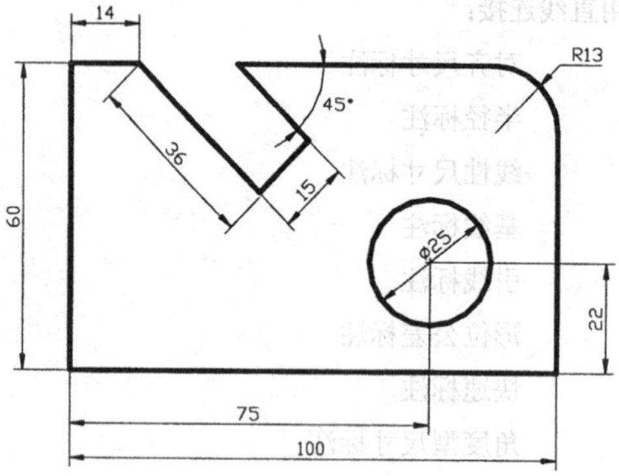

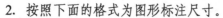

第6章 块、外部参照和图像附着

块（BLOCK）是可由用户定义的子图形，它是 AutoCAD 提供给用户的最有用的工具之一。对于在绘图中反复出现的“图形”（它们往往是多个图形对象的组合），用户不必再重复劳动、一遍又一遍地画，而只需将它们定义成一个块，在需要的位置插入它们。用户还可以给块定义属性，在插入时填写可变信息。使用块有利于用户建立图形库，便于对子图形的修改和重定义，同时节省存储空间。

外部参照和图像附着与块的功能在形式上很类似，而实质上却有很大不同，它们是将外部的图形、图像文件链接或附着到当前的图形中，为同一设计项目中多个设计者的协同工作提供了极大的方便。

本章将学习块定义、属性定义、块插入、块存盘以及外部参照、光栅图像附着等内容。

6.1 块定义

1. 命令

命令行：BLOCK（缩写名：B）
菜单：绘图→块→创建
图标：“绘图”工具栏

2. 功能

以对话框方式创建块定义，弹出“块定义”对话框，如图 6.1 所示。另外，另一个命令 BLOCK 是通过命令行输入的块定义命令，两者功能相似。

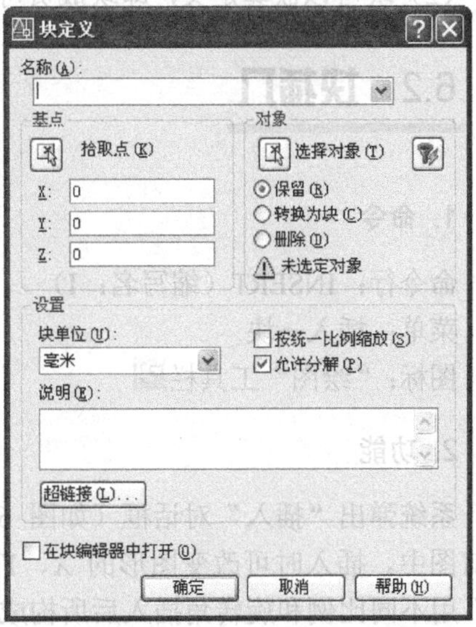

图 6.1 “块定义”对话框

对话框内一些主要项的说明如下：

（1）名称：在名称输入框中指定块名，它可以是中文或由字母、数字、下划线构成的字符串。

（2）基点：在块插入时作为参考点。可以用两种方式指定基点：一是单击“拾取点”按钮，在图形窗口给出基点；二是直接输入基点的 *X*、*Y*、*Z* 坐标值。

（3）对象：指定定义为块的图形对象。可以用构造选择集的各种方式，将组成块的对象放入选择集。选择完毕，重新显示对话框，并在选项组下部显示：已选择 *X* 个对象。

保留：保留构成块的图形对象的原状态。

转换为块：定义块后，生成块定义的对象被转换为块。

删除：定义块后，生成块定义的对象被删除，可以用 OOPS 命令恢复构成块的对象。

在定义完块后，单击“确定”按钮。如果用户指定的块名已被定义，则 AutoCAD 显示一个警告信息，询问是否重新建立块定义，如果选择重新建立，则同名的旧块定义将被取代。

图 6.2　块“梅花鹿”的定义

3. 块定义的操作步骤

下面以将如图 6.2 所示图形定义成名为“梅花鹿”的块为例，介绍块定义的具体操作步骤。

（1）画出块定义所需的“梅花鹿”图形；

（2）调用 BLOCK 命令，弹出“块定义”对话框；

（3）输入块名“梅花鹿”；

（4）单击“拾取点”按钮，在图形中拾取基准点（也可以直接输入坐标值）；

（5）单击“选择对象”按钮，在图形中选择欲定义成块的图形对象，对话框中将显示块成员的数目；

（6）若选中“保留”复选框，则块定义后保留原图形，否则原图形将被删除；

（7）单击“确定”按钮，完成块“梅花鹿”的定义，它将保存在当前图形中。

4. 说明

（1）用 BLOCK 命令定义的块称为内部块，它保存在当前图形中，且只能在当前图形中用块插入命令引用；

（2）块可以嵌套定义，即块成员可以包括块插入。

6.2　块插入

1. 命令

命令行：INSERT（缩写名：I）

菜单：插入→块

图标：“绘图”工具栏

2. 功能

系统弹出“插入”对话框（如图 6.3 所示），将块或另一个图形文件按指定位置插入到当前图中。插入时可改变图形的 *X*、*Y* 方向比例和旋转角度。如图 6.4 所示为将块“梅花鹿”用不同比例和旋转角插入后所构成的“梅花鹿一家”图形。别外，另一个命令-INSERT 是通过命令行输入的块插入命令，两者功能相似。

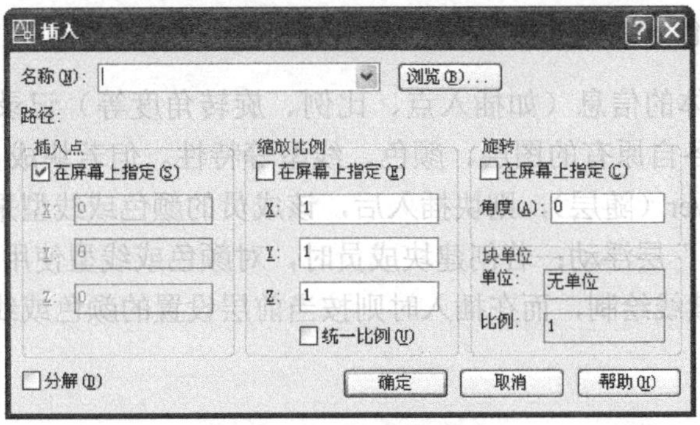

图 6.3　“插入”对话框

3. 对话框操作说明

（1）利用“名称”下拉列表框，可以显示出当前图中已定义的图块块名列表，从中可选定某一图块。

（2）单击“浏览…”按钮，弹出“选择图形文件”对话框，用户可选择磁盘上的某一图形文件插入到当前图形中，并在当前图形中生成一个内部块。

（3）可以在对话框中，用输入参数的方法指定插入点、缩放比例和旋转角，若选中“在屏幕上指定”复选框，则可以在命令行依次出现相应的提示：

> 指定插入点或 [比例(S)/X/Y/Z/旋转(R)/预览比例(PS)/PX/PY/PZ/预览旋转(PR)]: （给出插入点）
> 输入 X 比例因子，指定对角点，或者 [角点(C)/XYZ] <1>:（给出 X 方向的比例因子）
> 输入 Y 比例因子或 <使用 X 比例因子>:（给出 Y 方向的比例因子或回车）
> 指定旋转角度 <0>:（给出旋转角度）

（4）选项说明如下：

角点（C）：以确定一矩形两个角点的方式，对应给出 *X*，*Y* 方向的比例值。

XYZ：用于确定三维块插入，给出 *X*、*Y*、*Z* 三个方向的比例因子。

比例因子若使用负值，可产生对原块定义镜像插入的效果。图 6.5（a）和（b）为将前述“梅花鹿”块定义 *X* 方向，分别使用正比例因子和负比例因子插入后的结果。

（a）X 方向正比例因子　　（b）X 方向负比例因子

图 6.5　使用正、负比例因子插入

（5）“分解”复选框：若选中该复选框，则块插入后是分解为构成块的各成员对象；反之块插入后仍是一个对象。对于未进行分解的块，在插入后的任何时候都可以用 EXPLODE 命令将其分解。

4. 块和图层、颜色、线型的关系

块插入后，插入体的信息（如插入点、比例、旋转角度等）记录在当前图层中，插入体的各成员一般继承各自原有的图层、颜色、线型等特性。但若块成员画在“0”层上，且颜色或线型使用 Bylayer（随层），则块插入后，该成员的颜色或线型采用插入时当前图层的颜色或线型，称为“0”层浮动；若创建块成员时，对颜色或线型使用 Byblock（随块），则块成员采用白色与连续线绘制，而在插入时则按当前层设置的颜色或线型画出。

5. 单位块的使用

为了控制块插入时的形状大小，可以定义单位块，如定义一个 1×1 的正方形为块，则插入时，*X*、*Y* 方向的比例值就直接对应所画矩形的长和宽。

如图 6.4 所示为将块“梅花鹿”用不同比例和旋转角插入后所构成的“梅花鹿一家”图形。

图 6.4　由块“梅花鹿”构成的“梅花鹿一家”图形

从 AutoCAD 2006 起，AutoCAD 新增加了一种称为动态块的新的图块类型，从而大大增强了图块的定义功能及应用范围，并使其具有了更大的灵活性和一定的智能性。用户在操作时可以轻松地更改图形中的动态块参照。可以通过自定义夹点或自定义特性来操作动态块参照中的几何图形。这使得用户可以根据需要在位调整块，而不用搜索另一个块以插入或重定义现有的块。例如，如果在图形中插入一个门块参照，编辑图形时可能需要更改门的大小。但如果该块是动态的，并且定义为可调整大小，那么用户只需拖动自定义夹点或在“特性”选项板中指定不同的大小就可以修改门的大小。另外，用户可能还需要修改门的打开角度。该门块还可能会包含对齐夹点，使用对齐夹点可以轻松地将门块参照与图形中的其他几何图形对齐。创建动态块的命令为 BEDIT，插入动态块的方法与普通块完全相同，均使用 INSERT 命令。限于篇幅，此处不再进一步详述，读者可参阅 AutoCAD 2006 的在线帮助文档。

6.3 定义属性

图块除了包含图形对象以外，还可以具有非图形信息，例如把一台电视机图形定义为

图块后，还可把其型号、参数、价格以及说明等文本信息一并加入到图块中。图块的这些非图形信息，叫做图块的属性，它是图块的一个组成部分，与图形对象一起构成一个整体，在插入图块时，AutoCAD 把图形对象连同属性一起插入到图形中。

一个属性包括属性标记和属性值两方面的内容。例如，可以把 PRICE（价格）定义为属性标记，而具体的价格“2.09 元”是属性值。在定义图块之前，要事先定义好每个属性，包括属性标记、属性提示、属性的默认值、属性的显示格式（在图中是否可见）、属性在图中的位置等。属性定义好后，以其标记在图中显示出来，而把有关信息保存在图形文件中。

当插入图块时，AutoCAD 通过属性提示要求用户输入属性值，图块插入后属性以属性值显示出来。同一图块，在不同点插入时可以具有不同的属性值。若在属性定义时把属性值定义为常量，AutoCAD 则不询问属性值。在图块插入以后，可以对属性进行编辑，还可以把属性单独提取出来写入文件，以供统计、制表用，也可以与其他高级语言（如 C、FORTRAN 等）或数据库进行数据通信。

1. 命令

命令行：ATTDEF（缩写名：ATT）

菜单：绘图→块→定义属性

2. 功能

通过“属性定义”对话框创建属性定义（如图 6.6 所示）。另外，另一个命令 ATTDEF 是通过命令行输入的定义属性命令，两者功能相似。

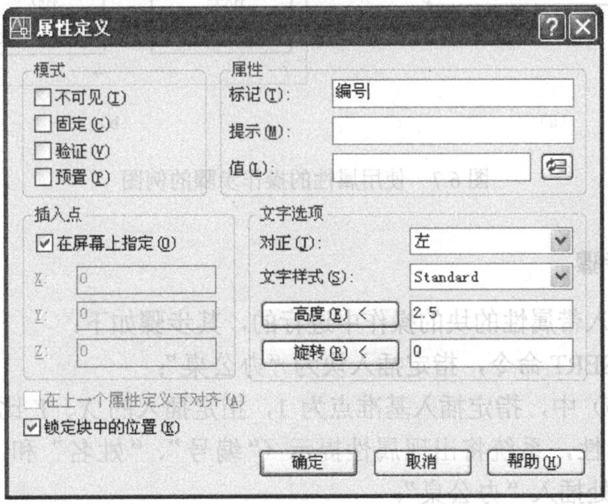

图 6.6　“属性定义”对话框

3. 使用属性的操作步骤

以图 6.7 为例，如布置一办公室，各办公桌应注明编号、姓名、年龄等说明，具体操作中，则可以使用带属性的块定义，然后在块插入时给属性赋值。属性定义的操作步骤如下：

（1）画出相关的图形（如办公桌，如图 6.7（a）所示）。

（2）调用 DDATTDEF 命令，弹出“属性定义”对话框。

（3）在“模式”选项组中，规定属性的特性，如属性值可以显示为“可见”或“不可见”，属性值可以是“固定”或“非常数”等。

（4）在“属性”选项组中，输入属性标记（如“编号”）、属性提示（若不指定则用属性标记），属性值（指属性默认值，可不指定）。

（5）在“插入点”选项组中，指定字符串的插入点，可以用“拾取点”按钮在图形中定位，或直接输入插入点的X、Y、Z坐标。

（6）在“文字选项”选项组中，指定字符串的对正方式、文字样式、字高和字符串旋转角。

（7）按“确定”按钮即定义了一个属性，此时在图形相应的位置会出现该属性的标记“编号”。

（8）同理，重复（2）～（7）可定义属性“姓名”和“年龄”。在定义“姓名”时，若选中对话框中的“在上一个属性下方对齐”复选框，则“姓名”自动定位在“桌号”的下方。

（9）调用 BMAKE 命令，把办公桌及三个属性定义为块“办公桌”，其基准点为 A[如图 6.7（a）所示]。

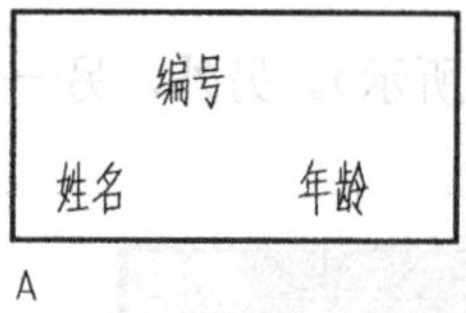

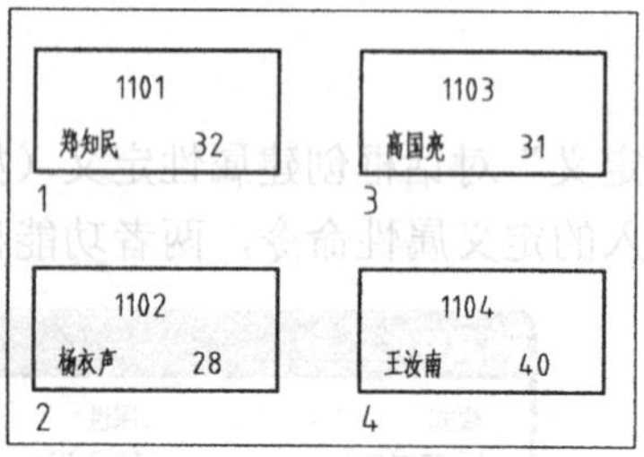

图 6.7 使用属性的操作步骤的例图

4. 属性赋值的步骤

属性赋值是在插入带属性的块的操作中进行的，其步骤如下：

（1）调用 DDINSERT 命令，指定插入块为“办公桌”；

（2）在图 6.7（b）中，指定插入基准点为 1，指定插入的 X、Y 比例，旋转角为 0，由于“办公桌”带有属性，系统将出现属性提示（“编号”、“姓名”和“年龄”），应依次赋值，在插入基准点 1 处插入“办公桌”；

（3）同理，再调用 DDINSERT 命令，在插入基准点 2、3、4 处依次插入“办公桌”，即完成图 6.7（b）所示图形。

5. 关于属性操作的其他命令

ATTDEF：在命令行中定义属性。

ATTDISP：控制属性值显示可见性。

DDATTE：通过对话框修改一个插入块的属性值。

DDATTEXT：通过对话框提取属性数据，生成文本文件。

6.4 块存盘

1. 命令

命令行：WBLOCK（缩写名：W）

2. 功能

将当前图形中的块或图形存为图形文件，以便其他图形文件引用。又称为“外部块”。

3. 操作及说明

输入命令后，屏幕上将弹出“写块”对话框（如图 6.8 所示）。其中的选项及含义如下：

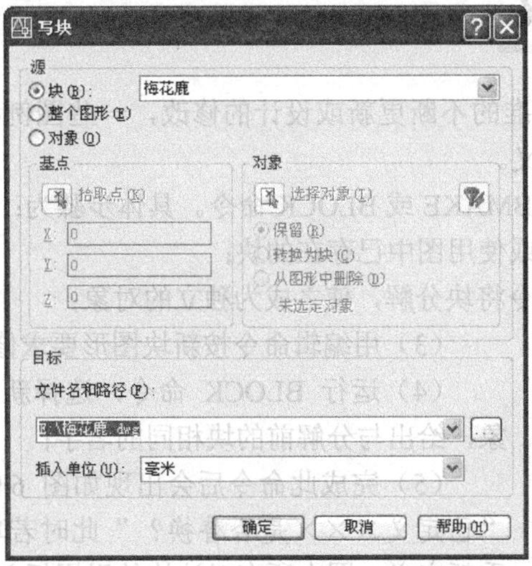

图 6.8 “写块”对话框

（1）“源”选项组：指定存盘对象的类型。其下的各选项及含义分别是：

- 块：当前图形文件中已定义的块，可从下拉列表中选定。
- 整个图形：将当前图形文件存盘，相当于 SAVEAS 命令，但未被引用过的命名对象（如块、线型、图层、字样等）不写入文件。
- 对象：将当前图形中指定的图形对象赋名存盘，相当于在定义图块的同时将其存盘。此时可在“基点”和“对象”选项组中指定块基点及组成块的对象和处理方法。

（2）“目标”选项组：指定存盘文件的有关内容。

- 文件名和路径：存盘的文件名及其路径。文件名可以与被存盘块名相同，也可以不同。
- 插入单位：图形的计量单位。

4. 一般图形文件和外部块的区别

一般图形文件和用 WBLOCK 命令创建的外部块都是.DWG 文件，格式相同，但在生成与使用时略有不同：

（1）一般图形文件常带有图框、标题栏等，是某一主题完整的图形，图形的基准点常采用默认值，即（0,0）点；

（2）一般图形文件常按产品分类，在对应的文件夹中存放；

（3）外部块常带有子图形性质，图形的基准点应以插入时能准确定位和使用方便为准，常定义在图形的某个特征点处；

（4）外部块的块成员，其图层、颜色、线型等的设置，更应考虑通用性；

（5）外部块常作成单位块，便于公用，使用户能通过插入比例方便地控制插入图形的大小；

（6）外部块是用户建立图库的一个元素，因此其存放的文件夹和文件命名都应按图库创建与检索的需要而定。

6.5 更新块定义

随设计规范和设计标准的不断更新或设计的修改，一些图例符号会发生变化，因而会经常需要更新图库的块定义。

更新内部块定义使用BMAKE或BLOCK命令。具体步骤为：

（1）插入要修改的块或使用图中已存在的块；

（2）用EXPLODE命令将块分解，使之成为独立的对象；

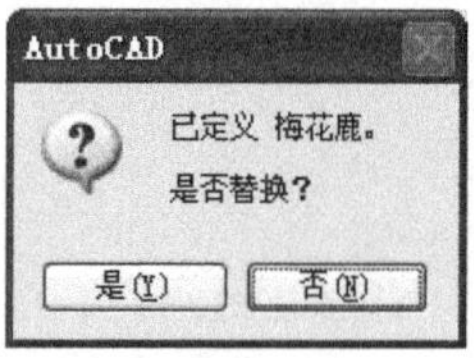

图6.9 块重定义警告框

（3）用编辑命令按新块图形要求修改旧块图形；

（4）运行BLOCK命令，选择新块图形作为块定义选择对象，给出与分解前的块相同的名字；

（5）完成此命令后会出现如图6.9所示的警告框，并提示“已定义×××是否替换？”此时若单击“是”按钮，块就被重新定义，图中所有对该块的引用插入同时被自动修改更新。

6.6 外部参照

外部参照（XREF）是把已有的其他图形文件链接到当前图形中，而不是像插入块那样把块的图形数据全部存储在当前图形中。它的插入操作和块十分类似，但有以下特点：

（1）当前图形（称为宿主图形）只记录链接信息，因此当插入大图形时将大幅度减小宿主图形的尺寸；

（2）每次打开宿主图形时总能反映外部参照图形的最新修改。

外部参照特别适用于多个设计者的协同工作。

6.6.1 外部参照附着

1．命令

命令行：XATTACH（缩写名：XA）

菜单：插入→外部参照

图标:“参照”工具栏

2. 功能

先弹出“选择参照文件”对话框(如图 6.10 所示),从中选定欲参照的图形文件,然后弹出“外部参照”对话框(如图 6.11 所示),把外部参照图形附着到当前图形中。

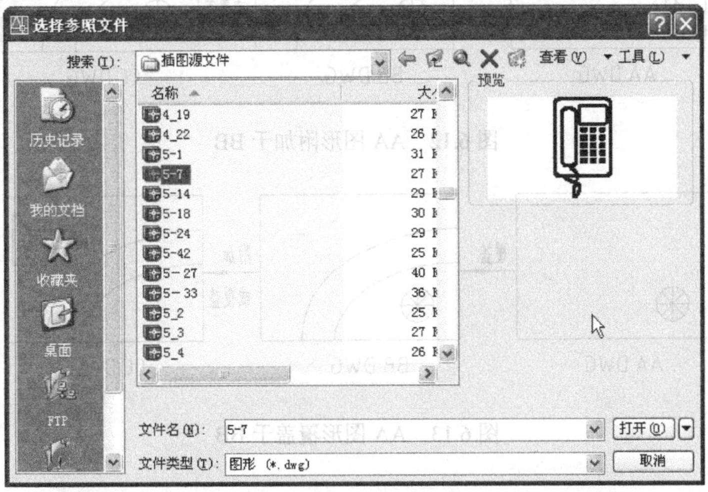

图 6.10 “选择参照文件”对话框

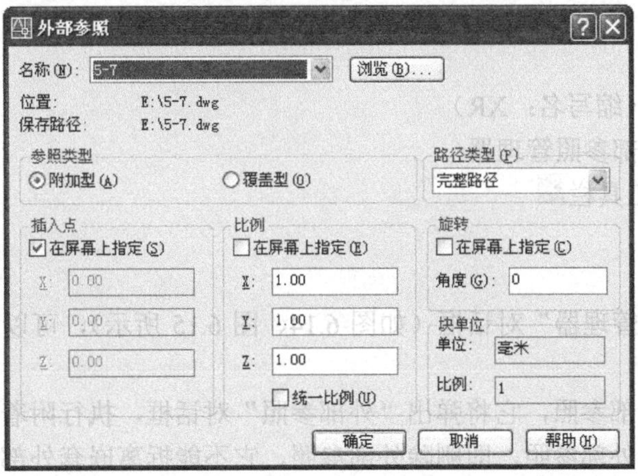

图 6.11 “外部参照”对话框

3. 操作过程

(1) 在“名称”栏中,选择要参照的图形文件,列表框中列出当前图形已参照的图形名,通过“浏览…”按钮,用户可以选择新的参照图形。

(2) 在“参照类型”栏中选定附着的类型。

- 附加型:指外部参照可以嵌套,即当 AA 图形附加于 BB 图,而 BB 图附加于或覆盖 CC 图时,AA 图也随 BB 图链入到 CC 图中(如图 6.12 所示)。
- 覆盖型:指外部参照不嵌套,即当 AA 图覆盖于 BB 图,而 BB 图又附加于或覆盖于 CC 图时,AA 图不随 BB 图链入到 CC 图中(如图 6.13 所示)。

（3）在“插入点”、“比例”及“旋转”选项组中，可以分别确定插入点的位置、插入的比例和旋转角。它们既可以在编辑框中输入，也可以在屏幕上确定，同块的插入操作类似。

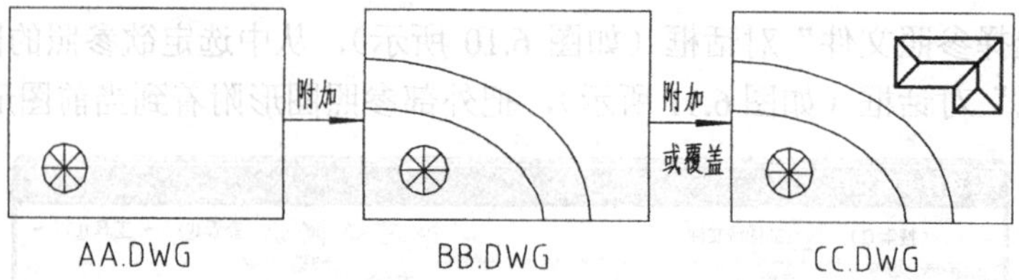

图 6.12　AA 图形附加于 BB

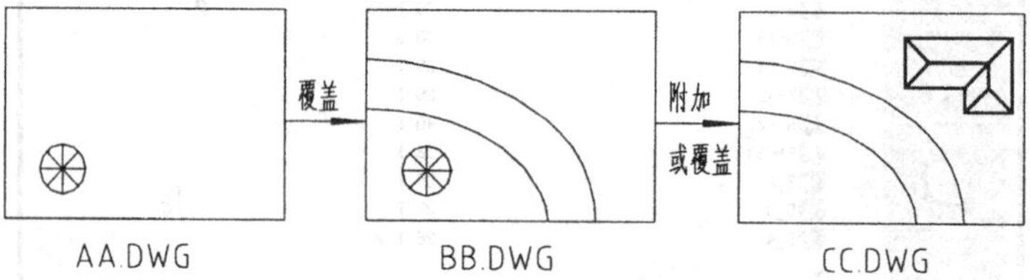

图 6.13　AA 图形覆盖于 BB

6.6.2　外部参照说明

1. 命令

命令行：XREF（缩写名：XR）
菜单：插入→外部参照管理器
图标：“参照”工具栏

2. 功能

弹出“外部参照管理器”对话框（如图 6.14、图 6.15 所示），可以管理所有外部参照图形，具体功能如下：

（1）附着新的外部参照，它将弹出“外部参照”对话框，执行附着操作；
（2）拆离现有的外部参照，即删除外部参照，它不能拆离嵌套外部参照；
（3）重载或卸载现有的外部参照，卸载不是拆离只是暂不参照，必要时可参照；
（4）附加型与覆盖型互相转换，双击如图 6.14 所示中的类型列，即可实现转换；
（5）将外部参照绑定到当前图形中，绑定是将外部参照转化为块插入；
（6）修改外部参照路径。

如图 6.14 所示是对外部参照图形作列表图显示，如图 6.15 所示是外部参照图形作树状图显示。

6.6.3　其他有关命令与系统变量

1. XBIND 命令

将外部参照中参照图形图层名、块名、文字样式名等命令对象（用依赖符号表示），绑定到当前图形中，转化为非依赖符号表示。

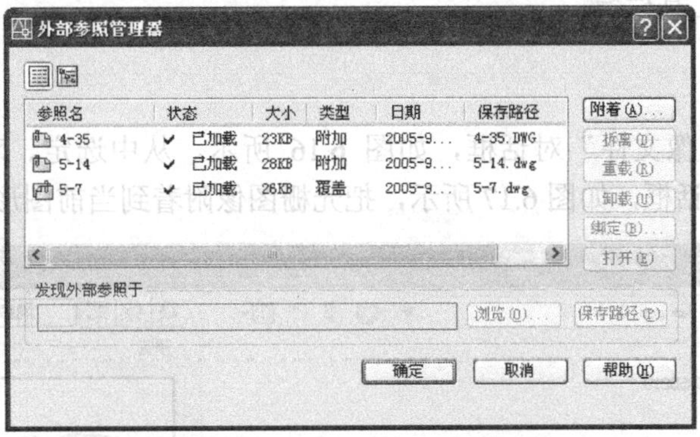

图 6.14　外部参照图形作列表图显示

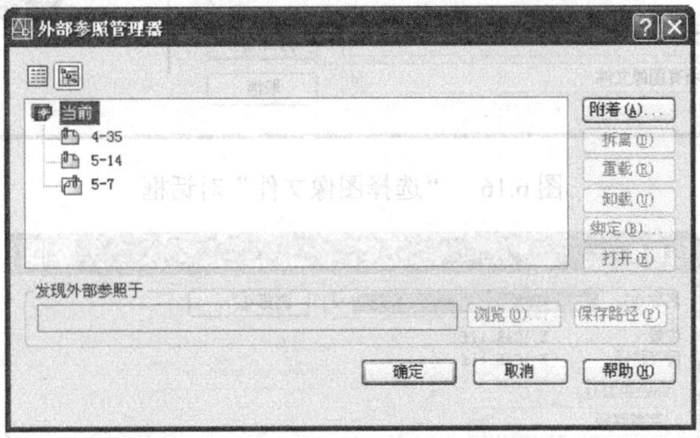

图 6.15　外部参照图形作树状图显示

2. XCLIP 命令

对外部参照附着和块插入，可使用 XCLIP 命令定义剪裁边界，剪裁边界可以是矩形、正多边形或用直线段组成的多边形。在剪裁边界内的图形可见。外部参照附着和块插入的几何图形并未改变，只是改变了显示可见性。

3. XCLPFRAME

是系统变量，<0>表示剪裁边界不可见，<1>表示剪裁边界可见。

6.7 附着光栅图像

在 AutoCAD 中，光栅图像可以像外部参照一样将外部图像文件附着到当前的图形中，一旦附着图像，可以像对待块一样将它重新附着多次，每个插入可以有自己的剪裁边界、亮度、对比度、褪色度和透明度。

6.7.1 图像附着

1. 命令

命令行：IMAGEATTACH（缩写名：IAT）

菜单：插入→光栅图像

图标：“参照”工具栏

2. 功能

先弹出“选择图像文件”对话框，如图 6.16 所示，从中选定、双击欲附着的图像文件，弹出“图像”对话框，如图 6.17 所示，把光栅图像附着到当前图形中。

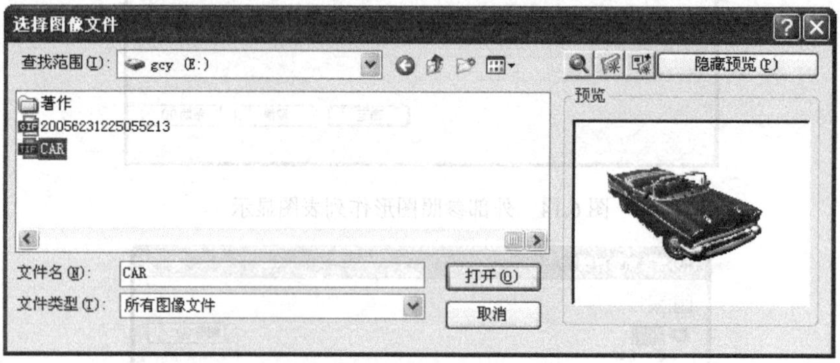

图 6.16 “选择图像文件”对话框

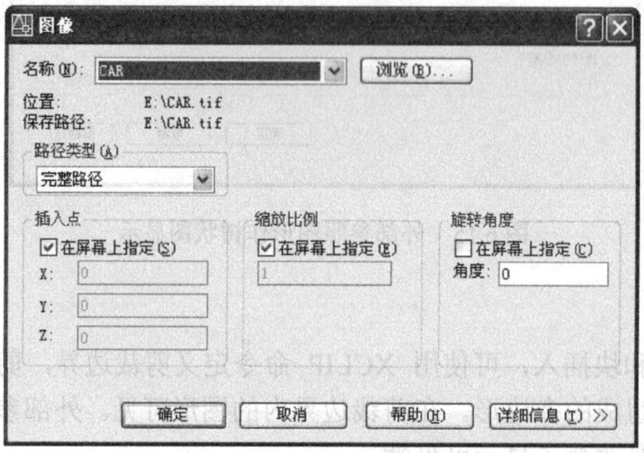

图 6.17 “图像”对话框

3. 操作过程

（1）在“名称”栏中，选择要附着的图像文件，该命令支持绝大多数的图像文件格式（如：bmp、gif、jpg、pcx、tga、tif 等）。在列表框中将列出附着的图像文件名，在“路径类型”下拉列表框中若选择“完整路径”，则图像文件名将包括路径。单击“浏览”按钮将再次弹出“选择图像文件”对话框，用户可以继续选择图像文件。

（2）在“插入点”、“缩放比例”及“旋转角度”选项组中，可分别指定插入基点的位置、比例因子和旋转角度，若选中“在屏幕上指定”复选框，则可以在屏幕上用拖动图像的方法来指定。

（3）若选择“详细信息”按钮，对话框将扩展，并列出选中图像的详细信息，如精度、图像像素尺寸等。

如图 6.18 所示是在一飞机的三维图形中附着该飞机渲染图像的效果图。

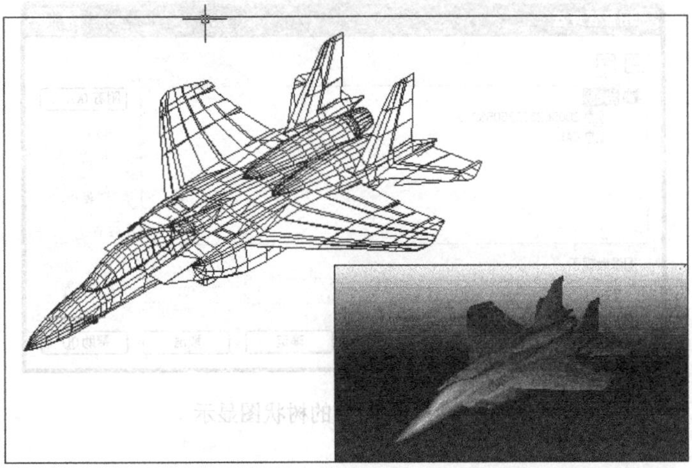

图 6.18　图像附着效果图

6.7.2　光栅图像

1. 命令

命令行：IMAGE（缩写名：IM）
菜单：插入→图像管理器
图标："参照"工具栏

2. 功能

弹出"图像管理器"对话框，有列表图和树状图两种显示方式，如图 6.19、图 6.20 所示。该对话框和"外部参照"对话框类似，可以管理所有附着图像，包括附着、拆离、重载、卸载等操作，若单击"细节"按钮，系统将弹出"图像文件详细信息"对话框，如图 6.21 所示。

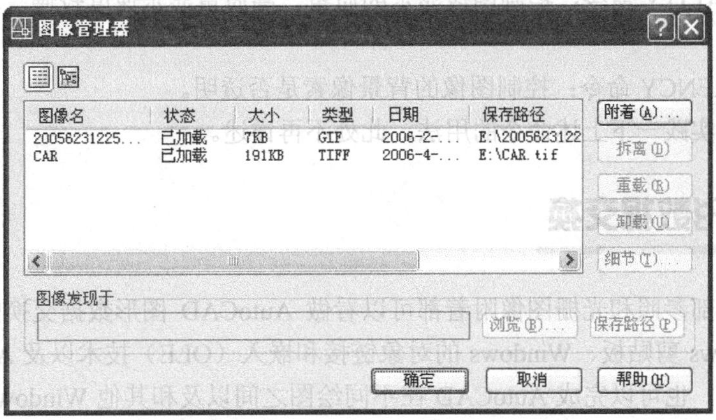

图 6.19　图像名的列表图显示

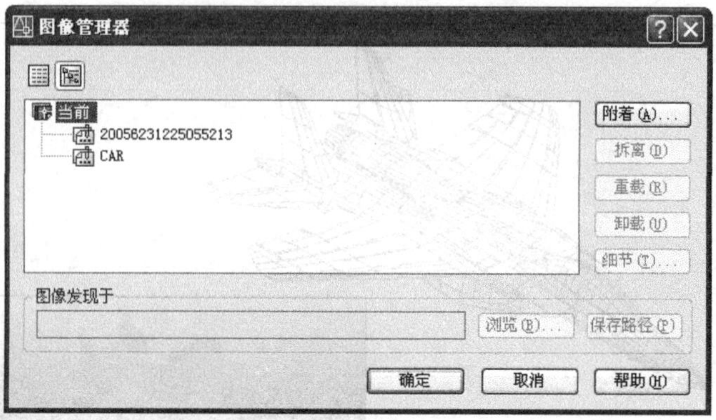

图 6.20　图像名的树状图显示

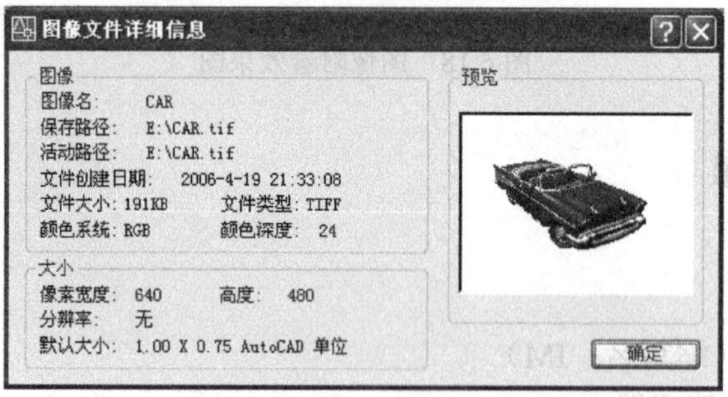

图 6.21　“图像文件详细信息”对话框

6.7.3　其他有关命令

IMAGECLIP 命令：剪裁图像边界的创建与控制，可以用矩形或多边形作剪裁边界，可以控制剪裁功能的打开与关闭，也可以删除剪裁边界。

IMAGEFRAME 命令：控制图像边框是否显示。

IMAGEADJUST 命令：控制图像的亮度、对比度和褪色度。

IMAGEQUALITY 命令：控制图像显示的质量，高质量显示速度较慢，草稿式显示速度较快。

TRANSPARENCY 命令：控制图像的背景像素是否透明。

读者可自行实践一下上述命令的用法，此处不再详述。

6.8　图形数据交换

块插入、外部参照和光栅图像附着都可以看做 AutoCAD 图形数据交换的一些方法。另外，通过 Windows 剪贴板、Windows 的对象链接和嵌入（OLE）技术以及 AutoCAD 的文件格式输入、输出，也可以完成 AutoCAD 在不同绘图之间以及和其他 Windows 应用程序之间的图形数据交换。

1. 文件菜单中的“输出…”等命令选项

它执行 EXPORT 命令，系统将弹出“输出数据”对话框，可把 AutoCAD 图形按下列格式输出：

（1）3DS：用于 3D Studio 软件的.3ds 文件（3DSOUT 命令）；

（2）BMP：输出成位图文件.bmp（BMPOUT 命令）；

（3）DWG：输出成块存盘文件.dwg（WBLOCK 命令）；

（4）DWF：输出成 AutoCAD 网络图形文件.dwf（DWFOUT 命令）；

（5）DXF：输出成 AutoCAD 图形交换格式文件.dxf（DXFOUT 命令）；

（6）EPS：输出成封装 PostScript 文件.eps（PSOUT 命令）；

（7）SAT：输出成 ACIS 实体造型文件.sat（ACISOUT 命令）；

（8）WMF：输出成 Windows 图元文件.wmf（WMFOUT 命令）。

2. 编辑菜单中的剪切、复制、粘贴等命令选项

这是 AutoCAD 图形与 Windows 剪贴板和其他应用程序间的图形编辑手段，具体包括如下内容：

（1）剪切：把选中的 AutoCAD 图形对象从当前图形中删除，剪切到 Windows 剪贴板上（CUTCLIP 命令）；

（2）复制：把选中的 AutoCAD 图形对象复制到 Windows 剪贴板上（COPYCLIP 命令）；

（3）复制链接：把当前视口复制到 Windows 剪贴板上，用于和其他 OLE（对象链接和嵌入）应用程序链接（COPTLINK 命令）；

（4）粘贴：从 Windows 剪贴板上把数据（包括图形、文字等）插入到 AutoCAD 图形中（PASTECLIP 命令）；

（5）选择性粘贴：从 Windows 剪贴板上把数据插入到 AutoCAD 图形中，并控制其数据格式，它可以把一个 OLE 对象从剪贴板上粘贴到 AutoCAD 图形中（PASTESPEC 命令）；

（6）OLE 链接：更新、修改和取消现有的 OLE 链接（OLELINKS 命令）。

3. “插入”菜单的文件格式输入

AutoCAD 读入其他文件格式，转化为 AutoCAD 图形，具体格式如下：

（1）3D Studio：输入用于 3D Studio 软件的.3ds 文件（3DSIN 命令）；

（2）ACIS 实体：输入 ACIS 实体造型文件.sat（ACISIN 命令）；

（3）图形交换二进制：输入二进制格式图形交换.dxb（DXBIN 命令）；

（4）图元文件：输入 Windows 图元文件.wmf（WMFIN 命令）；

（5）封装 PostScript：输入封装 PostScript 文件.eps（PSIN 命令）。

4. “插入”菜单中的“OLE 对象”

在 AutoCAD 图形中插入 OLE 对象（INSERTOBJ 命令）。

思考题6

1．请将下列左侧块操作命令与右侧相应命令功能用连线连起：

（1）BMAKE和BLOCK　　（a）分解块

（2）DDINSERT和INSERT　　（b）块存盘

（3）WBLOCK　　（c）插入块

（4）EXPLODE　　（d）定义块

2．若欲在图中定义一个图块，必须：

（1）指定插入基点

（2）选择组成块的图形对象

（3）给出块名

（4）上述各条

3．若欲在图中插入一个图块，必须：

（1）指定插入点

（2）给出插入图块块名

（3）确定*X*、*Y*方向的插入比例和图块旋转角度

（4）上述各条

4．若欲在图中插入一个外部参照，必须：

（1）选定所要外部参照的图形文件

（1）选定参照类型（附加或覆盖）

（2）给出插入点

（3）确定*X*、*Y*、*Z*方向的插入比例和图块旋转角度

（4）上述各条

5．试比较外部参照与块的异同。

上机实习6

目的：熟悉块、外部参照及图像附着的特点及使用方法。

内容：

1．块的定义、插入和存盘。绘制下图，将其定义成名为“BABY”的块，然后以不同的插入点、比例及旋转角度插入图中，形成由不同大小和胖瘦的娃娃头组成的娃娃头群。最后将该图块以“小孩”为文件名存盘。

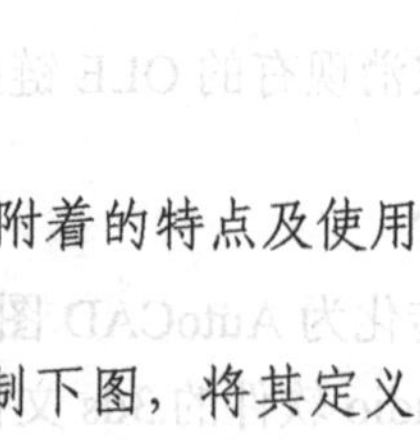

2. 外部块、外部参照的使用方法和特点。将上题中定义并存盘的“小孩”图形文件分别以外部块和外部参照的方式分别插入到同一图形文件中，再将插入块和插入外部参照后的文件分别以“TEST1”和“TEST2”赋名存盘，然后比较 TEST1 和 TEST2 文件的大小。

3. 设计并绘制一个有意义的图形，然后将自己喜欢的一幅图像附着到当前图形中。

第 7 章　三维绘图基础

前面各章介绍了利用 AutoCAD 绘制二维图形的方法，二维图形作图方便，表达图形全面、准确，是工程图样的主要形式，但二维图形缺乏立体感，需要经过专门的训练才能看懂。而三维图形则能更直观地放映空间立体的形状，富有立体感，更易为人们所接受，是图形设计的发展方向。

三维图形的表达按描述方式可分为线框模型、表面模型和实体模型。线框模型是以物体的轮廓线架来表达立体形状的。该模型结构简单、易于处理，可以方便地生成物体的三视图和透视图。但由于其不具有面和体的信息，因此不能进行消隐、着色和渲染处理。表面模型是用面来描述三维物体，不仅有棱边，而且由有序的棱边和内环构成面，由多个面围成封闭的体。表面模型在 CAD 和计算机图形学中是一种重要的三维描述形式，如在工业造型、服装款式、飞机轮廓设计和地形模拟等三维造型中，大多使用的是表面模型。表面模型可以进行消隐、着色和渲染处理。但其没有实体的信息，如空心的气球和实心的铅球在表面模型描述下是相同的。实体模型是三种模型中最高级的一种，除具有上述线框模型和表面模型的所有特性外，还具有体的信息，因而可以对三维形体进行各种物性计算如质量、重心、惯性积等。要想完整表达三维物体的各类信息，必须使用实体造型。实体模型也可以用线框模型或表面模型的显示方式去显示。

AutoCAD 提供了强大的三维绘图功能，包括三维图形元素、三维表面和三维实体的创建，三维形体的多面视图、轴侧图、透视图表示和富于真实感的渲染图表示等。本章主要介绍三维图形元素、三维表面的创建，用户坐标系的应用和三维形体的表示。三维图形的实体造型将在第 8 章中集中介绍。

7.1　三维图形元素的创建

7.1.1　三维点的坐标

若要绘制三维图形，则构成图形的每一个顶点均应是三维空间中的点，即每一点均应有 *X*、*Y*、*Z* 三个坐标或其他三维坐标值。AutoCAD 的 POINT, LINE 命令等都接受三维点的输入，三维点坐标的给定形式主要有：

X, *Y*, *Z*	绝对的直角坐标
@*X*, *Y*, *Z*	相对的直角坐标
d<*A*, *Z*	绝对的圆柱坐标[如图 7.1（a）所示]
@*d*<*A*, *Z*	相对的圆柱坐标

$d<A<B$　　　　绝对的球面坐标[如图 7.1（b）所示]

三维点的坐标值一般都是相对于当前的用户坐标系而言的。如想以 WCS（世界坐标系）为基准，则输入绝对坐标时，前面加一个*，例如：* *X*, *Y*, *Z*。

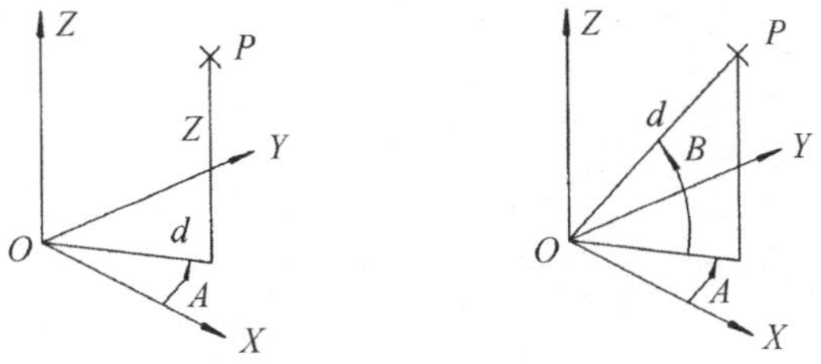

（a）　　　　（b）

图 7.1　三维点的输入

7.1.2　三维多段线

1．命令

命令名：3DPOLY（缩写名：3P）

菜单：绘图→三维多段线

2．格式

命令：**3DPOLY**↙

指定多段线的起点：（输入起点）

指定直线的端点或 [放弃(U)]：（输入下一点）

指定直线的端点或 [放弃(U)]：（输入下一点）

指定直线的端点或 [闭合(C)/放弃(U)]：（输入下一点，或 C 闭合）

3．说明

三维多段线由空间的直线段连成，直线端点的坐标应为三维点的输入，如图 7.2（a）所示，用 PEDIT 命令可以进行修改，包括三维多段线的闭合、打开、顶点编辑和拟合为空间样条拟合多段线等，如图 7.2（b）所示。

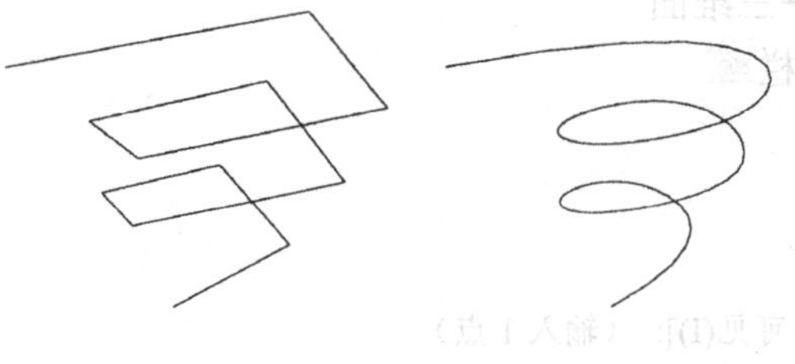

(a)　　　　(b)

图 7.2　三维多段线

7.1.3 基面

基面指画图的基准平面，系统默认设置为当前 UCS 下的 *XOY* 平面，即画图平面始终和当前 UCS 下的 *XOY* 平面平行。通过 ELEV 命令，可以用二维绘图命令绘制出具有一定厚度的三维图形。

1. 命令

命令名：ELEV

2. 格式

命令：**ELEV**↙
指定新的默认标高 <0.0000>:（给出基面标高）
指定新的默认厚度 <0.0000>:（给出沿 Z 轴线的延伸厚度）

3. 说明

利用基面命令，定义当前 UCS 下的标高与厚度，可以使后续画出的二维图形画在三维空间（即画在标高非零的基面上），如图 7.3（a）所示，并可具有厚度，如图 7.3（b）所示。

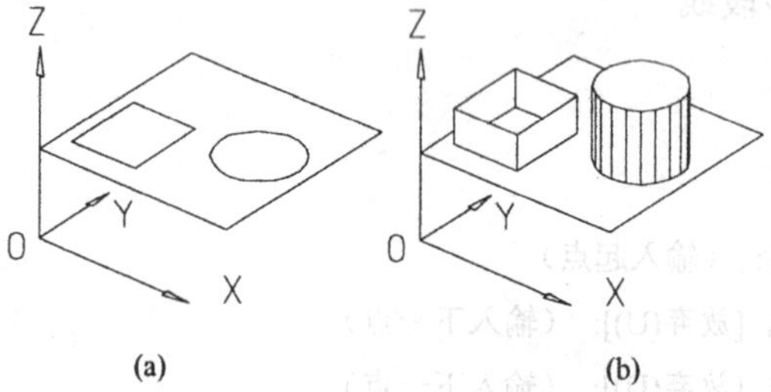

图 7.3 利用基面命令

7.1.4 三维面

1. 命令

命令名：3DFACE（缩写名：3F）
菜单：绘图→曲面→三维面
图标：“曲面”工具栏

2. 格式及示例

命令：**3DFACE**↙
指定第一点或 [不可见(I)]:（输入 1 点）
指定第二点或 [不可见(I)]:（输入 2 点）
指定第三点或 [不可见(I)] <退出>:（输入 3 点）
指定第四点或 [不可见(I)] <创建三侧面>:（输入 4 点）

指定第三点或 [不可见(I)] <退出>:（输入下一个面的第三点，5 点）

指定第四点或 [不可见(I)] <创建三侧面>:（输入下一个面的第四点，6 点）

指定第三点或 [不可见(I)] <退出>:（回车，结束命令）

3. 说明

（1）每面由四点组成，形成四边形，也可以有两点重合，形成三角形，四点应按顺时针，或逆时针顺序输入；

（2）输入第一个四边形后，提示继续第三点，第四点，即可连续组成第二个四边形,如图 7.4（a）所示，用回车可结束命令；

（3）在一边的起点处，先输入 I，则该边将成为不可见，如图 7.4（b）所示中，在输入 3 点前输入 I，则 34 边不可见；

（4）用命令 EDGE（边）可以控制边的可见性。用系统变量 SPLFRAME 可以控制不可见边的可见性（让不可见边显示可见）；

（5）用命令 3DMESH 可构成由 3DFACE 组成的三维网格面；

（6）用命令 PFACE 可以构成由多边形（大于四边）组成的多边形网格面。

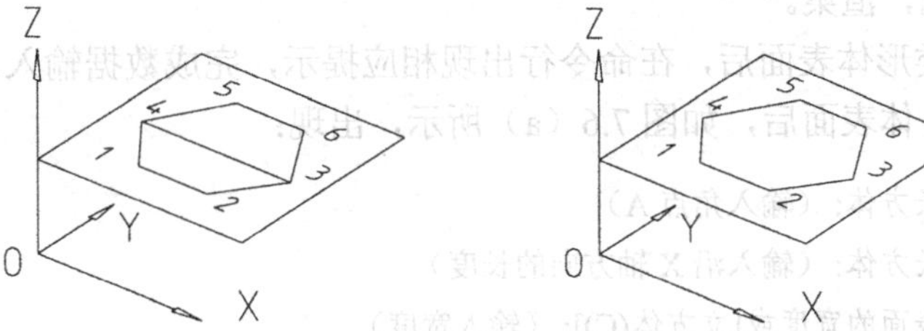

(a)　　(b)

图 7.4　三维面

7.1.5　三维曲面

1. 命令

命令名：3D

菜单：绘图→曲面→三维曲面

图标：“曲面”工具栏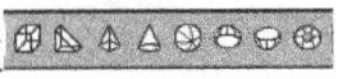

2. 格式

命令：**3D↙**

正在初始化... 已加载三维对象。

输入选项

[长方体表面(B)/圆锥面(C)/下半球面(DI)/上半球面(DO)/网格(M)/棱锥面(P)/球面(S)/圆环面(T)/楔体表面(W)]:

如从菜单拾取，则弹出“三维对象”对话框（如图 7.5 所示），从中选项。

如拾取图标，则直接选项。

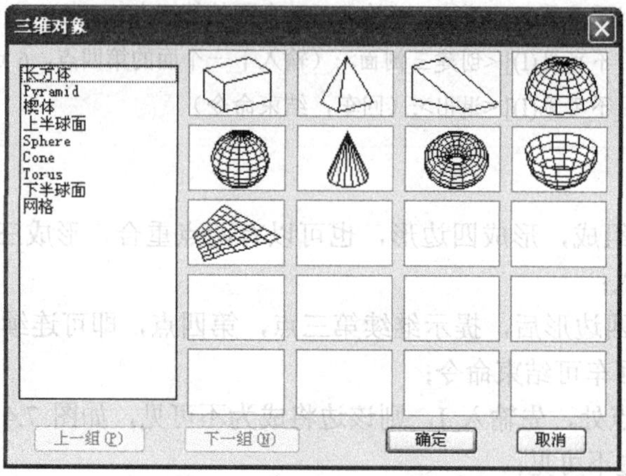

图 7.5 “三维对象”对话框

3. 说明

（1）创建的三维形体，只是由表面围成，是一个表面模型，不是三维实体，但它像三维实体一样可以着色，渲染。

（2）选择某一类形体表面后，在命令行出现相应提示，完成数据输入。

例如：选择长方体表面后，如图 7.6（a）所示，出现：

指定角点给长方体:（输入角点 A）

指定长度给长方体:（输入沿 X 轴方向的长度）

指定长方体表面的宽度或[立方体(C)]:（输入宽度）

指定高度给长方体:（输入高度）

指定长方体表面绕 Z 轴旋转的角度或[参照（R）]:（旋转轴过角点 A，平行 Z 轴）

而选择圆环面后，如图 7.6（b）所示，出现：

指定圆环面的中心点:

指定圆环面的半径或[直径（D）]:（圆环半径指圆环中心到圆环外侧的半径）

指定圆管的半径或[直径（D）]:

输入环绕圆管圆周的线段数目 <16>:

输入环绕圆环面圆周的线段数目 <16>:

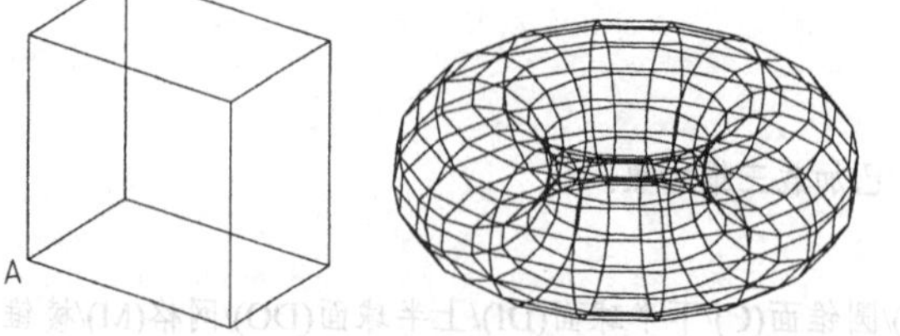

(a) (b)

图 7.6 长方体表面与圆环面

7.2　三维形体的显示

7.2.1　三维视点

1．命令

命令名：VPOINT（缩写名：-VP）

菜单：视图→三维视图→视点

2．格式

命令：**VPOINT↙**

指定视点或 [旋转(R)] <显示坐标球和三轴架>:

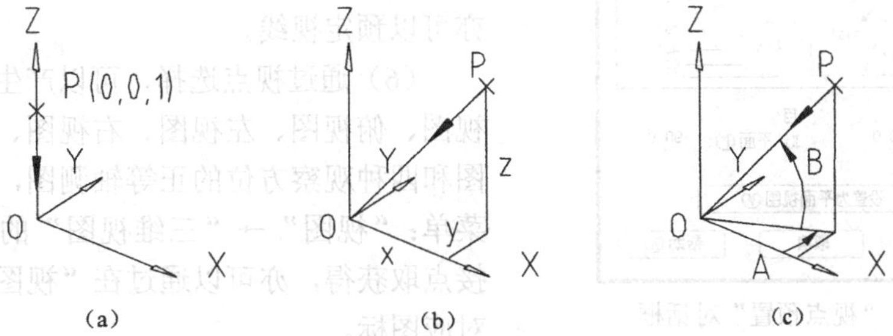

图 7.7　三维视点

3．说明

（1）VPOINT 命令的目的是通过指定视点，确定视线方向（视点与原点的连线），亦即平行投影方向，对应的投影面总和视线垂直。系统的默认视点设置为（0,0,1），即获得三维形体的俯视图，如图 7.7（a）所示。

（2）如输入另一视点（*X*, *Y*, *Z*），则视线方向 *V* 改变，从而改变三维形体显示，如图 7.7（b）所示。

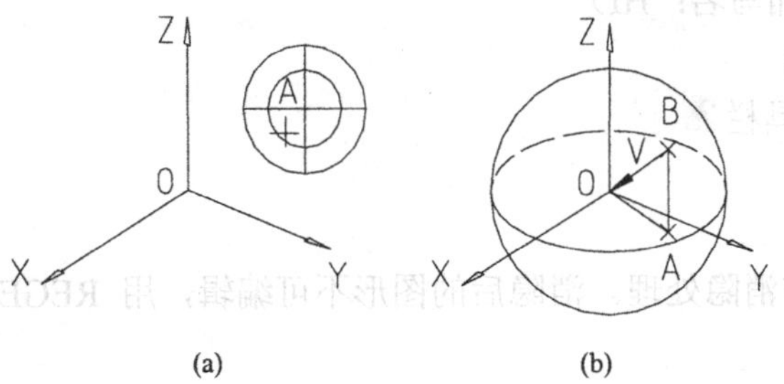

图 7.8　罗盘和三轴架

（3）如不输入视点，而用回车，则在图形屏幕右上角显示一罗盘，光标相对于罗盘的位置，确定视点和视线，并在屏幕上动态显示三轴架，表示相应的 *X*, *Y*, *Z* 轴投影分布情况，供用户观察选用，如图 7.8（a）所示。

光标 *A* 在罗盘上的位置，决定了视点 *B* 在观察球面上的位置[如图 7.8（b）所示]，从而确定了视线。如光标 *A* 在罗盘上的外圈内，相当于视点 *B* 在观察球面的下半部分，即有仰视的效果。

用户拾取光标 *A* 的位置后，图形屏幕即显示三维形体的投影。

（4）如选择“旋转（R）”，则出现提示：

输入 XY 平面中与 X 轴的夹角：[输入方位角 A，如图 7.7（c）所示]

输入与 XY 平面的夹角：（输入俯仰角 B）

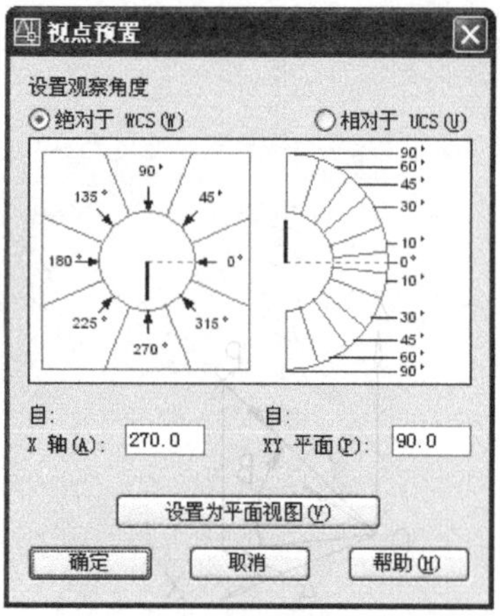

图 7.9 “视点预置”对话框

显然，输入方位角 *A* 与俯仰角 *B*，亦可确定视线。

（5）通过菜单拾取：“视图”→“三维视图”→“视点预置”，对应执行 DDVPOINT 命令，弹出“视点预置”对话框，如图 7.9 所示，亦可以预定视线。

（6）通过视点选择，可以产生三维形体的主视图、俯视图、左视图、右视图、仰视图和后视图和四种观察方位的正等轴测图，它们可以通过菜单：“视图”→“三维视图”的级联菜单中直接点取获得，亦可以通过在“视图”工具栏点取对应图标。

7.2.2 消隐

用 VPOINT 命令所生成的三维图形是由线框组成的，它包括了全部可见和不可见的线条[如图 7.10（a）所示]。如果用户希望按其实际情况只显示它的可见轮廓线，而不显示其不可见轮廓线，则需要对其进行消隐处理。图 7.10（b）是对如图 7.10（a）所示小轿车三维图形进行消隐处理后的显示效果。

1. 命令

命令名：HIDE（缩写名：HI）

菜单：视图→消隐

图标：“渲染”工具栏

2. 功能

把当前三维显示作消隐处理。消隐后的图形不可编辑，用 REGEN（重生成）命令，可以恢复消隐前显示。

7.2.3 着色

着色是指对三维图形进行浓淡处理，生成单色调的灰度图形。如图 7.11 所示为对一齿轮进行不同方式着色后的显示效果。

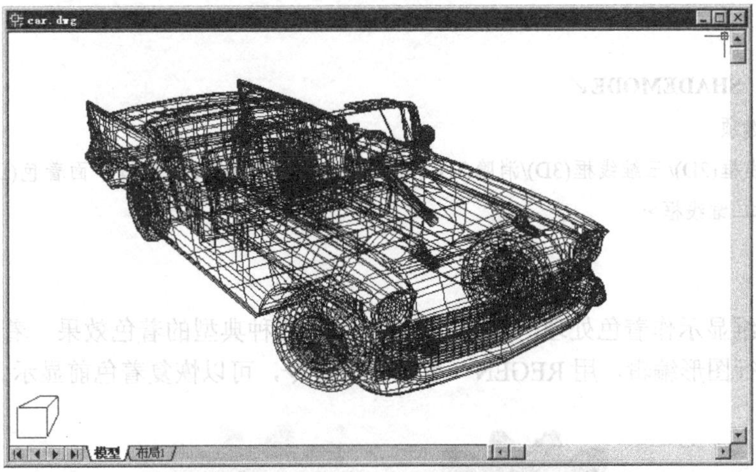

（a）消隐前

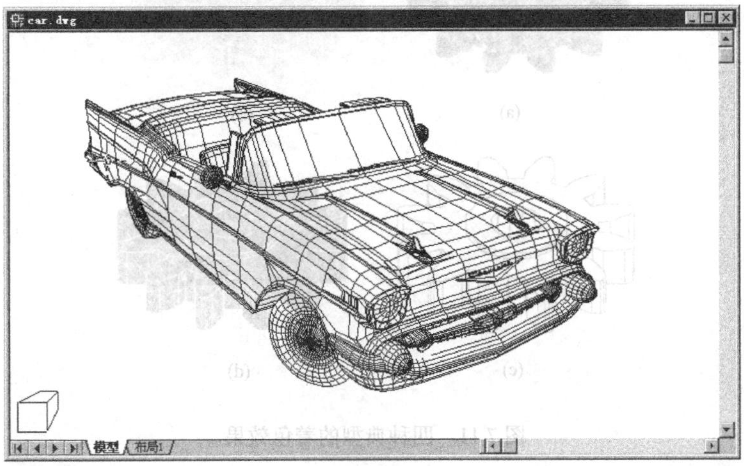

（b）消隐后

图 7.10　消隐图

1. 命令

命令名：SHADEMODE（缩写名：SHA）

菜单：视图→着色

图标："着色"工具栏

---二维线框

---三维线框

---消隐

---平面着色

---体着色

---带边框平面着色

---带边框体着色

2. 格式

命令: **SHADEMODE**↙

输入选项

[二维线框(2D)/三维线框(3D)/消隐(H)/平面着色(F)/体着色(G)/带边框平面着色(L)/带边框体着色(O)] <二维线框>:

3. 功能

把当前三维显示作着色处理，如图 7.11 所示为四种典型的着色效果。着色后为一幅图像，它不能进行图形编辑，用 REGEN（重生成）命令，可以恢复着色前显示。

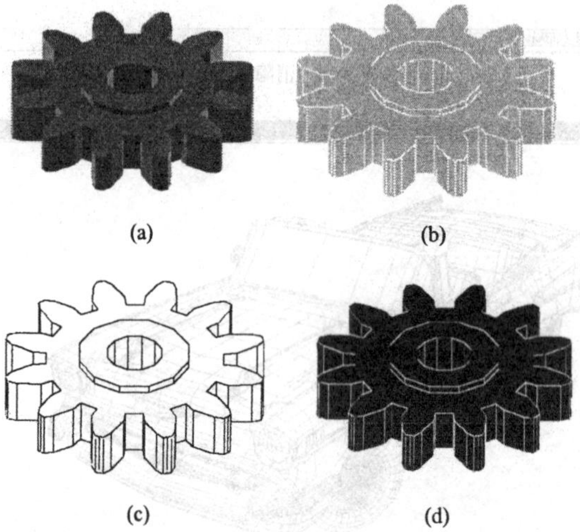

图 7.11　四种典型的着色效果

7.2.4　渲染

渲染是指将三维图形生成像照片一样具真实感的三维效果图的过程。为获得好的真实感效果，可以为三维图形赋以不同的颜色和材质，设置不同种类、位置和数量的光源，以及衬托以不同的环境和背景等。

1. 命令

命令名：RENDER（缩写名：RR）

菜单：视图→渲染→渲染

图标：“渲染”工具栏

2. 功能

弹出“渲染”对话框，如图 7.12 所示，如使用默认选项，则直接拾取“渲染”按钮，产生渲染图。渲染图是一幅图像，用 REGEN（重生成）命令可恢复渲染前的图形。如图 7.13 所示为如图 7.10 所示小轿车的渲染效果图。

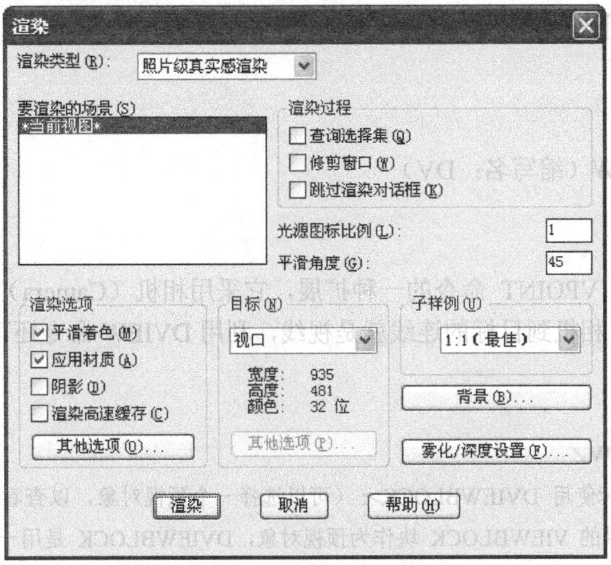

图 7.12　“渲染”对话框

图 7.13　渲染图

3．说明

（1）渲染类型分一般渲染、照片级真实感渲染和照片级光线追踪渲染，后者通过更精确的光线感产生更高质量的渲染，但速度要慢；

（2）渲染的场景可以是“当前视图”，也可以用 SCENE（场景）命令创造的命名场景；

（3）与“平滑着色”相关的是“平滑度”，默认值为 45，即两表面不平滑的角度小于 45°被平滑处理，大于 45°被处理成边；

（4）在渲染中，可以选择渲染对象；控制渲染窗口；控制光源、场景；管理材质和贴图；控制背景、雾化和配景。

7.2.5 三维动态视图

1. 命令

命令名：**DVIEW**（缩写名：DV）

2. 功能

DVIEW 命令是 VPOINT 命令的一种扩展，它采用相机（Camera）和目标（Target）来动态模拟取景过程，相机到目标的连线就是视线，利用 DVIEW 命令还可以产生透视图。

3. 格式

命令：**DVIEW**↙
选择对象或 <使用 DVIEWBLOCK>:（可以选择一个预视对象，以查看取景效果，如回车，则采用系统提供的 VIEWBLOCK 块作为预视对象，DVIEWBLOCK 是用一座小房子的三维图形来标识）
输入选项
[相机（CA）/目标（TA）/距离（D）/点（PO）/平移（PA）/缩放（Z）/
扭曲（TW）/剪裁（CL）/隐藏（H）/关（O）/放弃（U）]:
（可以选择选项，查看预视对象取景效果）

命令结束后，将显示所有对象。

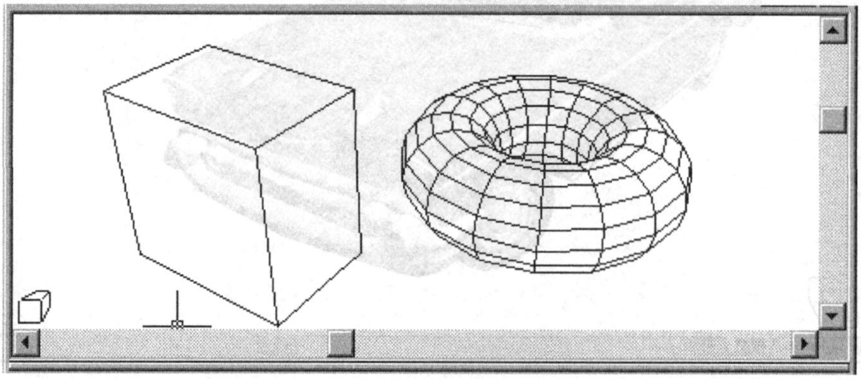

图 7.14 透视图

4. 选项说明

（1）相机（CA）：目标点不动，移动相机点控制视线的方向角与仰视角。
（2）目标（TA）：相机点不动，移动目标点来控制视线变动。
（3）距离（D）：一旦选择此项，并给出透视距离，则创建透视图，如图 7.14 所示。
（4）点（PO）：先指定目标点，后指定相机点。
（5）平移（PA）：平移显示图形。
（6）缩放（Z）：在透视方式打开时，调整焦距值（默认值为 50 mm），在透视方式关闭时，为普通显示缩放。

（7）扭曲（TW）：绕视线旋转视图，逆时针为正。

（8）剪裁（CL）：控制前，后剪裁平面的位置，以目标点的位置为基础，指向相机一侧的距离为正，远离相机一侧距离为负。用前、后剪裁平面剪裁对象，在前、后剪裁平面间的对象显示可见。

（9）隐藏（H）：进行消隐显示。

（10）关（O）：在透视方式打开后，选择此项则关闭透视方式，恢复平行投影方式。

（11）放弃（U）：放弃前一次操作，或多项操作，但不退出命令。

7.2.6　三维动态观察器

1. 命令

命令名：3DORBIT（缩写名：3DO）
菜单：视图→三维动态观察器

2. 功能

控制在三维空间中交互式查看对象。

3. 格式

启动该命令后，三维动态观察器视图将显示一个转盘（被四个小圆平分的一个大圆），如图 7.15 所示。当 3DORBIT 处于活动状态时，查看的目标保持不动，而相机的位置（或查看点）围绕目标移动。目标点是转盘的中心，而不是被查看对象的中心。从转盘的不同位置拖动鼠标，可动态改变三维空间中的观察方向。

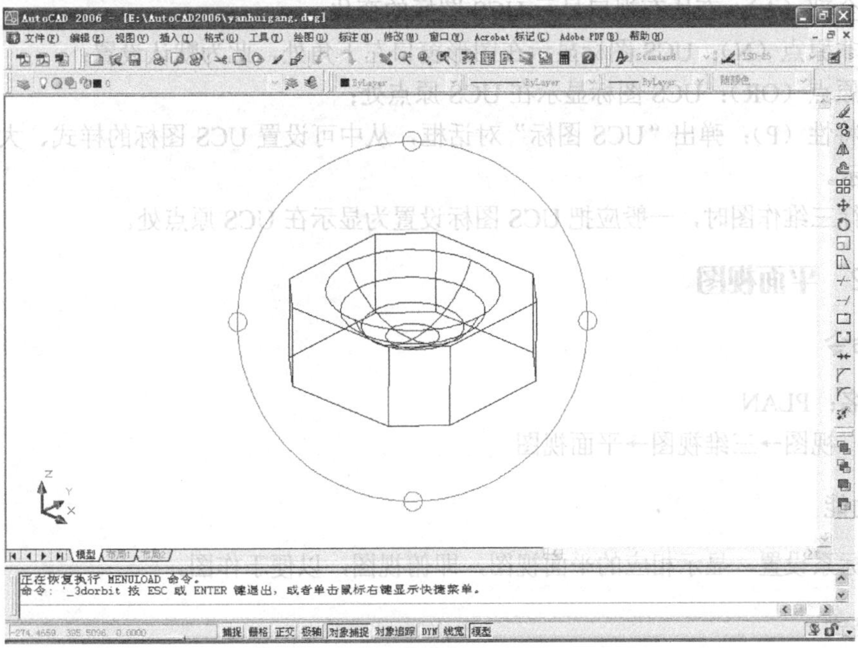

图 7.15　三维动态观察器转盘

7.3 用户坐标系的应用

AutoCAD 作图，通常以当前用户坐标系 UCS 的 *XOY* 平面为作图基准面，因此，不断变化 UCS 的设置，就可以在三维空间创造任意方位的三维形体。本节将对和 UCS 有关的命令及其应用作一介绍。

7.3.1 UCS 图标

1. 命令

命令名：UCSICON
菜单：视图→显示→UCS 图标→开，原点

2. 功能

控制 UCS 图标的是否显示和是否放在 UCS 原点位置。

3. 格式

命令：**UCSICON**↙
输入选项 [开(ON)/关(OFF)/全部(A)/非原点(N)/原点(OR)/特性(P)] <开>:

4. 说明

（1）开（ON）/关（OFF）：在图中显示/不显示 UCS 图标。默认设置为开；
（2）全部（A）：在所有视口显示 UCS 图标的变化；
（3）非原点（N）：UCS 图标显示在图形窗口左下角处，此为默认设置；
（4）原点（OR）：UCS 图标显示在 UCS 原点处；
（5）特性（P）：弹出“UCS 图标”对话框，从中可设置 UCS 图标的样式、大小、颜色等外观显示。

当进行三维作图时，一般应把 UCS 图标设置为显示在 UCS 原点处。

7.3.2 平面视图

1. 命令

命令名：PLAN
菜单：视图→三维视图→平面视图

2. 功能

按坐标系设置，显示相应的平面视图，即俯视图，以便于作图。

3. 格式

命令：**PLAN**↙
输入选项 [当前 UCS(C)/UCS(U)/世界(W)] <当前 UCS>:

4．说明

（1）当前 UCS（C）：按当前 UCS 显示平面视图，即当前 UCS 下的俯视图；
（2）UCS（U）：按指定的命名 UCS 显示其平面视图，即命名 UCS 下的俯视图；
（3）世界（W）：按世界坐标系 WCS 显示其平面视图，即 WCS 下的俯视图。

7.3.3　用户坐标系命令

1．命令

命令名：UCS
菜单：工具→新建 UCS→级联菜单
图标："UCS"工具栏

2．功能

设置与管理 UCS。

3．格式

命令：**UCS**↙
输入选项
[新建(N)/移动(M)/正交(G)/上一个(P)/恢复(R)/保存(S)/删除(D)/应用(A)/?/世界(W)]
<世界>: **N**　（新建一用户坐标系）
指定新 UCS 的原点或 [Z 轴(ZA)/三点(3)/对象(OB)/面(F)/视图(V)/X/Y/Z] <0,0,0>:

4．选项说明

（1）原点：平移 UCS 到新原点；
（2）Z 轴（ZA）：指新原点和新 *Z* 轴指向，AutoCAD 自动定义一个当前 UCS；
（3）三点（3）：指定新原点、新 *X* 轴正向上一点和 *XY* 平面上 *Y* 轴正向一侧的一点，用三点定义当前 UCS；
（4）对象（OB）：选定一个对象（如圆、圆弧、多段线等），按 AutoCAD 规定对象的局部坐标系定义当前 UCS；
（5）面（F）：将 UCS 与实体对象的选定面对齐；
（6）视图（V）：UCS 原点不变，按 UCS 的 *XY* 平面与屏幕平行定义当前 UCS；
（7）X/Y/Z：分别绕 *X*，*Y*，*Z* 轴旋转一指定角度，定义当前 UCS；
（8）移动（M）：平移当前 UCS 的原点或修改其 *Z* 轴深度来重新定义 UCS；
（9）正交（G）：指定 AutoCAD 提供的六个正交 UCS（俯视、仰视、主视、后视、左视、右视）之一，这些 UCS 设置通常用于查看和编辑三维模型；
（10）上一个（P）：恢复上一次的 UCS 为当前 UCS；
（11）恢复（R）：把命名保存的一个 UCS 恢复为当前 UCS；
（12）保存（S）：把当前 UCS 命名保存；
（13）删除（D）：删除一个命名保存的 UCS；

（14）应用（A）：将当前UCS设置应用到指定的视口或所有活动视口；

（15）？：列出保存的UCS名表；

（16）世界（W）：把世界坐标系WCS定义为当前UCS。

7.3.4 应用实例

【例7.1】 在如图7.16所示长方体的不同方位绘图和写字。

步骤

（1）利用3D命令，画长方体表面。

（2）利用VPOINT命令，显示成轴测图，注意UCS图标变化。

（3）利用UCS命令，选“视图”（V），设置UCS的*XOY*平面与屏幕平面平行，UCS标显示如图7.16所示。

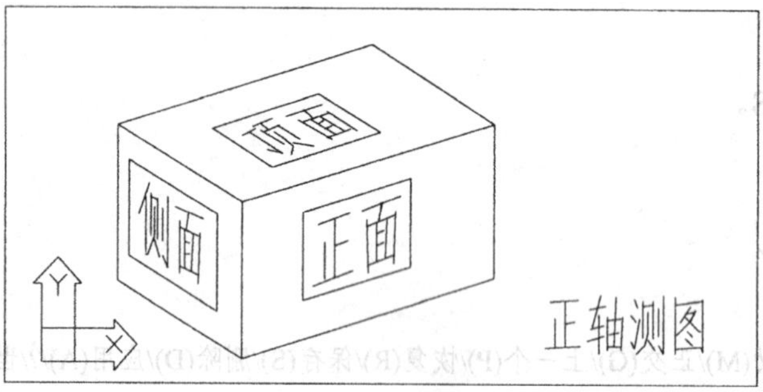

图7.16 在不同方位绘图，写字

（4）画图框，写文字“正轴测图”。

（5）利用UCS命令，选“前一个”（P），恢复为上一个UCS。

（6）利用UCSICON命令，将UCS图标放在原点处。

（7）利用UCS命令，选择“原点”（O），利用端点捕捉，把UCS平移到顶面上的一个顶点处，此时，图标也移到顶点处，如图7.17（a）所示。

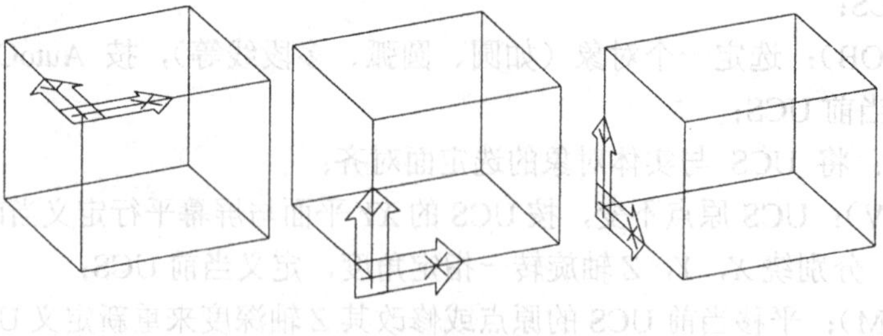

(a) (b) (c)

图7.17 设置当前UCS

（8）当前作图平面为顶面，在顶面上写文字“顶面”，并画出外框线。必要时，也可以利用PLAN命令，转化为平面视图，写字，画线。

（9）利用UCS命令，选择“原点”（O），把UCS命令平移到底面上的一个顶点处，此时的UCS图标在底面上，再用UCS命令，选择“X”，把UCS坐标系绕*X*轴旋转90°，使当前 UCS 处于如图 7.17（b）所示位置，当前作图平面为正面，在正面上写文字“正面”，并画出外框线。

（10）同理，利用 UCS 命令，把当前 UCS 设置成如图 7.17（c）所示，在侧面上写字“侧面”，并画出外框线，完成如图 7.16 所示图形。

（11）在变动 UCS 的过程中，用户也可以命名保存，以便后续作图时调用。

【例 7.2】　在如图 7.18 所示中的斜面上建一圆柱。

步骤

（1）利用 3D 命令，画楔体表面；

（2）利用 VPOINT 命令，显示成轴测图；

（3）利用 UCSICON 命令，将 UCS 图标放在原点处；

（4）利用 UCS 命令选“三点（3）”，利用“端点”捕捉，UCS 原点为 1 点，*X* 轴正向上一点为 2，*XY* 平面 *Y* 轴为正的一侧上取点 3，显示当前 UCS 图标，如图 7.18 所示；

（5）利用 ELEV 命令，设基面标高为（0, 0），对象延伸厚度为 100；

（6）利用 CIRCLE 命令画一圆，由于有厚度，故为一圆柱面，它直立在斜面上；

（7）利用 HIDE 命令消隐。

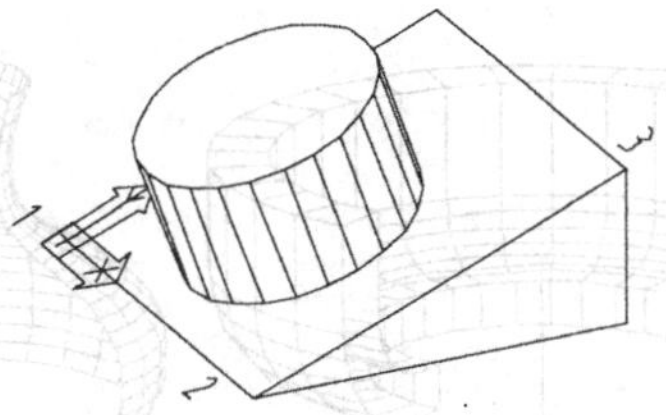

图 7.18　斜面上建造一圆柱

7.4　三维曲面

AutoCAD 提供有四个曲面造型命令，曲面均由 3DMESH 近似表示，所以，实为三维网格面。现分别介绍如下：

7.4.1　旋转曲面

1．命令

命令名：REVSURF

菜单：绘图→曲面→旋转曲面

图标：“曲面”工具栏

2．功能

指定路径曲线与轴线，创建旋转曲面。

3．格式

命令：**REVSURF**↙

当前线框密度: SURFTAB1=6 SURFTAB2=6

选择要旋转的对象:（可选直线、圆弧、圆、二维或三维多段线 ）

选择定义旋转轴的对象:（可选直线，开式二维或三维多段线）

指定起点角度 <0>:（相对于路径曲线的起始角，逆时针为正）

指定包含角 (+=逆时针，-=顺时针) <360>:（输入旋转曲面所张圆心角）

4. 说明

（1）旋转轴为有向线段，靠拾取点处为线段起点。对开式多段线只取起点到终点的直线段。

（2）系统变量 SURFTAB1 控制旋转方向的分段数，默认值为 6。

（3）系统变量 SURFTAB2 控制路径曲线的分段数，默认值为 6，路径曲线为直线、圆弧、圆、样条拟合多段线时，分段数按 SURFTAB2 分段；当路径曲线为多段线时，直线段不再分段，圆弧段按 SURFTAB2 分段。

操作时，应先设定 SURFTAB1，SURFTAB2 的值，并画出路径曲线和轴线，必要时，可利用 UCS 命令调整作图平面。如图 7.19（a）所示为用多段线作路径曲线，如图 7.19（b）所示为用样条拟合多段线作路径曲线。

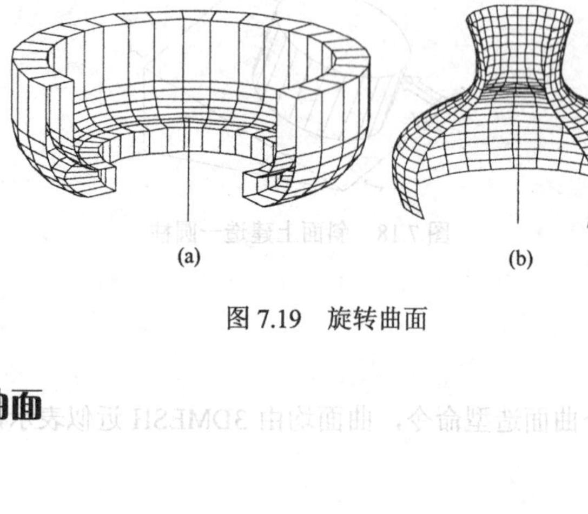

(a) (b)

图 7.19 旋转曲面

7.4.2 平移曲面

1. 命令

命令名：TABSURF

菜单：绘图→曲面→平移曲面

图标：“曲面”工具栏

2. 功能

指定路径曲线与方向矢量，沿方向矢量平移路径曲线创建平移曲面。

3. 格式

命令: **TABSURF**↙

选择用作轮廓曲线的对象:（可选直线、圆弧、圆、椭圆、二维或三维多段线）

选择用作方向矢量的对象:（可选直线或开式多段线）

4．说明

路径曲线的分段数由 SURFTAB1 确定，默认值为 6。如图 7.20（a）所示为用多段线作路径曲线，如图 7.20（b）所示为用样条拟合多段线作路径曲线。

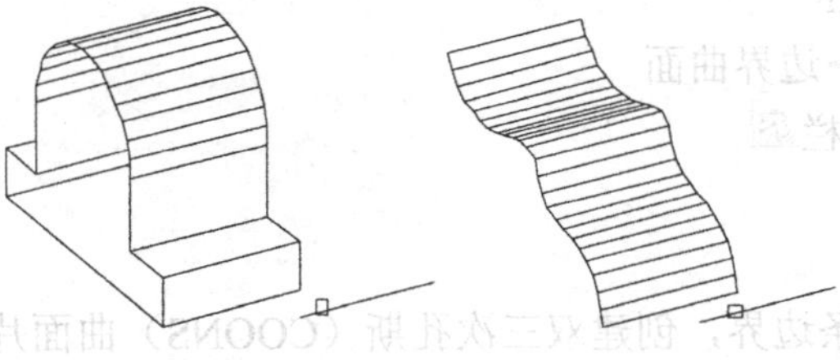

(a)　(b)

图 7.20　平移曲面

7.4.3　直纹曲面

1．命令

命令名：RULESURF
菜单：绘图→曲面→直纹曲面
图标："曲面"工具栏

2．功能

指定第一和第二定义曲线，创建直纹曲面。定义曲线可以是点、直线、样条曲线、圆、圆弧或多段线，如一条定义曲线为闭合曲线，则另一条必须闭合。二条定义曲线中只允许一条曲线用点代替。

3．格式

命令：**RULESURF**↙
选择第一条定义曲线：
选择第二条定义曲线：

4．说明

（1）分段线由系统变量 SURFTAB1 确定，默认值为 6；

（2）对开式定义曲线，定义曲线的起点靠近拾取点，对于圆，起点为 0° 象限点，分点逆时针排列。对于闭合多段线，起点为多段线终点，分点反向排列到多段线起点，如图 7.21 所示。

图 7.21　直纹曲面

7.4.4 边界曲面

1．命令

命令名：EDGESURF
菜单：绘图→曲面→边界曲面
图标：“曲面”工具栏

2．功能

指定首尾相连的四条边界，创建双三次孔斯（COONS）曲面片。边界可以是直线段、圆弧、样条曲线、开式二维或三维多段线。

3．格式

命令：**EDGESURF**↙
选择用作曲面边界的对象 1:（拾取一条边界线，靠近拾取点的边界顶点为起点，边界线的方向为 M 方向，从起点出发的另一边方向为 N 方向）
选择用作曲面边界的对象 2:
选择用作曲面边界的对象 3:
选择用作曲面边界的对象 4:

4．说明

（1）沿 M 方向的分段线由系统变量 SURFTAB1 控制，默认值为 6；
（2）沿 N 方向的分段线由系统变量 SURFTAB2 控制，默认值为 6。

如图 7.22 所示，为了便于绘制边界曲线，可以调用 3D 命令中的长方体作为参照，并利用 UCS 命令在长方体表面上绘制。

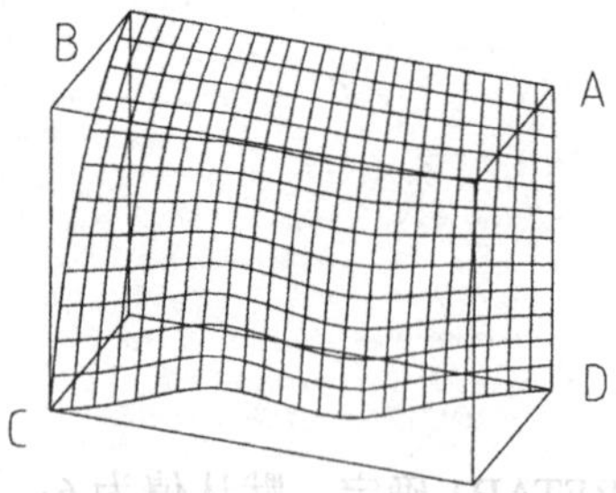

图 7.22　边界曲面

7.4.5 三维网格曲面

1．命令

命令名：3DMESH
菜单：绘图→曲面→三维网格
图标：“曲面”工具栏

2. 功能

创建自由格式的多边形网格。

3. 格式

命令：**3DMESH**↙
输入 M 方向上的网格数量：（输入一个方向上的网格数）
输入 N 方向上的网格数量：（输入另一垂直方向上的网格数）
指定顶点 (0, 0) 的位置：（依次输入各网格点处的顶点坐标）
指定顶点 (0, 1) 的位置：
指定顶点 (0, 2) 的位置：
指定顶点 (0, 3) 的位置：
指定顶点 (0, 4) 的位置：
⋮
⋮
指定顶点 (1, 0) 的位置：
指定顶点 (1, 1) 的位置：
⋮
⋮

4. 说明

（1）输入 M 方向上的网格数量和 N 方向上的网格数量的取制值范围均应在 2 到 256 之间；

（2）多边形网格由矩阵定义，其大小由 M 和 N 的尺寸值决定。M 乘以 N 等于必须指定的顶点数。

（3）该命令主要是为程序员而设计，利用脚本命令或编程实现较为方便。

如图 7.23 所示为用 3DMESH 命令生成的丘陵地貌曲面（网格数为 40×40）。

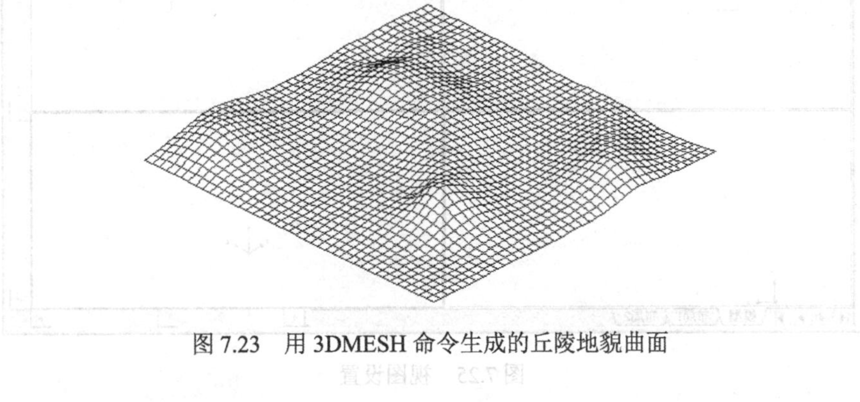

图 7.23　用 3DMESH 命令生成的丘陵地貌曲面

7.5　三维绘图综合示例

【例 7.3】　本节以绘制图 7.24 所示的“写字台与台灯”为例，介绍绘制三维图形的基本过程和方法。

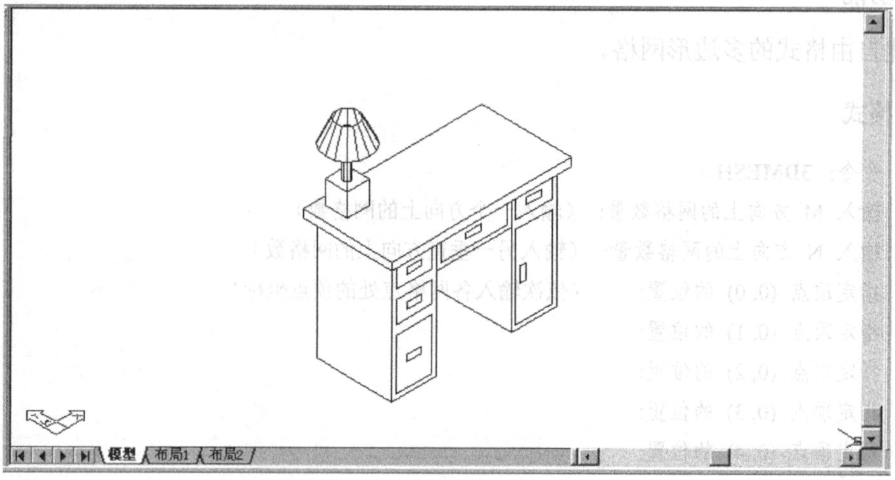

图 7.24　写字台与台灯

7.5.1　绘制写字台

1．布置视图

为便于绘图，将视区设置为四个视图：主视图、俯视图、左视图和西南等轴测视图。在“视图”菜单的“视口”选项选择命令“四个视口”，则设置为四个视区。单击左上角的视区，将该视图激活，然后单击“视图”工具栏中的“主视图”图标，将该视区设置为主视图。利用同一方法，将右上角的视区设置为左视图，右下角的视区设置为西南等轴测图。左下角视区默认状态即为俯视图。设置后的视图如图 7.25 所示。

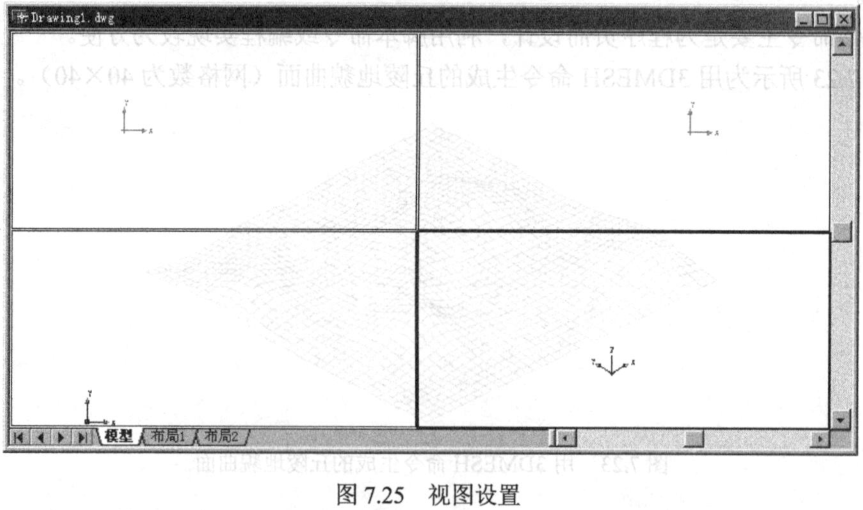

图 7.25　视图设置

2．绘制写字台左右两腿

激活俯视图，在俯视图中绘制两个长方体表面，具体操作如下：

命令:**3D↙**

正在初始化...　已加载三维对象。

输入选项

[长方体表面(B)/圆锥面(C)/下半球面(DI)/上半球面(DO)/网格(M)/棱锥面(P)/球面(S)/圆环面(T)/楔体表面(W)]: **B↙**

指定角点给长方体: **100,100,100↙**

指定长度给长方体: **30↙**

指定长方体表面的宽度或 [立方体(C)]: **50↙**

指定高度给长方体: **80↙**

指定长方体表面绕 Z 轴旋转的角度或 [参照(R)]: **0↙**

命令: **3D↙**

正在初始化...　已加载三维对象。

输入选项

[长方体表面(B)/圆锥面(C)/下半球面(DI)/上半球面(DO)/网格(M)/棱锥面(P)/球面(S)/圆环面(T)/楔体表面(W)]: **B↙**

指定角点给长方体: **180,100,100↙**

指定长度给长方体: **30↙**

指定长方体表面的宽度或[立方体(C)]: **50↙**

指定高度给长方体: **80↙**

指定长方体表面绕 Z 轴旋转的角度或 [参照(R)]: **0↙**

绘制出长方体表面之后，激活主视图，然后单击“视图”工具栏中的“主视图”图标，则图形在主视图中以最大方式显示。同样的方法使图形在各个视图都以最大方式显示。设置后的视图如图 7.26 所示。

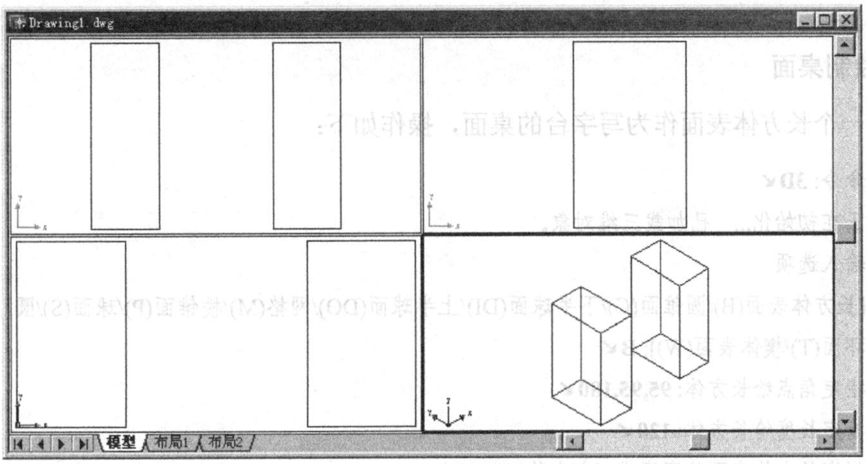

图 7.26　写字台的腿部

3. 绘制写字台中间的抽屉部分

在写字台的两个腿中间绘制一个抽屉。操作如下：

命令: **3D**↙
正在初始化... 已加载三维对象。
输入选项
[长方体表面(B)/圆锥面(C)/下半球面(DI)/上半球面(DO)/网格(M)/棱锥面(P)/球面(S)/圆环面(T)/楔体表面(W)]: **B**↙
指定角点给长方体: **130,100,160**↙
指定长度给长方体: **50**↙
指定长方体表面的宽度或 [正方体(C)]: **50**↙
指定高度给长方体: **20**↙
指定长方体表面绕 Z 轴旋转的角度或 [参照(R)]: **0**↙

绘制的图形如图 7.27 所示。

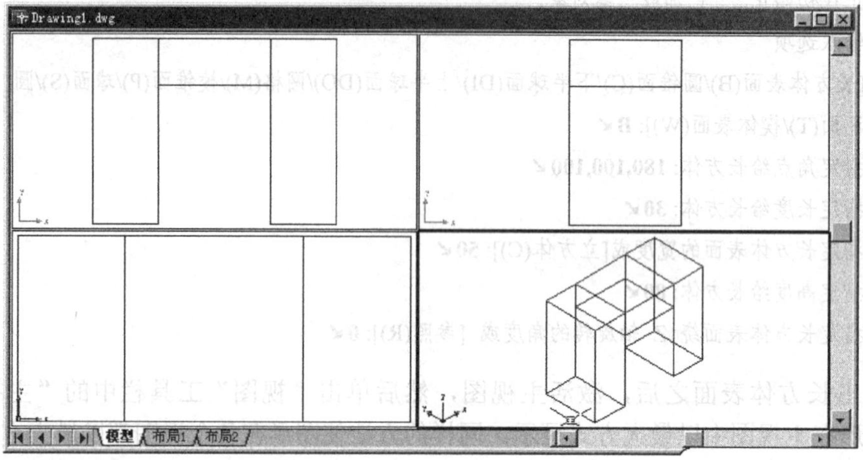

图 7.27　中间抽屉部分

4．绘制桌面

绘制一个长方体表面作为写字台的桌面，操作如下：

命令: **3D**↙
正在初始化... 已加载三维对象。
输入选项
[长方体表面(B)/圆锥面(C)/下半球面(DI)/上半球面(DO)/网格(M)/棱锥面(P)/球面(S)/圆环面(T)/楔体表面(W)]: **B**↙
指定角点给长方体: **95,95,180**↙
指定长度给长方体: **120**↙
指定长方体表面的宽度或 [立方体(C)]: **60**↙
指定高度给长方体: **5**↙
指定长方体表面绕 Z 轴旋转的角度或 [参照(R)]: **0**↙

绘制出桌面之后，将各个图形在视图当中以最大方式显示，设置后的图形如图 7.28 所示。

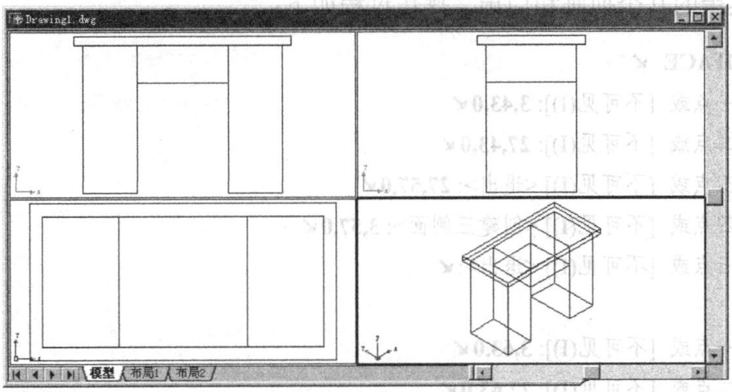

图 7.28　写字台的桌面

5．绘制抽屉

下面利用 3DFACE 命令绘制几个三维平面，作为抽屉和门扇的轮廓。首先激活主视图，在主视图中将 UCS 设置在写字台的左下角以便于绘图。操作过程如下：

命令:**UCS**↙

输入选项 [新建(N)/移动(M)/正交(G)/上一个(P)/恢复(R)/保存(S)/删除(D)/应用(A)/?/世界(W)] <世界>: **N**↙

指定新 UCS 的原点或 [Z 轴(ZA)/三点(3)/对象(OB)/面(F)/视图(V)/X/Y/Z] <0,0,0>: **3**↙

指定新原点 <0,0,0>: 100,100,-100↙

在正 X 轴范围上指定点<101.0000,100.0000,-100.0000>:**101,100,-100**↙

在 UCS XY 平面的正 Y 轴范围上指定点 <100.0000,101.0000,-100.0000>:**100,101,-100**↙

在主视图设置 UCS 之后，可以在主视图方便地绘制三维平面了。下面为绘制的过程：

命令: **3DFACE**↙

指定第一点或 [不可见(I)]: **3,3,0**↙

指定第二点或 [不可见(I)]: **27,3,0**↙

指定第三点或 [不可见(I)] <退出>: **27,37,0**↙

指定第四点或 [不可见(I)] <创建三侧面>: **3,37,0**↙

指定第三点或 [不可见(I)] <退出>:↙

绘制的图形如图 7.29 所示。

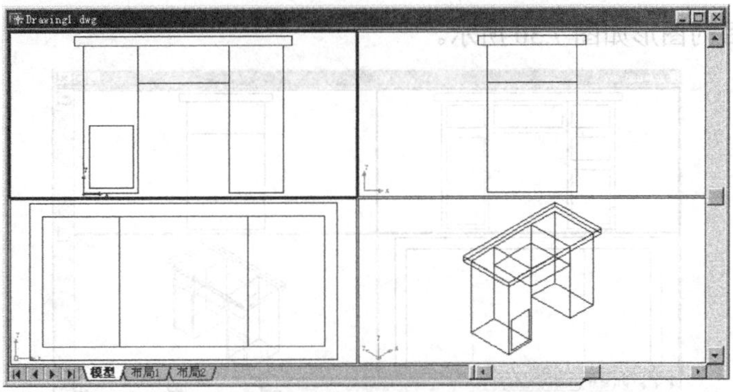

图 7.29　绘制的第一个门扇

继续绘制其余的几个抽屉和门扇。操作过程如下：

命令:**3DFACE** ↙
指定第一点或 [不可见(I)]: **3,43,0**↙
指定第二点或 [不可见(I)]: **27,43,0**↙
指定第三点或 [不可见(I)] <退出>: **27,57,0**↙
指定第四点或 [不可见(I)] <创建三侧面>: **3,57,0**↙
指定第三点或 [不可见(I)] <退出>:↙
命令:↙
指定第一点或 [不可见(I)]: **3,63,0**↙
指定第二点或 [不可见(I)]: **27,63,0**↙
指定第三点或 [不可见(I)] <退出>: **27,77,0**↙
指定第四点或 [不可见(I)] <创建三侧面>: **3,77,0**↙
指定第三点或 [不可见(I)] <退出>:↙
命令:↙
指定第一点或 [不可见(I)]: **33,63,0**↙
指定第二点或 [不可见(I)]: **77,63,0**↙
指定第三点或 [不可见(I)] <退出>: **77,77,0**↙
指定第四点或 [不可见(I)] <创建三侧面>: **33,77,0**↙
指定第三点或 [不可见(I)] <退出>:↙
命令:↙
指定第一点或 [不可见(I)]: **83,63,0**↙
指定第二点或 [不可见(I)]: **107,63,0**↙
指定第三点或 [不可见(I)] <退出>: **107,77,0**↙
指定第四点或 [不可见(I)] <创建三侧面>: **83,77,0**↙
指定第三点或 [不可见(I)] <退出>:↙
命令:↙
指定第一点或 [不可见(I)]: **83,57,0**↙
指定第二点或 [不可见(I)]: **107,57,0**↙
指定第三点或 [不可见(I)] <退出>: **107,3，0**↙
指定第四点或 [不可见(I)] <创建三侧面>: **83,3,0**↙
指定第三点或 [不可见(I)] <退出>:↙

绘制抽屉后的图形如图 7.30 所示。

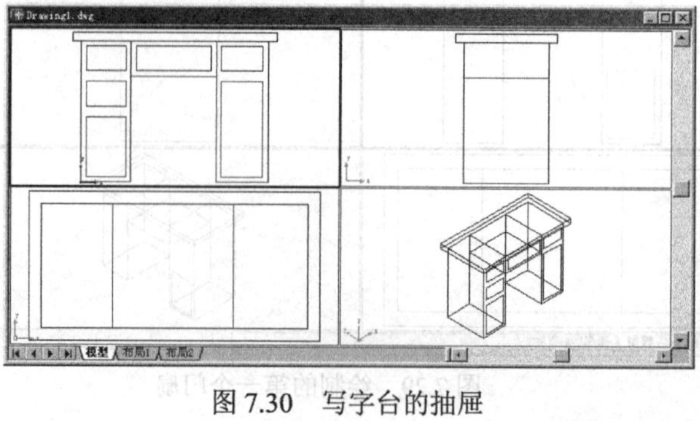

图 7.30　写字台的抽屉

6. 绘制抽屉的把手

下面在每个抽屉上绘制一个三维平面作为把手。首先为左下角的抽屉绘制一个把手，操作过程为：

命令:**3DFACE** ↙
指定第一点或 [不可见(I)]: **10,18,0**↙
指定第二点或 [不可见(I)]: **20,18,0**↙
指定第三点或 [不可见(I)] <退出>: **20,22,0**↙
指定第四点或 [不可见(I)] <创建三侧面>: **10,22,0**↙
指定第三点或 [不可见(I)] <退出>:↙

绘制的把手如图 7.31 所示。

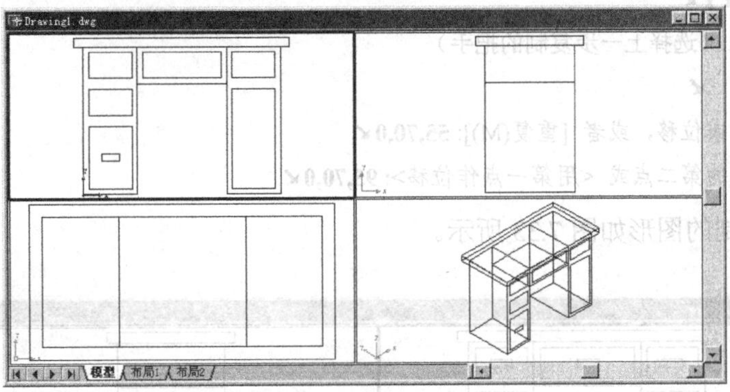

图 7.31　抽屉的把手

在绘制了一个把手之后，利用 COPY 命令复制其余的把手，操作过程如下：

命令: **COPY**↙
选择对象:（选择已绘制的把手）
选择对象: ↙
指定基点或位移，或者 [重复(M)]: **15,20,0**↙
指定位移的第二点或 <用第一点作位移>: **15,50,0**↙

绘制的图形如图 7.32 所示。

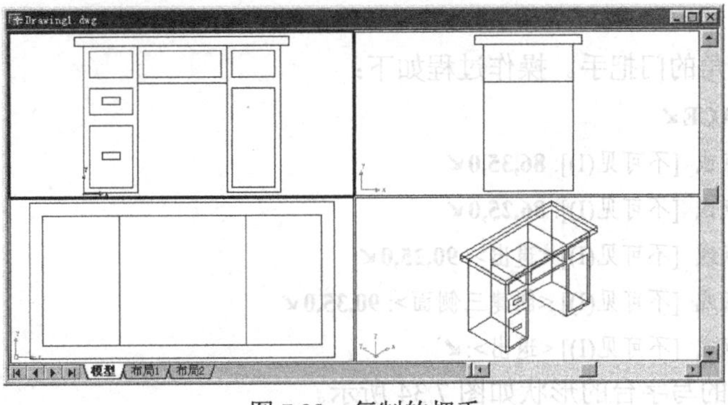

图 7.32　复制的把手

利用同样的方法复制其余的把手：

命令:**COPY**↙

选择对象:（选择上一步复制的把手）

选择对象: ↙

指定基点或位移，或者 [重复(M)]: **15,50,0**↙

指定位移的第二点或 <用第一点作位移>: **15,70,0**↙

命令:**COPY**↙

选择对象:（选择上一步复制的把手）

选择对象: ↙

指定基点或位移，或者 [重复(M)]: **15,70,0**↙

指定位移的第二点或 <用第一点作位移>: **55,70,0**↙

命令:**COPY**↙

选择对象:（选择上一步复制的把手）

选择对象: ↙

指定基点或位移，或者 [重复(M)]: **55,70,0**↙

指定位移的第二点或 <用第一点作位移>: **95,70,0**↙

以上操作绘制的图形如图 7.33 所示。

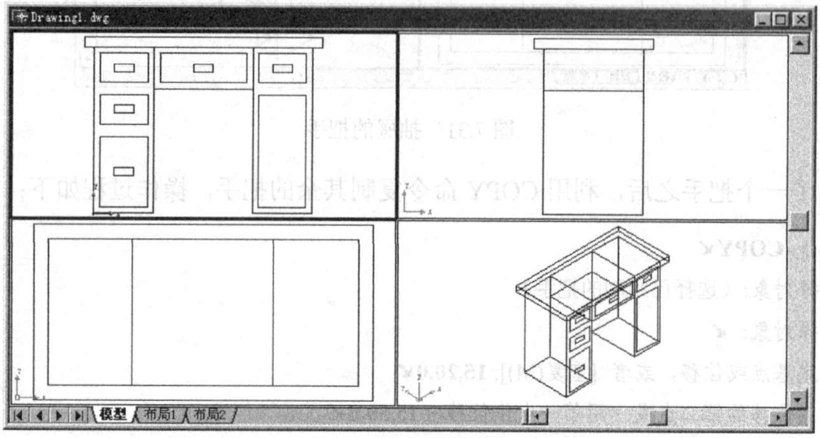

图 7.33　复制的把手

最后绘制右下角的门把手。操作过程如下：

命令: **3DFACE**↙

指定第一点或 [不可见(I)]: **86,35,0**↙

指定第二点或 [不可见(I)]: **86,25,0**↙

指定第三点或 [不可见(I)] <退出>: **90,25,0**↙

指定第四点或 [不可见(I)] <创建三侧面>: **90,35,0**↙

指定第三点或 [不可见(I)] <退出>:↙

最后绘制完成的写字台的形状如图 7.34 所示。

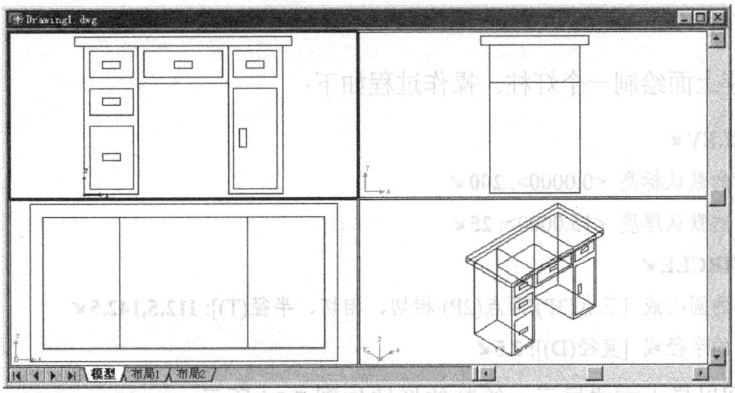

图 7.34　绘制完成的写字台

7.5.2　绘制台灯

下面在写字台的左上角绘制一个台灯。

1．绘制灯座

首先激活俯视图，然后利用 ELEV 命令绘制一个灯座，操作过程如下：

命令:**ELEV**↙

指定新的默认标高 <0.0000>: **185**↙

指定新的默认厚度 <0.0000>: **15**↙

命令:**PLINE**↙

指定起点: **105,150**↙

当前线宽: 0.0000

指定下一点或 [圆弧(A)/闭合(C)/半宽(H)/长度(L)/放弃(U)/宽度(W)]: **120,150**↙

指定下一点或 [圆弧(A)/闭合(C)/半宽(H)/长度(L)/放弃(U)/宽度(W)]: **120,135**↙

指定下一点或 [圆弧(A)/闭合(C)/半宽(H)/长度(L)/放弃(U)/宽度(W)]: **105,135**↙

指定下一点或 [圆弧(A)/闭合(C)/半宽(H)/长度(L)/放弃(U)/宽度(W)]:**C**↙

将各个视图以最大方式显示，绘制的灯座如图 7.35 所示。

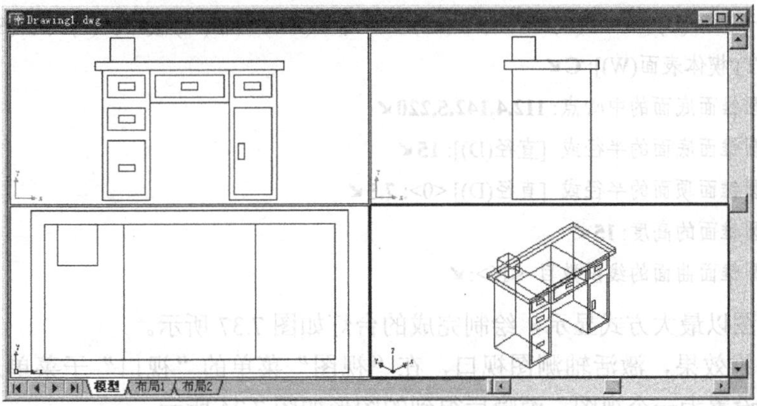

图 7.35　绘制的灯座

2．绘制灯柱

下面在灯座上面绘制一个灯柱。操作过程如下：

命令:**ELEV**↙

指定新的默认标高 <0.0000>: **200**↙

指定新的默认厚度 <15.0000>: **25**↙

命令:**CIRCLE**↙

指定圆的圆心或 [三点(3P)/两点(2P)/相切、相切、半径(T)]: **112.5,142.5**↙

指定圆的半径或 [直径(D)]: **2.5**↙

将各个视图以最大方式显示，绘制的灯柱如图 7.36 所示。

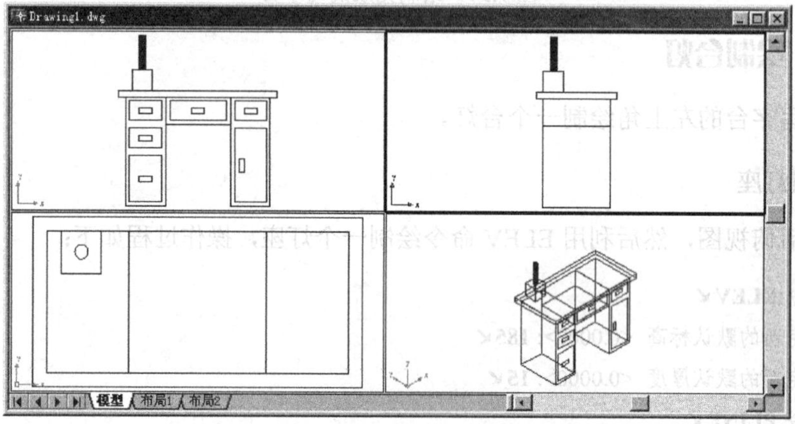

图 7.36 绘制的灯柱

3．绘制灯罩

下面绘制一个圆锥面作为灯罩，操作过程如下：

命令: **3D**↙

正在初始化... 已加载三维对象

输入选项

[长方体表面(B)/圆锥面(C)/下半球面(DI)/上半球面(DO)/网格(M)/棱锥面(P)/球面(S)/圆环面(T)/楔体表面(W)]: **C**↙

指定圆锥面底面的中心点: **112.4,142.5,220**↙

指定圆锥面底面的半径或 [直径(D)]: **15**↙

指定圆锥面顶面的半径或 [直径(D)] <0>: **7.5**↙

指定圆锥面的高度: **15**↙

输入圆锥面曲面的线段数目 <16>:↙

将各个视图以最大方式显示，绘制完成的台灯如图 7.37 所示。

为显示三维效果，激活轴测图视口，在"视图"菜单的"视口"子菜单选择"一个视口"命令，则设置为一个视图，消隐后得到的图形如图 7.24 所示。

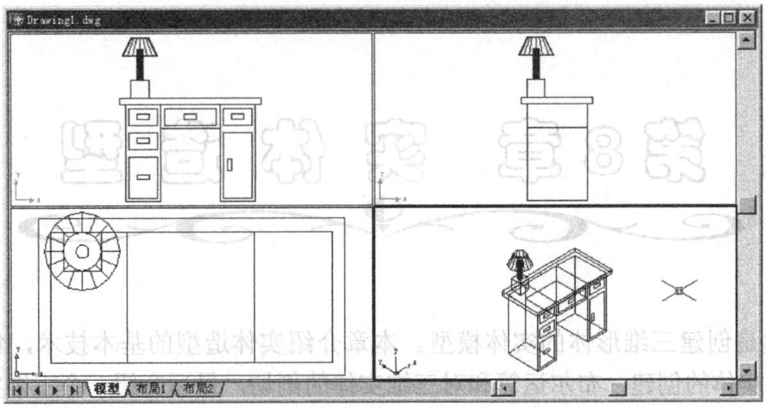

图 7.37　绘制完成的写字台和台灯

思考题 7

1．线框模型、表面模型和实体模型各有何特点？

2．如何定义下图所示的用户坐标系（UCS）？

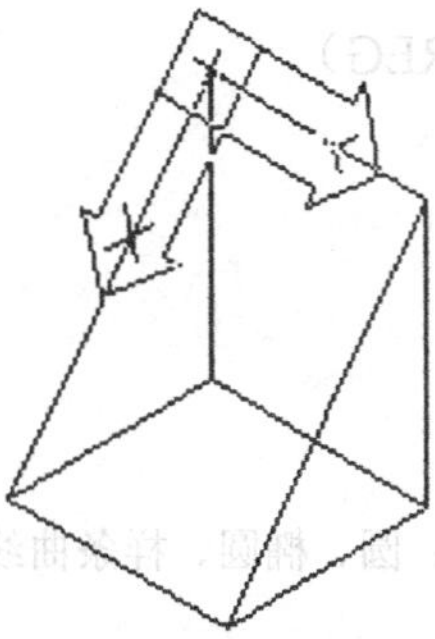

3．如何绘制下图所示的曲面？

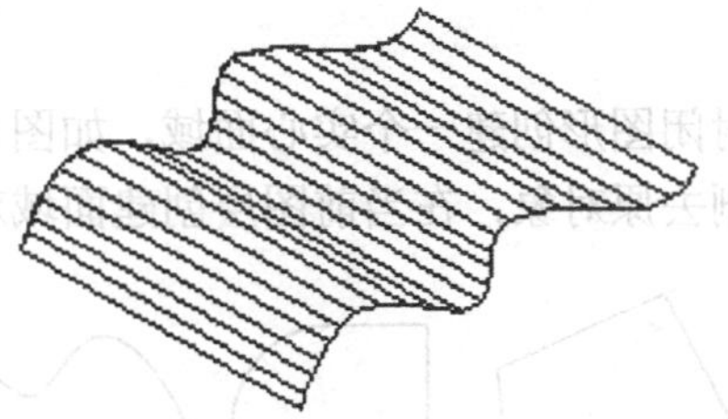

上机实习 7

目的：初步掌握三维图形的绘制方法以及用户坐标系的应用。

内容：

1．按照 7.5 节所给方法和步骤上机完成“写字台与台灯”的三维图形的绘制。

2．设计一个有意义的三维形体，然后运用本章介绍的三维命令完成其三维绘制和显示。

第8章 实体造型

实体造型是创建三维形体的实体模型。本章介绍实体造型的基本技术，包括二维的面域造型，三维实体的创建，布尔运算和对三维实体的剖切，最后介绍一个三维实体造型的示例。

8.1 创建面域

面域是指严格封闭的实心平面图形，其外部边界称为外环，内部边界称为内环。面域可以放在空间任何位置，可以计算面积。

1．命令

命令名：REGION（缩写名：REG）
菜单：绘图→面域
图标："绘图"工具栏

2．格式

命令：**REGION**↙
选择对象：（可选闭合多段线、圆、椭圆、样条曲线或由直线、圆弧、椭圆弧、样条曲线链接而成的封闭曲线）

3．说明

（1）选择集中每一个封闭图形创建一个实心面域，如图 8.1 所示；
（2）在创建面域时，删去原对象，在当前图层创建面域对象。

图 8.1　面域

8.2 创建基本立体

AutoCAD 提供有一组创建基本立体的命令，可以用其方便地生成长方体、圆柱体、圆锥体、球、圆环、楔体等规则形状的三维实体。

1．命令

命令名：BOX（长方体），SPHERE（球体），CYLINDER（圆柱体），
　　　CONE（圆锥体），WEDGE（楔体），TORUS（圆环体）

菜单：绘图→实体→长方体、球体等

图标："实体"工具栏

（长方体）
（球体）
（圆柱体）
（圆锥体）
（楔体）
（圆环体）

2．格式举例

（1）命令：**BOX**↙[如图 8.2（a）所示]

指定长方体的角点或 [中心点(CE)] <0,0,0>:（给出角点）

指定角点或 [立方体(C)/长度(L)]:（给出底面上另一角点）

指定高度:（给出高度）

（2）命令：**CYLINDER**↙[如图 8.2（b）所示]

指定圆柱体底面的中心点或 [椭圆(E)] <0,0,0>:（给出底面圆心，如生成椭圆柱，则输入 E）

指定圆柱体底面的半径或 [直径(D)]:（给出圆柱半径）

指定圆柱体高度或 [另一个圆心(C)]:（给出高度，圆柱高沿 Z 轴方向，如选 C，则可画柱高为任何方向的圆柱）

（3）命令：**TORUS**↙（缩写名：TOR）[如图 8.2（c）和图 8.2（d）所示]

指定圆环体中心 <0,0,0>:（指定圆环中心点）

指定圆环体半径或 [直径(D)]:（给圆环半径，圆环半径指圆环中心到圆管中心的距离）

指定圆管半径或 [直径(D)]:（给圆管半径）

如圆管半径大于圆环半径，并把圆环半径取正值，则创建环形实体，如图 8.2（c）所示；如把圆环半径取负值，则创建橄榄形实体，如图 8.2（d）所示。

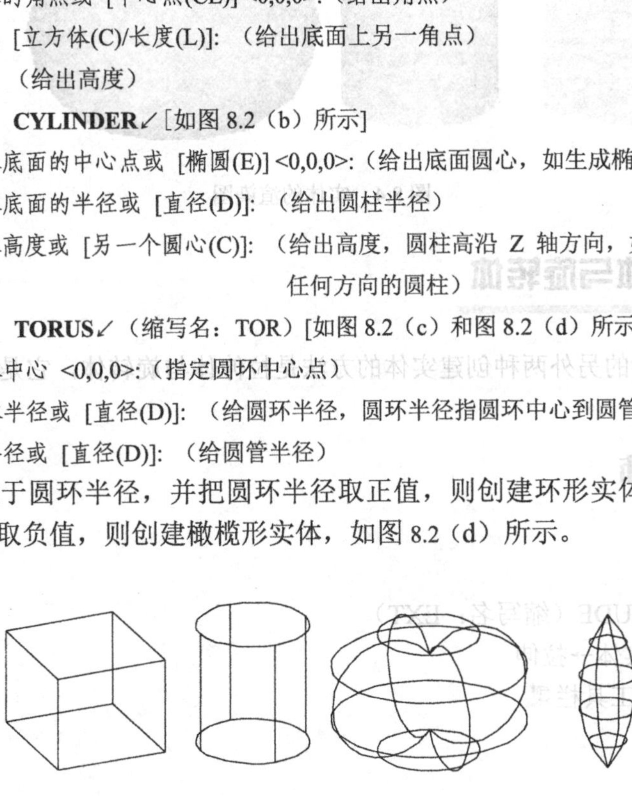

(a)　(b)　(c)　(d)

图 8.2　实体的线架模型

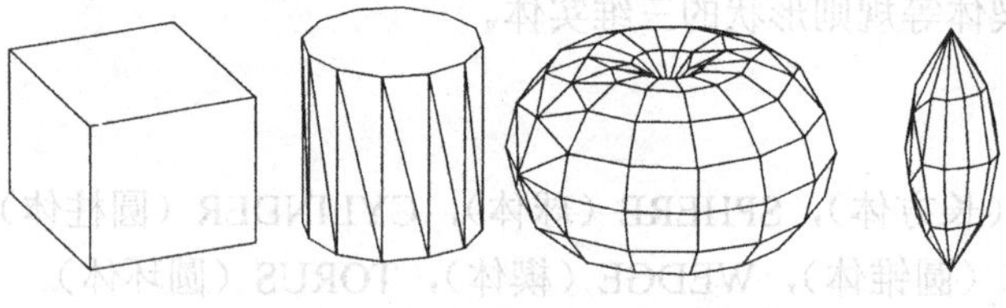

图 8.3　实体的消隐图

3. 说明

（1）3D 命令中的长方体等只是表面模型，而 BOX 命令等创建的是实体模型。并且在创建时，输入数据和创建结果也略有不同。

（2）实体模型在创建时显示其线架模型，如图 8.2 所示，当消隐、着色、渲染时，其表面自动转化为细分网格（三角形面），如图 8.3 所示为实体的消隐图，如图 8.4 所示为实体的渲染图。

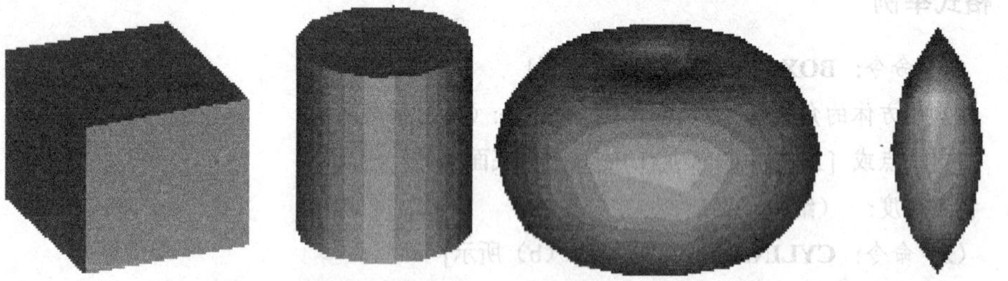

图 8.4　实体的渲染图

8.3　拉伸体与旋转体

AutoCAD 提供的另外两种创建实体的方法是拉伸体与旋转体，它是更为一般的创建实体方法。

8.3.1　拉伸体

1. 命令

命令名：EXTRUDE（缩写名：EXT）
菜单：绘图→实体→拉伸
图标："实体"工具栏

2. 格式

命令：EXTRUDE↙
当前线框密度：ISOLINES=4
选择对象：（可选闭合多段线、正多边形、圆、椭圆、闭合样条曲线、圆环和面域；对于宽线，忽略其宽度，对于带厚度的二维对象，忽略其厚度）

指定拉伸高度或 [路径(P)]: （给出高度，沿轴方向拉伸）

指定拉伸的倾斜角度 <0>: [可给拉伸时的倾斜角度，角度为正，拉伸时向内收缩，如图 8.5（b）所示；角度为负，拉伸时向外扩展，如图 8.5（c）所示；默认值为 0，如图 8.5（a）所示]。

图 8.5 为用不同的拉伸锥角拉伸圆的造型效果。

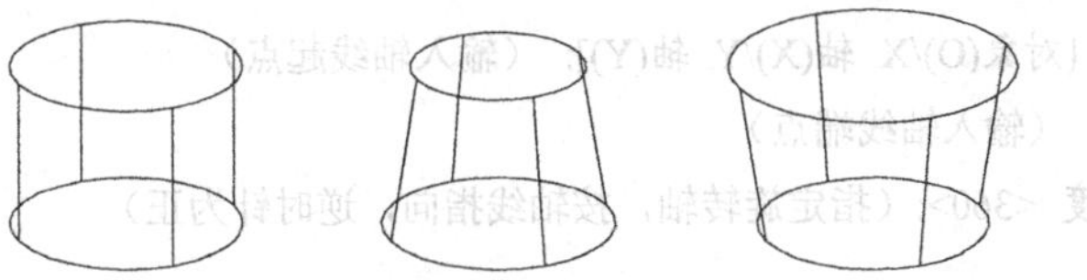

(a) 拉伸锥角为 0° (b) 拉伸锥角为 10° (c) 拉伸锥角为-10°

图 8.5 圆的拉伸

3. 选项说明

当选择“路径（P）”时，提示为：

选择拉伸路径或 [倾斜角]: （可选直线、圆、圆弧、椭圆、椭圆弧、多段线或样条曲线）

注意下列沿路径拉伸的规则：

（1）路径曲线不能和拉伸轮廓共面。

（2）当路径曲线一端点位于拉伸轮廓上时，拉伸轮廓沿路径曲线拉伸。否则，AutoCAD 将路径曲线平移到拉伸轮廓重心点处，沿该路径曲线拉伸。

（3）在拉伸时，拉伸轮廓与路径曲线垂直。

沿路径曲线拉伸，大大扩展了创建实体的范围。如图 8.6（a）所示为拉伸轮廓和路径曲线，如图 8.6（b）所示为拉伸结果。

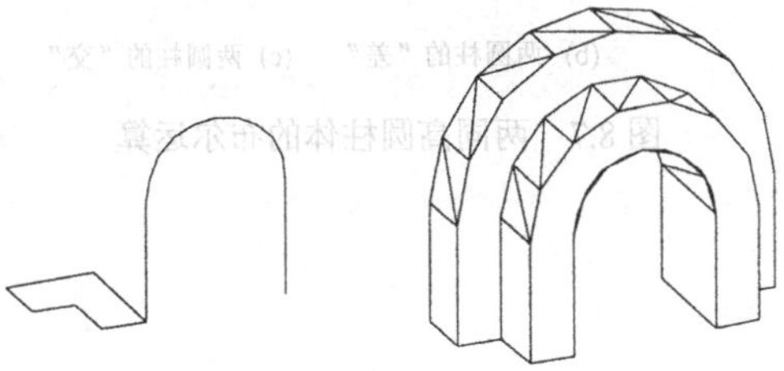

(a) (b)

图 8.6 沿路径曲线拉伸

8.3.2 旋转体

1. 命令

命令名：REVOLVE（缩写名：REV）

菜单：绘图→实体→旋转

图标：“实体”工具栏

2．格式

命令：**REVOLVE**↙

当前线框密度：ISOLINES=4

选择对象：（可选择闭合多段线、正多边形、圆、椭圆、闭合样条曲线、圆环和面域）

指定旋转轴的起点或

定义轴依照 [对象(O)/X 轴(X)/Y 轴(Y)]：（输入轴线起点）

指定轴端点：（输入轴线端点）

指定旋转角度 <360>:（指定旋转轴，按轴线指向，逆时针为正）

3．选项说明

（1）对象（O）：选择已画出的直线段或多段线为旋转轴；

（2）*X* 轴（*X*）/*Y* 轴（*Y*）：选择当前 UCS 的 *X* 轴或 *Y* 轴为旋转轴。

8.4 实体造型中的布尔运算

实体造型中的布尔运算，是指对实体或面域进行“并、交、差”布尔逻辑运算，以创建组合实体。如图 8.7 所示说明了对两个同高的圆柱体进行布尔运算的结果。

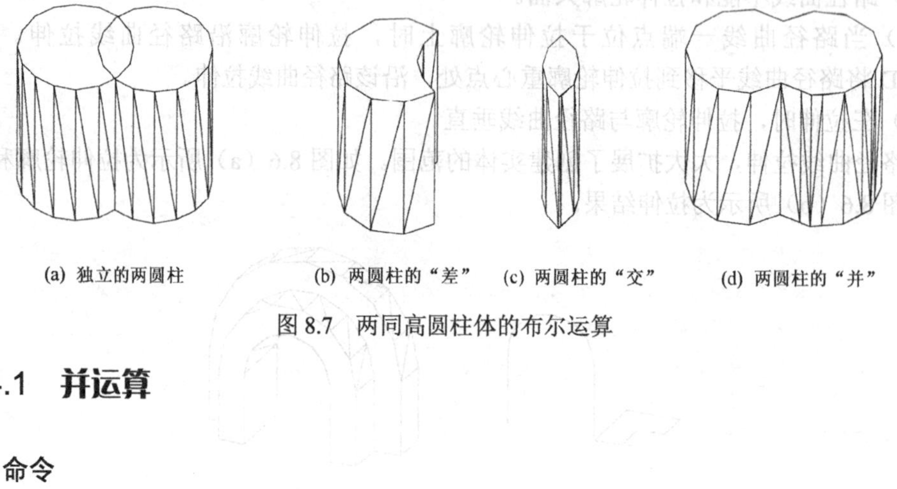

(a) 独立的两圆柱　(b) 两圆柱的“差”　(c) 两圆柱的“交”　(d) 两圆柱的“并”

图 8.7　两同高圆柱体的布尔运算

8.4.1 并运算

1．命令

命令名：UNION（缩写名：UNI）

菜单：修改→实体编辑→并集

图标：“实体编辑”工具栏

2．功能

把相交叠的面域或实体合并为一个组合面域或实体。

3．格式

命令：**UNION**↙

选择对象：（可选择面域或实体）

8.4.2 交运算

1. 命令

命令名：INTERSECT（缩写名：IN）
菜单：修改→实体编辑→交集
图标："实体编辑"工具栏

2. 功能

把相交叠的面域或实体，取其交叠部分，创建为一个组合面域或实体。

3. 格式

命令：**INTERSECT**↙
选择对象：（可选择面域或实体）

8.4.3 差运算

1. 命令

命令名：SUBTRACT（缩写名：SU）
菜单：修改→实体编辑→差集
图标："实体编辑"工具栏

2. 功能

从需减对象（面域或实体）减去另一组对象，创建为一个组合面域或实体。

3. 格式

命令：**SUBTRACT**↙
选择要从中减去的实体或面域...
选择对象：（可选择面域或实体）
选择对象：↙
选择要减去的实体或面域 ...
选择对象：（可选择面域或实体）
选择对象：↙

8.4.4 举例

【例 8.1】 创建如图 8.8（b）所示扳手。

步骤

（1）画出圆 1、2，矩形 3，正六边形 4、5，如图 8.8（a）所示。
（2）利用 REGION 命令，创建 5 个面域。
（3）利用 SUBTRACT 命令，需减去的面域选 1、2、3；被减去的面域选 4、5，构造组合面域扳手平面轮廓。

（4）利用 EXTRUDE 命令，把扳手平面轮廓拉伸为实体，如图 8.8（b）所示。

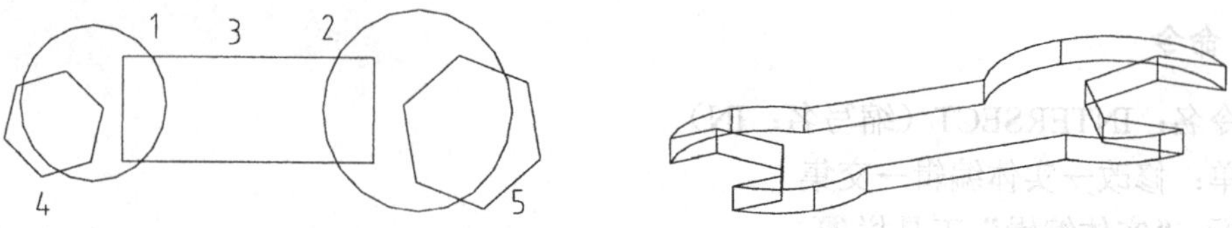

(a) (b)

图 8.8 创建一扳手

【例 8.2】 画出如图 8.9 所示圆柱与圆锥相贯体的并、交、差运算结果。

步骤

（1）利用 CONE 命令画出直立圆锥体；

（2）利用 CYLINDER 命令，通过指定两端面圆心位置的方法，画出一轴线为水平的圆柱体；

（3）利用 COPY 命令，把圆柱，圆锥复制四组；

（4）利用 UNION 命令，求出柱、锥相贯的组合体，如图 8.9（a）所示；

（5）利用 INTERSECT 命令，求出柱、锥相贯体的交集，即其公共部分，如图 8.9（b）所示；

（6）利用 SUBTRACT 命令，求出圆锥体穿圆柱孔后的结果，如图 8.9（c）所示；

（7）利用 SUBTRACT 命令，求出圆柱体挖去圆锥体部分后的结果，如图 8.9（d）所示。

如图 8.10 所示为渲染后的结果。

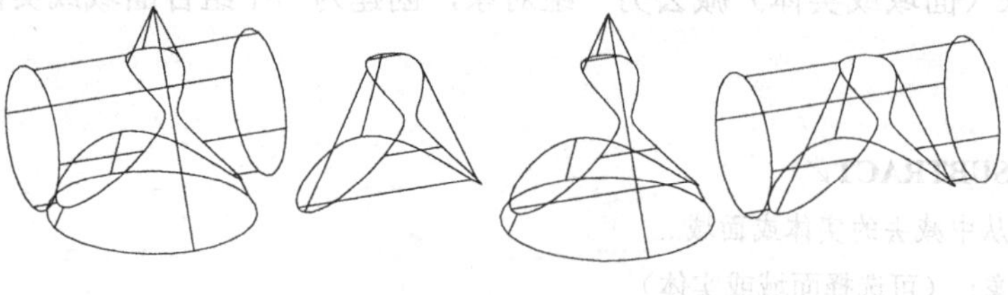

(a) (b) (c) (d)

图 8.9 布尔运算

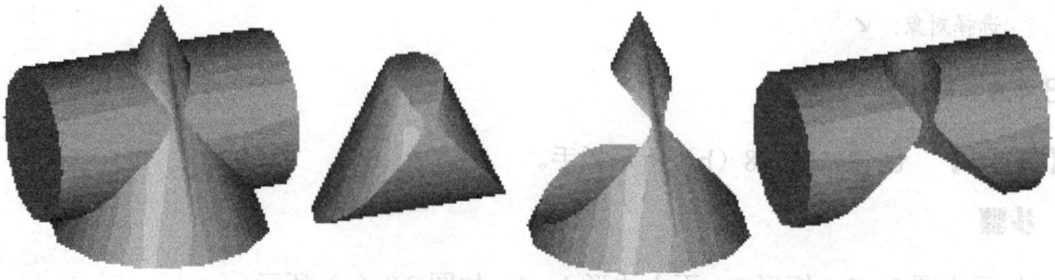

图 8.10 渲染图

8.5 三维形体的编辑

8.5.1 图形编辑命令

在“修改”菜单中的图形编辑命令，如复制、移动等，均适用于三维形体，并且还可以对实体的棱边作圆角、倒角，在三维操作项中，还增添了三维形体阵列、三维镜像、三维旋转、对齐等命令。现简介如下：

1. 对实体棱边作倒角

利用 CHAMFER（倒角）命令，如选一三维实体的棱边[如图 8.11（a）所示]，可修改为倒角[如图 8.11（b）所示]，并可同时对一边环的环中各边作倒角[如图 8.11（c）所示]。

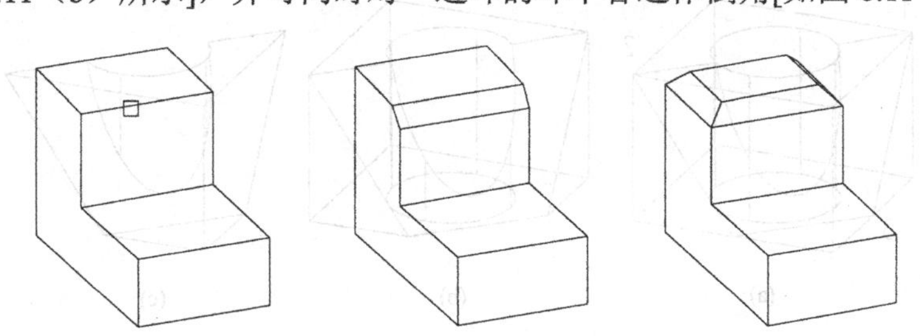

(a)　(b)　(c)

图 8.11　对实体棱边作倒角

2. 对实体棱边作圆角

利用 FILLET（圆角）命令，如选一三维实体的棱边[如图 8.12（a）所示]，可修改为圆角[如图 8.12（b）所示]，并可同时对一边链（即边和边相切连接成链）的各边作圆角[如图 8.12（c）所示]。

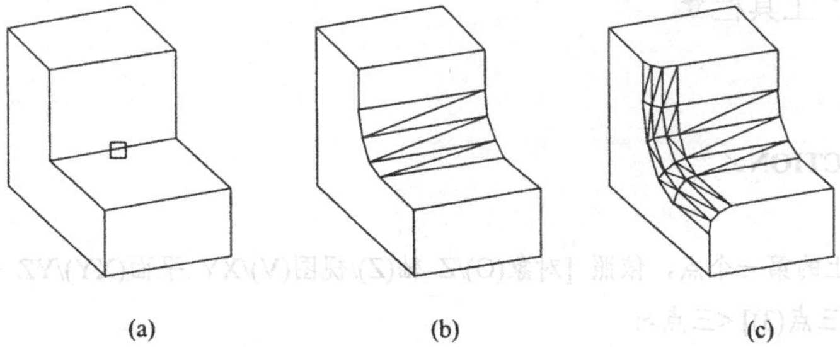

(a)　(b)　(c)

图 8.12　对实体棱边作圆角

8.5.2 对三维实体作剖切

1. 命令

命令名：SLICE（缩写名：SL）

菜单：绘图→实体→剖切

图标："实体"工具栏

2．格式

命令：**SLICE**↙

选择对象：（选择三维实体）

指定切面上的第一个点，依照 [对象(O)/Z 轴(Z)/视图(V)/XY 平面(XY)/YZ 平面(YZ)/ZX 平面(ZX)/三点(3)] <三点>:（可以根据二维图形对象，指定点和 Z 轴方向，指定点并平行屏幕平面，当前 UCS 的坐标面或平面上三点来确定剖切平面）

在要保留的一侧指定点或 [保留两侧(B)]:（剖切后，可以保留两侧，也可以删去一侧，保留一侧）

如图 8.13 所示为用 3 点定义剖切平面，如图 8.13（a）所示为保留两侧，如图 8.13（b）、（c）所示为保留一侧的剖切结果。

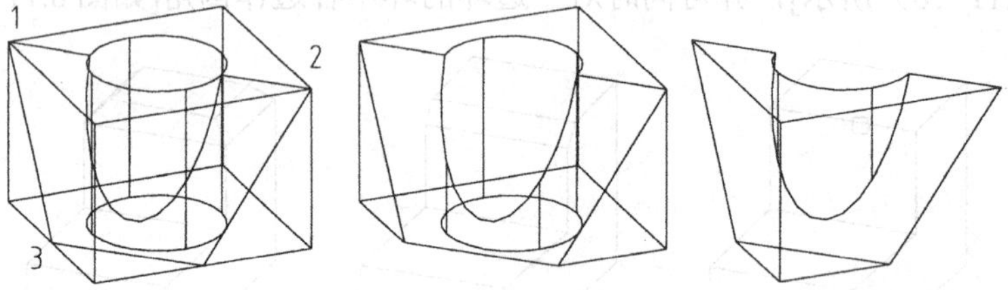

图 8.13 实体的剖切

8.5.3 对三维实体作断面

1．命令

命令名：SECTION（缩写名：SEC）

菜单：绘图→实体→截面

图标："实体"工具栏

2．格式

命令：**SECTION**↙

选择对象：

指定截面上的第一个点，依照 [对象(O)/Z 轴(Z)/视图(V)/XY 平面(XY)/YZ 平面(YZ)/ZX 平面(ZX)/三点(3)] <三点>:

3．说明

（1）对三维实体作断面的操作和作剖切十分类似，只是结果为求出剖切平面与实体截交的断面，它是一个面域，如图 8.14（a）所示；

（2）创建的断面附着在实体上，可利用 MOVE 命令，利用 L 选项（最后画出）把断面从实体上移出，如图 8.14（b）所示；

（3）如需要在断面上画出剖面线，可利用 UCS 命令，把作图平面 *XOY* 定位到断面上，用 BHATCH 命令作图案填充，如图 8.14（c）所示。

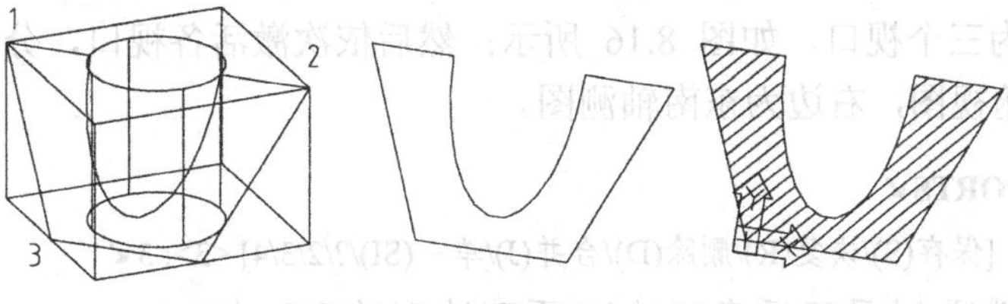

图 8.14　实体的断面

8.6　实体造型综合示例

【例 8.3】　下面以绘制如图 8.15 所示“烟灰缸”的三维图形为例，介绍实体造型的方法和步骤。

绘图的基本思路为，首先绘制一个长方体，然后对长方体进行倒角，再绘制一圆球体，利用长方体和球体间的布尔“差”运算来形成烟灰槽，最后利用缸体和 4 个水平小圆柱体间的布尔“差”运算来形成顶面上的 4 个半圆槽。

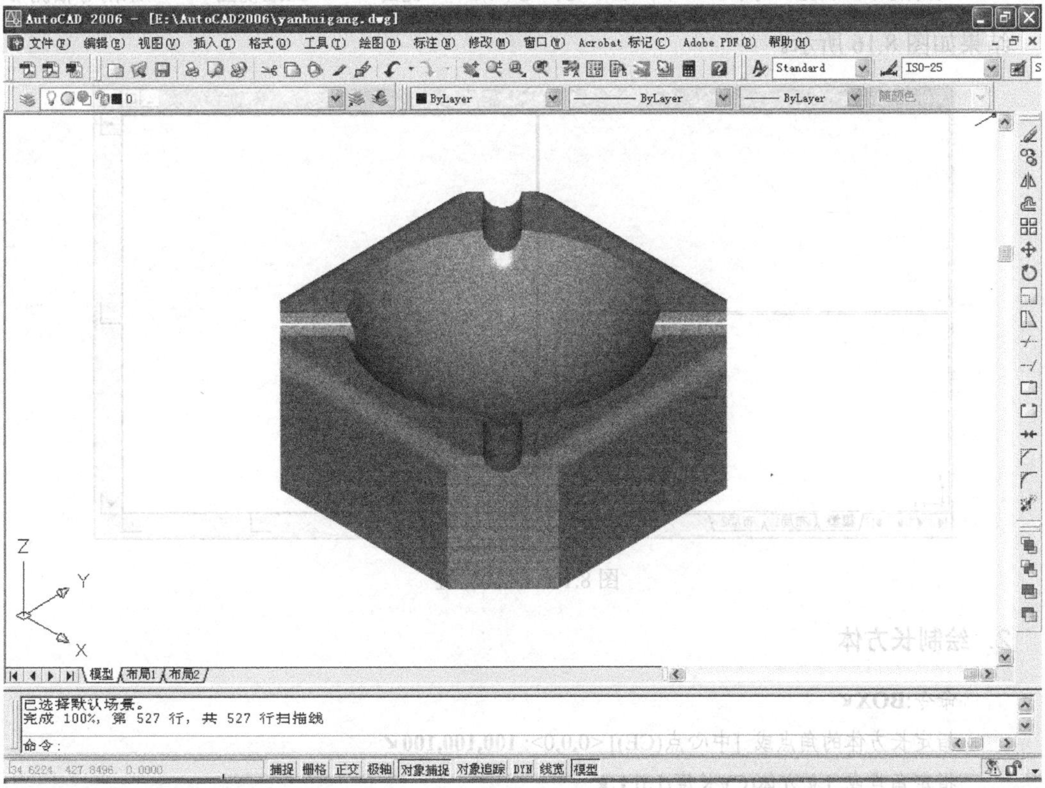

图 8.15　烟灰缸

1．设置视图

将视区设置为三个视口，如图 8.16 所示；然后依次激活各视口，分别设置成：左上为主视图，左下为俯视图，右边为东南轴测图。

命令: **-VPORTS**↙
输入选项 [保存(S)/恢复(R)/删除(D)/合并(J)/单一(SI)/?/2/3/4] <3>: **3**↙
输入配置选项 [水平(H)/垂直(V)/上(A)/下(B)/左(L)/右(R)] <右>:↙
（用鼠标在左上视口内单击一下，激活之）
命令: **-VIEW**↙
输入选项 [?/分类(C)/图层状态(A)/正交(O)/删除(D)/恢复(R)/保存(S)/UCS(U)/窗口(W)]: **O**↙
输入选项 [俯视(T)/仰视(B)/主视(F)/后视(BA)/左视(L)/右视(R)] <俯视>: **F**↙
正在重生成模型。
（用鼠标在左下视口内单击一下，激活之）
命令: **-VIEW**↙
输入选项 [?/分类(C)/图层状态(A)/正交(O)/删除(D)/恢复(R)/保存(S)/UCS(U)/窗口(W)]: **O**↙
输入选项 [俯视(T)/仰视(B)/主视(F)/后视(BA)/左视(L)/右视(R)] <俯视>: **T**↙
正在重生成模型。
（用鼠标在右视口内单击一下，激活之；选取菜单“视图”→“三维视图”→“东南等轴测”）

结果如图 8.16 所示。

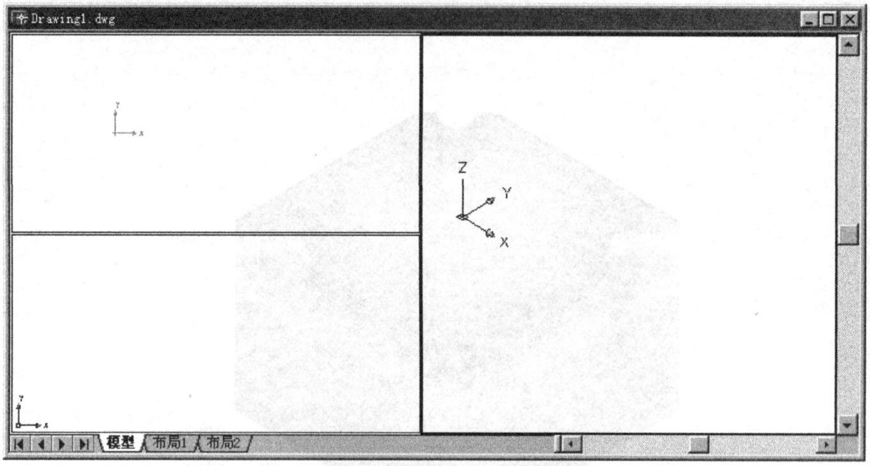

图 8.16　视图设置

2．绘制长方体

命令:**BOX**↙
指定长方体的角点或 [中心点(CE)] <0,0,0>: **100,100,100**↙
指定角点或 [立方体(C)/长度(L)]:**L**↙
指定长度: **100**↙
指定宽度: **100**↙
指定高度: **40**↙

将各个视图最大化显示（具体为分别激活三个视口，然后选取菜单“视图”→“缩放”→“范围”），结果如图 8.17 所示。

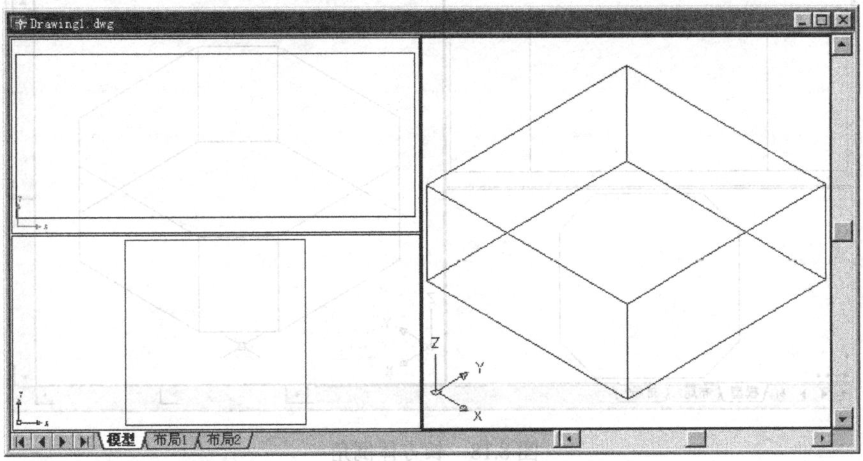

图 8.17 长方体

3. 为长方体倒角

命令: **CHAMFER↙**

(“修剪”模式) 当前倒角距离 1 = 0.0000，距离 2 = 0.0000

选择第一条直线或 [放弃(U)/多段线(P)/距离(D)/角度(A)/修剪(T)/方式(E)/多个(M)]: **D↙**

指定第一个倒角距离 <20.0000>: **20↙**

指定第二个倒角距离 <20.0000>: **20↙**

选择第一条直线或 [放弃(U)/多段线(P)/距离(D)/角度(A)/修剪(T)/方式(E)/多个(M)]:（选择长方体垂直方向的一条棱，则该棱所在的一个侧面轮廓将变虚）

基面选择...

输入曲面选择选项 [下一个(N)/当前(OK)] <当前>:↙

指定基面倒角距离 <20.0000>:↙

指定其他曲面的倒角距离<20.0000>:↙

选择边或[环(L)]:（选择长方体变虚侧面垂直方向的两条棱线，则此二棱线将被倒角）

选择边或[环(L)]: ↙

命令: ↙

(“修剪”模式) 当前倒角距离 1 = 20.0000，距离 2 = 20.0000

选择第一条直线或 [放弃(U)/多段线(P)/距离(D)/角度(A)/修剪(T)/方式(E)/多个(M)]:（选择长方体垂直方向尚未倒角的一条棱，则该棱所在的侧面轮廓将变虚）

基面选择...

输入曲面选择选项 [下一个(N)/当前(OK)] <当前>:↙

指定基面倒角距离 <20.0000>:↙

指定其他曲面的倒角距离 <20.0000>:↙

选择边或[环(L)]:（选择长方体垂直方向未倒角的另两条棱线，则此二棱线将被倒角）

选择边或[环(L)]: ↙

倒角之后的长方体如图 8.18 所示。

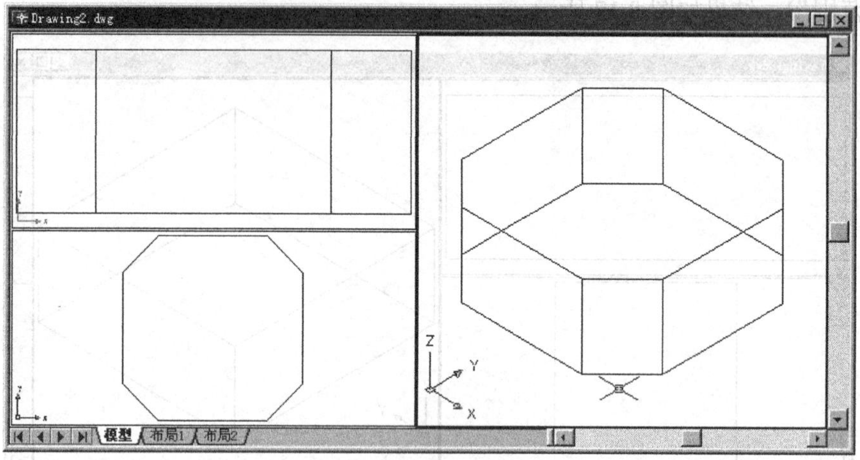

图 8.18 长方体倒角

4．在长方体顶面中间位置开球面凹槽

首先绘制一个圆球。操作过程如下：

命令:**SPHERE**↙

当前线框密度： ISOLINES=4

指定球体球心 <0,0,0>: **150,150,160**↙

指定球体半径或 [直径(D)]: **45**↙

对各视口最大化后的图形如图 8.19 所示。

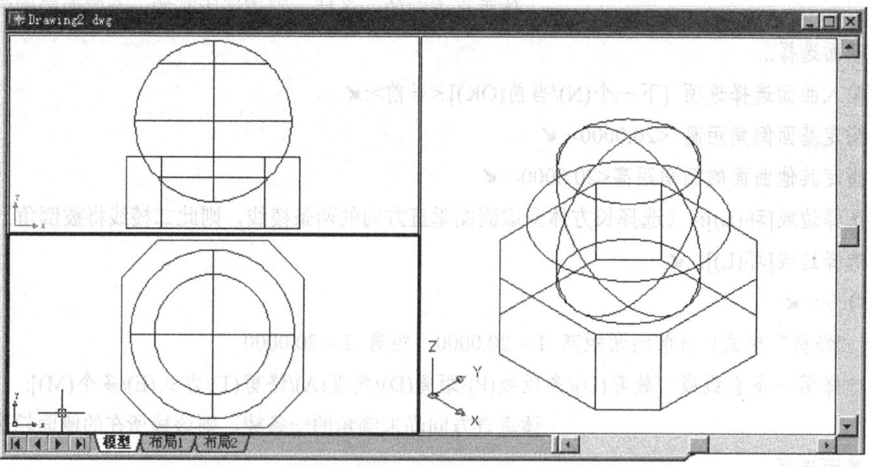

图 8.19 绘制圆球

通过布尔运算进行开槽，操作过程如下：

命令:**SUBTRACT**↙

选择要从中减去的实体或面域 ..

选择对象:（选择长方体）

选择对象: ↙

选择要减去的实体或面域 ..

选择对象: (选择球体)

选择对象:↙

布尔运算并最大化后的图形如图 8.20 所示。

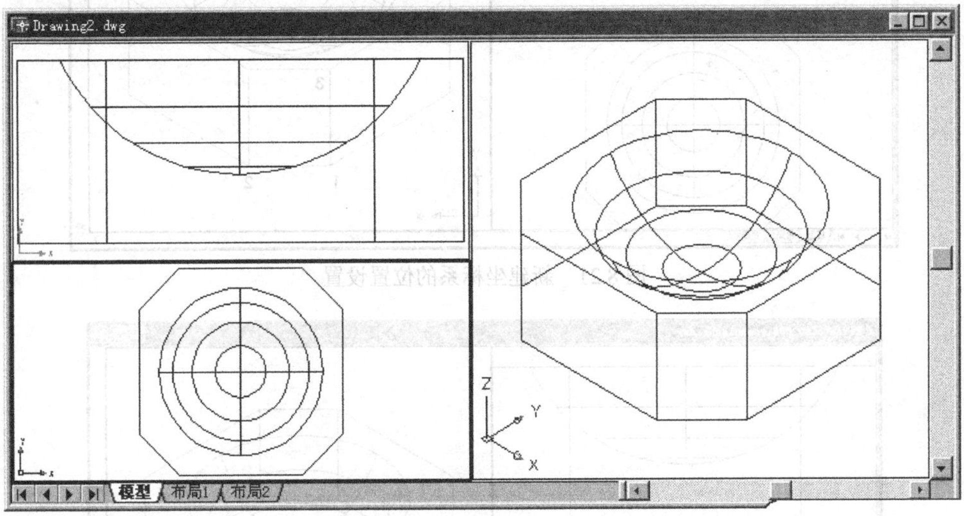

图 8.20 布尔运算后的长方体

5. 在缸体顶面上构造四个水平半圆柱面凹槽

首先执行 UCS 命令，新建一个坐标系，并用“三点”方式将坐标系统定在烟灰缸的一个截角面上。操作过程如下：

命令: **UCS**↙

当前 UCS 名称: *世界*

输入选项

[新建(N)/移动(M)/正交(G)/上一个(P)/恢复(R)/保存(S)/删除(D)/应用(A)/?/世界(W)]

<世界>: **N**↙

指定新 UCS 的原点或 [Z 轴(ZA)/三点(3)/对象(OB)/面(F)/视图(V)/X/Y/Z] <0,0,0>: **3**↙

指定新原点 <0,0,0>: (捕捉图 8.21 中的“1”点)

在正 X 轴范围上指定点 <181.0000,100.0000,100.0000>: (捕捉图 8.21 中的“2”点)

在 UCS XY 平面的正 Y 轴范围上指定点 <179.2929,100.7071,100.0000>: (捕捉图 8.21 中的“3”点)

新建的坐标系如图 8.22 所示。

以截角面顶边中点为圆心，绘制一半径为 5 的圆，为拉伸成圆柱做准备。

命令: **CIRCLE**↙

指定圆的圆心或 [三点(3P)/两点(2P)/相切、相切、半径(T)]: **MID**↙

于 (捕捉图 8.21 中的“4”点)

指定圆的半径或[直径(D)]: **5**↙

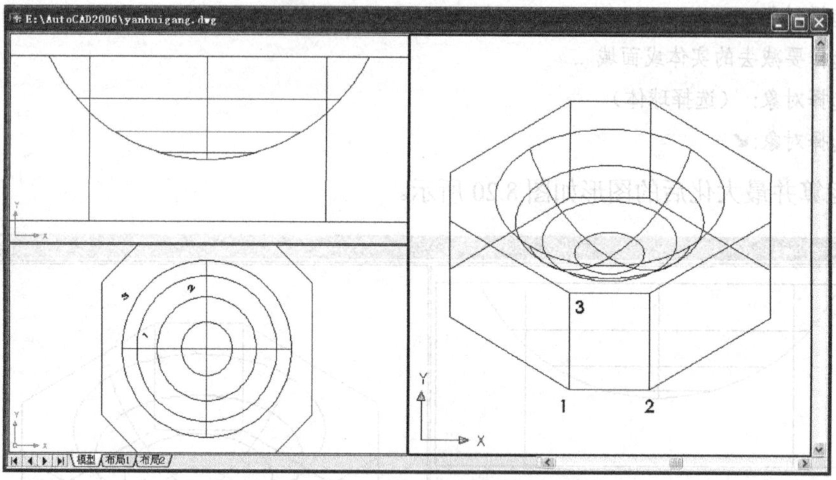

图 8.21　新建坐标系的位置设置

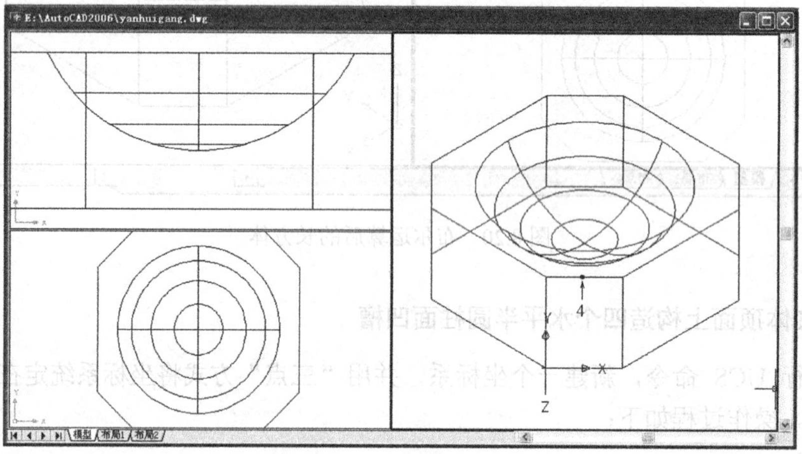

图 8.22　新建坐标系

结果如图 8.23 所示。

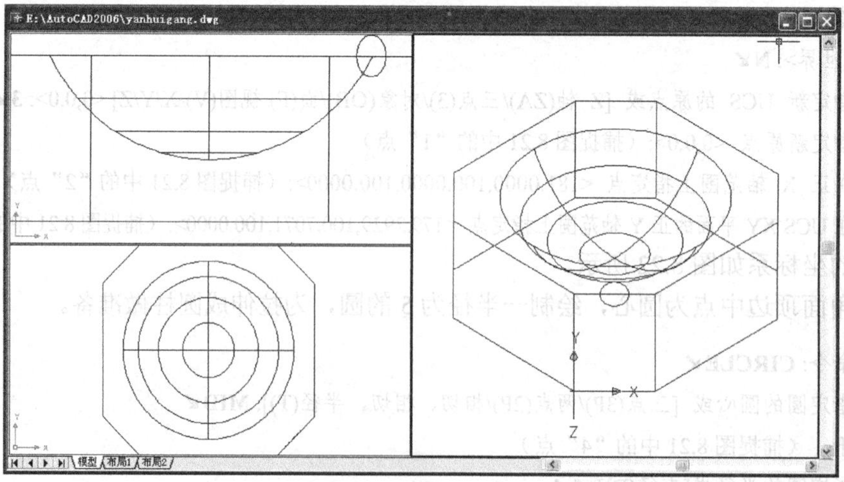

图 8.23　绘制小圆

把系统变量 ISOLINES（弧面表示线）由默认的 4 改为 12（密一些），再用 EXTRUDE 命令将刚画的圆拉伸成像一根香烟的圆柱体。操作过程如下：

命令: **ISOLINES**↙
输入 ISOLINES 的新值 <4>: **12**↙
命令: **EXTRUDE**↙
当前线框密度: ISOLINES=12
选择对象: **L**↙ （选择刚绘制的圆）
找到 1 个
选择对象: ↙
指定拉伸高度或 [路径(P)]: **-50**↙ （负值表示沿 Z 轴反方向拉伸）
指定拉伸的倾斜角度 <0>:↙

结果如图 8.24 所示。

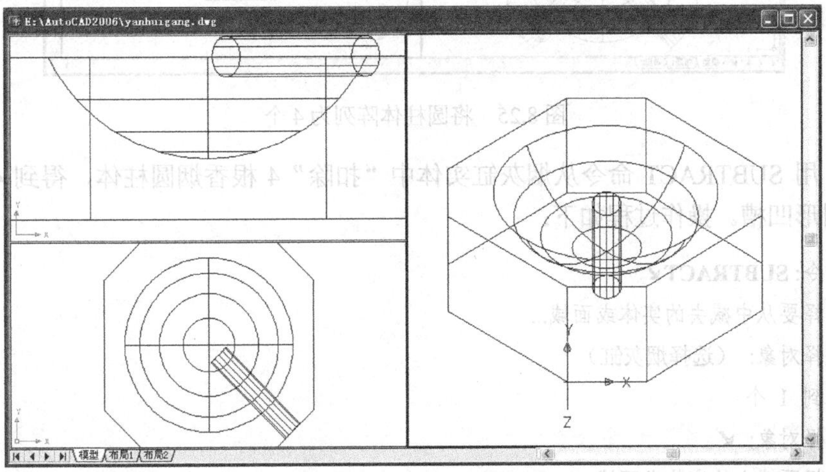

图 8.24 绘制圆柱体

用 UCS 命令将系统坐标系恢复为世界坐标系，再用 ARRAY 命令将所绘圆柱体绕缸体铅垂中心线环形阵列为 4 个。操作过程如下：

命令: **UCS**↙
当前 UCS 名称: *没有名称*
输入选项
[新建(N)/移动(M)/正交(G)/上一个(P)/恢复(R)/保存(S)/删除(D)/应用(A)/?/世界(W)]
<世界>:↙
命令: **-ARRAY**↙ （若去掉此处命令前的"-"号，将出现"阵列"对话框）
选择对象: **L**↙ （选择刚绘制的圆柱体）
找到 1 个

选择对象: ↙
输入阵列类型 [矩形(R)/环形(P)] <R>: **P**↙ （环形阵列）
指定阵列的中心点或 [基点(B)]: **150,150**↙

输入阵列中项目的数目: 4↙

指定填充角度 (+=逆时针, -=顺时针) <360>: ↙

是否旋转阵列中的对象? [是(Y)/否(N)] <Y>: ↙

结果如图 8.25 所示。

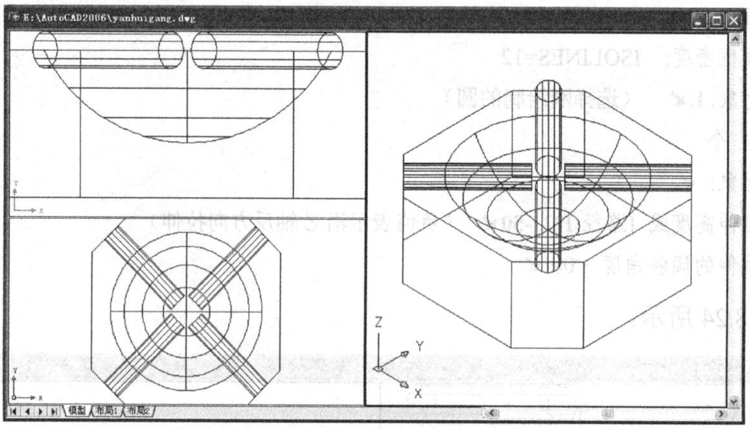

图 8.25　将圆柱体阵列为 4 个

最后，用 SUBTRACT 命令从烟灰缸实体中“扣除”4 根香烟圆柱体，得到 4 个可以放香烟的半圆形凹槽。操作过程如下：

命令: **SUBTRACT**↙

选择要从中减去的实体或面域...

选择对象: (选择烟灰缸)

找到 1 个

选择对象: ↙

选择要减去的实体或面域...

选择对象: (依次选取 4 个小圆柱体)

找到 1 个，总计 4 个

选择对象: ↙

结果如图 8.26 所示。

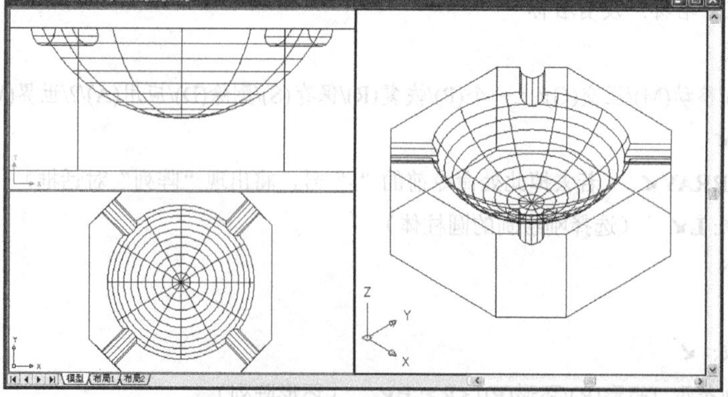

图 8.26　生成半圆形凹槽

6. 为顶面上外沿倒圆角

用 FILLET 命令为顶面上外沿的 4 条长棱边做倒圆角处理。操作过程如下：

命令: **FILLET**↙

当前设置: 模式 = 不修剪，半径 = 0.0000

选择第一个对象或 [放弃(U)/多段线(P)/半径(R)/修剪(T)/多个(M)]: **R**↙

指定圆角半径 <0.0000>: **5**↙

选择第一个对象或 [放弃(U)/多段线(P)/半径(R)/修剪(T)/多个(M)]:（选择一条欲倒圆角的长棱边）

输入圆角半径 <5.0000>:↙

选择边或 [链(C)/半径(R)]: （依次选择 4 条欲倒圆角的长棱边）

;

;

已选定 4 个边用于圆角。

结果如图 8.27 所示。

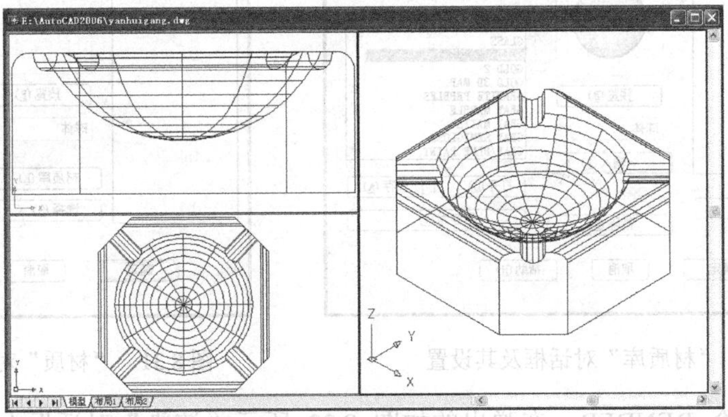

图 8.27 为外沿倒圆角

7. 三维显示与渲染

为显示三维效果，可激活轴测图视口，选择菜单“视图”→“视口”→“一个视口”，则设置为一个视图，消隐后得到的图形如图 8.28 所示。

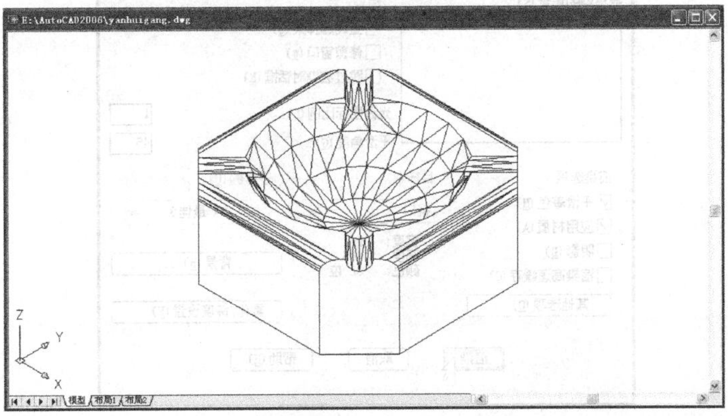

图 8.28 消隐

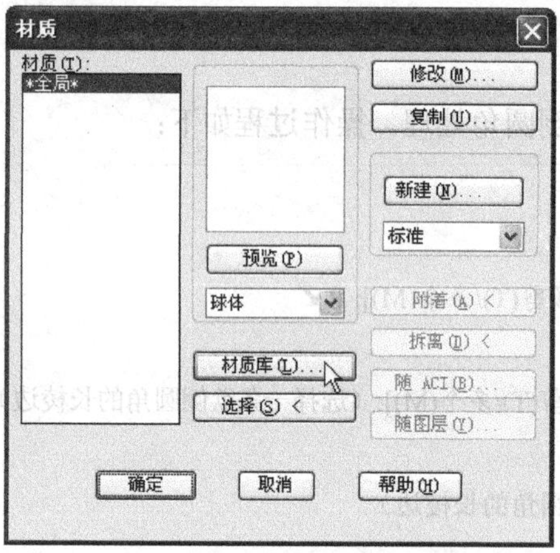

图 8.29　“材质”对话框

下面为烟灰缸赋材质：启动 RMAT 命令，在弹出的如图 8.29 所示“材质”对话框中单击“材质库”按钮，再在弹出的“材质库”对话框右侧的列表框中选择“GOLD”材质，然后单击“输入”按钮，则该材质（GOLD）将显示在左侧的列表框中，结果如图 8.30 所示。单击“确定”按钮，返回“材质”对话框。在该对话框中选中“GOLD”材质，然后单击“附着”按钮（如图 8.31 所示），继而在图形窗口中选择所绘烟灰缸实体图形，再单击对话框中的“确定”按钮，即完成为烟灰缸赋材质的工作。

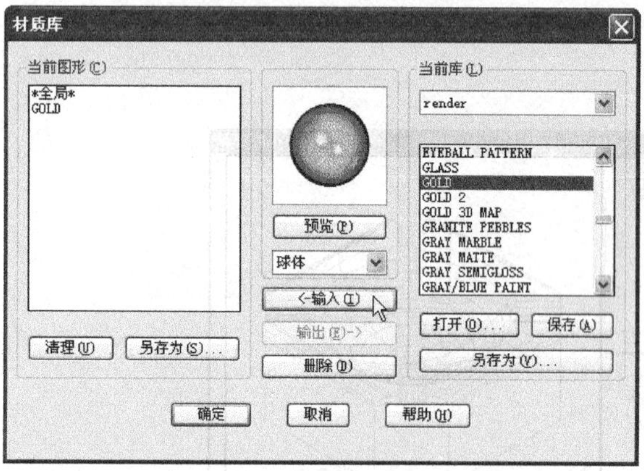

图 8.30　“材质库”对话框及其设置

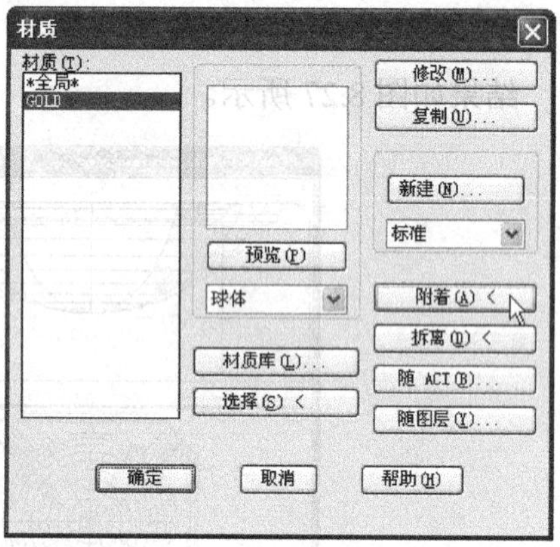

图 8.31　“材质”对话框的设置

启动渲染命令 RENDER，在弹出的如图 8.32 所示“渲染”对话框中单击“渲染”按钮，即可完成对烟灰缸的渲染。结果如图 8.15 所示。读者也可试着修改“渲染”对话框中的某些选项，然后观察渲染效果。

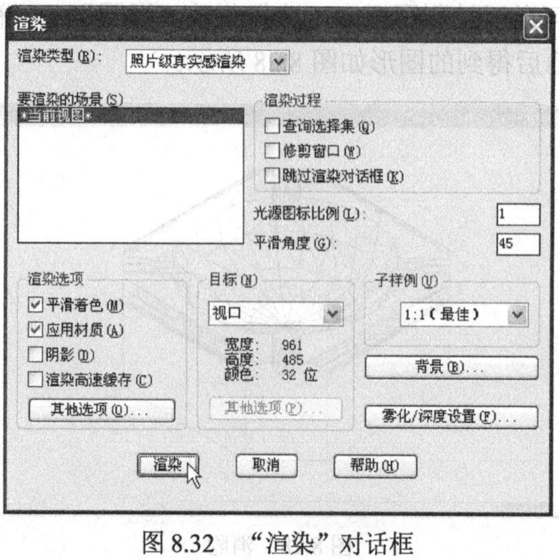

图 8.32　“渲染”对话框

思考题8

分析并提出下图所示三维立体实体造型的方法步骤。

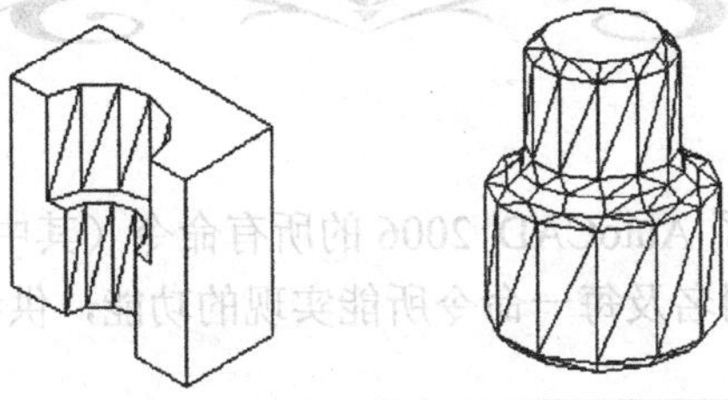

上机实习8

目的：了解三维实体造型的基本概念和方法。

内容：按书中介绍的方法和步骤，完成图例“烟灰缸”的三维实体造型。

附录A　AutoCAD 2006 命令集

本附录按字母顺序列出了 AutoCAD 2006 的所有命令（其中带符号“*”的为 AutoCAD 2006 新增加的命令）、命令别名及每一命令所能实现的功能，供参考。

命　令	命令别名	实现功能
3D		绘制三维网格面
3DARRAY	3A	建立三维阵列
3DCLIP		调用交互三维视图并打开裁剪平面窗口
3DCONFIG		启用三维配置定制
3DCORBIT		调用交互三维视图并可将三维视图中的图形对象设置为可连续运动
3DDISTANCE		调用交互三维视图并使得图形对象在显示效果上显得更近或更远
3DDWFPUBLISH*		创建三维模型的三维 DWF 文件
3DFACE	3F	绘制三维表面
3DMESH		绘制三维网格表面
3DORBIT	3DO	控制三维对象的交互视图
3DORBITCTR		设置交互式三维视图旋转中心的位置
3DPAN		调用交互三维视图并可水平或垂直拖动视图
3DPOLY		绘制三维多段线
3DSIN		导入 3D Studio 格式的文件
3DSOUT		输出 3D Studio 格式的文件
3DSWTVEL		调用交互三维视图并模拟转动相机的视觉效果
3DZOOM		调用交互三维视图并允许缩放三维视图
ABOUT		显示 AutoCAD 的版本信息
ACISIN		导入一个 ACIS 文件
ACISOUT		输出一个 ACIS 文件
ADCCLOSE		关闭 AutoCAD 设计中心
ADCENTER	ADC	打开 AutoCAD 设计中心
ADCNAVIGATE		将 AutoCAD 设计中心的桌面指向文件名、目录位置或用户指定的新路径
ALIGN	AL	移动和旋转对象
AMECONVERT		转换 AME 对象为 AutoCAD 对象
APERTURE		控制对象捕捉目标框的尺寸
APPLOAD	AP	加载或卸载应用程序并决定启动 AutoCAD 2004 时加载哪些应用程序

续表

命　　令	命令别名	实现功能
ARCHIVE*		将当前要归档的图纸集文件打包（对话框方式）
-ARCHIVE*		将当前要归档的图纸集文件打包（命令行方式）
ARC	A	绘制圆弧
ARCHIVE		将当前要存档的图纸集文件打包
AREA	AA	计算一个对象或封闭区域的面积和周长
ARRAY	AR	建立图形阵列
ARX		加载或卸载 ARX 应用程序
ASSIST		打开“实时助手”窗口
ASSISTCLOSE		关闭“快捷帮助”和“信息”选项板
ATTACHURL		附着超级链接
ATTDEF	ATT, DDATTDEF	设置属性定义（对话框方式）
-ATTDEF	-ATT	设置属性定义（命令行方式）
ATTDISP		控制属性的显示
ATTEDIT	ATE	编辑属性（对话框方式）
-ATTEDIT	-ATE，ATTE	编辑属性（命令行方式）
ATTEXT	DDATTEXT	提取属性数据
ATTREDEF		重新定义块并更新其属性
ATTSYNC		通过使用定义给块的当前属性，更新指定块的所有引用
AUDIT		检查和恢复损坏的图形数据
BACKGROUND		设置背景
BACTIONSET*		指定与动态块定义中的动作相关联的对象选择集
BACTIONTOOL*		向动态块定义中添加动作
BACTION*		向动态块定义中添加动作
BASE		为当前图形文件设置插入基点
BASSOCIATE*		将动作与动态块定义中的参数相关联
BATTMAN		编辑块定义的属性特性
BATTORDER*		指定块属性的顺序
BAUTHORPALETTECLOSE*		关闭块编辑器中的“块编写选项板”窗口
BAUTHORPALETTE*		打开块编辑器中的“块编写选项板”窗口
BCLOSE*		关闭块编辑器
BCYCLEORDER*		更改动态块参照夹点的循环次序
BEDIT*		打开“编辑块定义”对话框，然后打开块编辑器
BGRIPSET*		创建、删除或重置与参数相关联的夹点
BHATCH	H,BH	对一个封闭区域进行图案填充
BLIPMODE		控制光标件随标记的显示
BLOCK	B	定义图块（对话框方式）
-BLOCK	-B	定义图块（命令行方式）
BLOCKICON		为用 R14 以前版本定义的图块生成预览图像
BLOOKUPTABLE*		显示或创建动态块定义查寻表
BMPOUT		将被选择对象保存为 BMP 格式的图像文件

续表

命　　令	命令别名	实现功能
BOUNDARY	BO	设置一个封闭的多边形区域（对话框方式）
-BOUNDARY	-BO	设置一个封闭的多边形区域（命令行方式）
BOX		绘制长方体
BPARAMETER*		向动态块定义中添加带有夹点的参数
BREAK	BR	将一个图形对象的一部分擦去或把一个图形对象一分为二
BROWSER		启动缺省的 Web 浏览器
BSAVEAS*		用新名称保存当前块定义的副本
BSAVE*		保存当前块定义
BVHIDE*		使对象在动态块定义中的当前可见性状态或所有可见性状态中不可见
BVSHOW*		使对象在动态块定义中的当前可见性状态或所有可见性状态中均可见
BVSTATE*		创建、设置或删除动态块中的可见性状态
CAL		提供在线计算功能
CAMERA		设置不同的相机及目标点
CHAMFER	CHA	对图形对象进行倒角处理
CHANGE	-CH	修改对象的特性
CHECKSTANDARDS		检查当前图形违反标准的情况
CHPROP		修改指定对象的颜色、图层、线型、线型比例因子、线宽、厚度、出图样式等特性
CIRCLE	C	绘制圆
CLEANSCREENOFF*		恢复工具栏和可固定窗口（命令行除外）的显示
CLEANSCREENON*		清除工具栏和可固定窗口（命令行除外）的屏幕
CLOSE		关闭当前图形
CLOSEALL		关闭当前所有打开的图形
COLOR	COL, COLOUR, DDCOLOR	设置颜色
COMMANDLINE*		显示命令行
COMMANDLINEHIDE*		隐藏命令行
COMPILE		编译形文件或 PostScript 字体文件
CONE		绘制三维圆锥体
CONVERT		优化 AutoCAD R13 及其以前版本创建的二维多段线和关联图案填充
CONVERTCTB		将颜色相关的打印样式表（CTB）转换为命名打印样式表（STB）
CONVERTPSTYLES		将当前图形转换为命名或颜色相关打印样式
COPY	CO, CP	复制对象
COPYBASE		复制带有指定基点的对象
COPYCLIP		复制对象至剪贴板中
COPYHIST		复制命令行上的内容至剪贴板中
COPYLINK		复制当前视图至剪贴板中，用于连接其他 OLE 应用程序
CUI*		管理自定义用户界面元素，例如，工作空间、工具栏、菜单、快捷菜单和键盘快捷键

续表

命　　令	命 令 别 名	实 现 功 能
CUIEXPORT*		将自定义设置从 acad.cui 输出到企业或局部 CUI 文件中
CUIIMPORT*		将自定义设置从企业或局部 CUI 文件输入到 acad.cui 中
CUILOAD*		加载 CUI 文件
CUIUNLOAD*		卸载 CUI 文件
CUSTOMIZE		自定义工具栏、按钮和快捷键
CUTCLIP		复制对象至剪贴板中并从当前图形中将其删除
CYLINDER		创建一个圆柱体
DBCCLOSE		关闭数据库连接管理器
DBCONNECT	AAD, AEX, ALI, ASQ, ARO, ASE, DBC	连接外部数据库
DBLCLKEDIT		为外部数据库提供 AutoCAD 接口
DBLIST		列出图形数据库中的信息
DDEDIT	ED	编辑文本和属性定义
DDPTYPE		指定点的显示模式和尺寸
DDVPOINT	VP	设置三维观察方向
DELAY		在脚本文件中设置延时时间
DETACHURL		移去超级链接
DIM 和 DIM1		进入尺寸标注方式
DIMALIGNED	DAL, DIMALI	标注两点校准型线性尺寸
DIMANGULAR	DAN, DIMANG	标注角度尺寸
DIMARC*		创建圆弧长度标注
DIMBASELINE	DBA, DIMBASE	标注基准尺寸
DIMCENTER	DCE	标注圆心标记或者圆及圆弧的中心线
DIMCONTINUE	DCO, DIMCONT	标注连续的线性、角度和纵坐标尺寸
DIMDIAMETER	DDI, DIMDIA	标注直径尺寸
DIMDISASSOCIATE		删除指定尺寸标注的关联性
DIMEDIT	DED, DIMED	编辑尺寸
DIMJOGGED*		创建折弯半径标注
DIMLINEAR	DLI, DIMLIN	标注线性尺寸
DIMORDINATE	DOR, DIMORD	标注纵坐标尺寸
DIMOVERRIDE	DOV, DIMOVER	忽略尺寸系统变量
DIMRADIUS	DRA, DIMRAD	标注半径尺寸
DIMREASSOCIATE		将选定标注与几何对象相关联
DIMREGEN		更新所有关联标注
DIMSTYLE	D, DDIM, DST, DIMSTY	设置及修改尺寸标注样式
DIMTEDIT	DIMTED	移动或旋转尺寸文本
DIST	DI	测量两点间的距离与角度
DIVIDE	DIV	按用户指定的数目等分图形对象，并且放置一个标记号或者将用户指定的块插入在等分点上
DOUNT	DO	绘制一个填充的圆或环

续表

命　　令	命令别名	实现功能
DRAGMODE		控制使用拖动方式
DRAWINGRECOVERYHIDE*		关闭“图形修复管理器”
DRAWINGRECOVERY*		显示可以在程序或系统失败后修复的图形文件的列表
DRAWORDER	DR	修改图形的显示顺序
DSETTINGS	DS, DDRMODES, RM, SE	具体设定捕捉、夹点以及极轴和对象捕捉跟踪的方式
DSVIEWER	AV	打开鹰眼观察视窗
DVIEW	DV	定义平行投影或透视投影观察方式
DWGPROPS		设置和显示当前图形特性
DXBIN		导入DXB格式的二进制文件
EATTEDIT		在块参照中编辑属性
EATTEXT		将块属性信息输出至外部文件
EDGE		修改三维网格面中边的可见性
EDGESURF		绘制三维网格面
ELEV		设置对象的高度与厚度
ELLIPSE	EL	绘制椭圆或椭圆弧
ERASE	E	从当前图形中删除指定的图形对象
ETRANSMIT		创建一个图形及其相关文件的传递集
EXPLODE	X	将一个图形块或多段线、图案填充分解为分离的图形对象
EXPORT	EXP	将图形对象保存为其他格式的文件
EXTEND	EX	延伸对象
EXTRUDE	EXT	拉伸一个二维对象为三维实体
FIELD		创建具有字段的多行文字对象，该对象可随字段值更改而自动更新
FILL		控制对象的填充处理
FILLET	F	倒圆角
FILTER	FI	基于对象特性建立一个选择集
FIND		查找、替换选定的文本
FOG		提供远距离对象视觉显示上的雾化效果
GOTOURL		创建URL链接
GRADIENT*		使用渐变填充填充封闭区域或选定对象
GRAPHSCR		将文本屏幕切换为图形屏幕
GRID		控制栅格显示
GROUP	G	建立并命名选择集（对话框方式）
-GROUP	-G	建立并命名选择集（命令行方式）
HATCH	-H	使用指定的图案填充一个封闭区域
HATCHEDIT	HE	修改已经填充的图案
HELP（F1）		显示在线帮助信息
HIDE	HI	隐藏三维对象的不可见轮廓线
HLSETTINGS		设置隐藏线的显示属性

续表

命　令	命令别名	实现功能
HYPERLINK		附着超链接到图形对象或修改已存在的超链接
HYPERLINKOPTIONS		控制超链接光标的可见性及超链接标识的显示
ID		显示用户指定点的坐标值
IMAGE	IM	管理图像（对话框方式）
-IMAGE	-IM	管理图像（命令行方式）
IMAGEADJUST	IAD	调整在当前图形中插入的图像文件的亮度、对比度和浓淡
IMAGEATTACH	IAT	在当前图形中附着新的图像
IMAGECLIP	ICL	对一个图像对象创建新的裁剪边界
IMAGEFRAME		控制图像帧的显示
IMAGEQUALITY		控制图像在屏幕上的显示质量
IMPORT	IMP	将不同格式的文件导入当前图形中
INSERT	DDINSER， I	将用户指定的图形块插入到当前图形中（对话框方式）
-INSERT	-I	将用户指定的图形块插入到当前图形中（命令行方式）
INSERTOBJ	IO	插入链接或者嵌入对象
INTERFERE	INF	求并运算
INTERSECT	IN	求交运算
ISOPLANE		指定当前的等轴测平面
JOIN*		将对象合并以形成一个完整的对象
JPGOUT		保存为 JPG 格式图像文件
JUSTIFYTEXT		修改选定文字对象的对齐方式而不改变其位置
LAYER	DDLMODE， LA	管理图层（对话框方式）
-LAYER	-LA	管理图层（命令行方式）
LAYERP		放弃对图层设置所做的上一个或一组修改
LAYERPMODE		打开或关闭对图层设置所做的修改追踪
LAYOUT	LO	生成一个新的布局和更名、复制、存储或删除一个已存在的布局
LAYOUTWIZARD		启动布局向导，在此环境下可为一个新的布局分页和进行出图设定
LAYTRANS		将图形的图层修改为指定的图层标准
LEADER	LEAD	标注旁注尺寸
LENGTHEN	LEN	延长对象
LIGHT		设置及修改光源
LIMITS		设置图形的绘图范围
LINE	L	绘制直线
LINETYPE	LT， LTYPE， DDLTYPE	设置线型（对话框方式）
-LINETYPE	-LT， -LTYPE	设置线型（命令行方式）

续表

命　　令	命令别名	实 现 功 能
LIST	LI,LS	列表显示指定对象的图形数据
LOAD		装入由 SHAPE 命令定义的形
LOGFILEOFF		关闭逻辑文件
LOGFILEON		打开逻辑文件。逻辑文件用于记录用户的操作，所记录的内容为命令提示区中显示的所有文字
LSEDIT		编辑配景对象
LSLIB		维护配景对象库
LSNEW		向图形中添加具有真实感的配景项目，例如树和灌木丛
LTSCALE	LTS	设置线型比例因子
LWEIGHT	LW, LINEWEIGHT	设定当前线宽、线宽显示选项和线宽的单位
MARKUP		显示标记详细信息并允许更改其状态
MARKUPCLOSE		关闭“标记集管理器”
MASSPROP		计算并显示用户指定对象的质量特性
MATCHCELL		将选定表格单元的特性应用到其他表格单元
MATCHPROP	MA	复制对象特性
MATLIB		使用对象材质库
MEASURE	ME	测量用户指定的对象并放置标识点或图块
MENU		装入菜单文件
MENULOAD		装入部分菜单文件
MENUUNLOAD		卸载部分菜单文件
MINSERT		多重块插入
MIRROR	MI	镜像复制指定的对象
MIRROR3D		镜像复制三维对象
MLEDIT		编辑多线
MLINE	ML	绘制多线
MLSTYLE		定义多线样式
MODEL		从布局方式切换到模型方式并将其设置为当前
MOVE	M	移动指定的图形对象
MREDO		启用多次撤销前面的 UNDO 或 U 命令
MSLIDE		创建幻灯片文件
MSPACE	MS	从图纸空间切换到模型空间
MTEDIT*		编辑多行文字
MTEXT	T,MT	绘制多行文本（对话框方式）
-MTEXT	-T	绘制多行文本（命令行方式）
MULTIPLE		在脚本文件中重复下一行命令
MVIEW	MV	设置浮动视口
MVSETUP		设置图纸空间
NETLOAD		加载 .NET 应用程序
NEW		建立新的图形文件
NEWSHEETSET		创建新图纸集

续表

命　　令	命令别名	实现功能
OFFSET	O	使用偏移的方法复制对象
OLELINKS		修改 OLE 链接对象
OLESCALE		显示 OLE 特性对话框
OOPS		恢复被删除的对象
OPEN		打开一个已经存在的图形文件
OPENDWFMARKUP		打开包含标记的 DWF 文件
OPENSHEETSET		打开选定的图纸集
OPTIONS	DDGRIPS, GR, OP, PR	定制 AutoCAD 设置
ORTHO		控制使用正交方式
OSNAP	DDOSNAP, OS	设置对象捕捉方式（对话框方式）
-OSNAP	-OS	设置对象捕捉方式（命令行方式）
PAGESETUP		指定布局页、绘图设备、图纸尺寸并设定新的布局
PAN	P	平移当前视口（对话框方式）
-PAN	-P	平移当前视口（命令行方式）
PARTIALOAD		将附加几何图元调入部分打开的图形文件
PARTIALOPEN		从指定的视图或图层中调用几何图元到图形文件
PASTEASHYPERLINK*		将剪贴板中的数据作为超级链接插入
PASTEBLOCK		粘贴图块至一个新的图形文件中
PASTECLIP		将 Windows 剪贴板中的内容粘贴至当前图形
PASTEORIG		在使用原图坐标的新图中粘贴一个复制的对象
PASTESPEC	PA	将 Windows 剪贴板中的内容粘贴至当前图形，并控制数据的格式
PCINWIZARD		显示输入 PCP 和 PC2 配置文件出图设置到模型页或当前布局页向导
PEDIT	PE	编辑多段线及三维多边形网格面
PFACE		绘制一个 M×N 的三维多边形网格面
PLAN		显示当前用户坐标系的平面视图
PLINE	PL	绘制二维多段线
PLOT	PRINT	把图形输出到绘图设备或文件中
PLOTSTAMP		在每一个图形的指定角放置打印戳记并将其记录到文件中
PLOTSTYLE		为新的图形对象设置当前出图样式或为选定的图形对象指定已定义的出图样式
PLOTTERMANAGER		显示出图管理器，在此环境下可启动附加出图向导和出图配置编辑器
PNGOUT*		将选定对象保存为“便携式网络图形”格式的文件
POINT	PO	绘制点
POLYGON	POL	绘制正多边形
PREVIEW	PRE	图形预览
PROPERTIES	CH, DDCHPROP, DDMODIFY, MO, PROPS	控制已有图形对象的特性

续表

命　　令	命令别名	实现功能
PROPERTIESCLOSE	PRCLOSE	关闭对象特性窗口
PSETUPIN		将用户定义的页面设置赋给新的图形布局
PSPACE	PS	从模型空间切换到图纸空间
PUBLISH		创建并发布 DWF 文件
PUBLISHTOWEB		创建包括选定图形之图像的 HTML 页面
PURGE	PU	清除当前图形中无用的命名对象，如块定义、图层等
QCCLOSE*		关闭“快速计算”
QDIM		快速标注尺寸
QLEADER	LE	快速标注引出线及引出线说明
QNEW		快速新建图形文件
QSAVE		快速保存当前图形
QSELECT		快速生成基于过滤的选择集
QTEXT		控制使用快速文本方式
QUICKCALC*		打开“快速计算”计算器
QUIT	EXIT	退出 AutoCAD
RAY		绘制射线
RECOVER		修复损坏的图形文件
RECTANG	REC	绘制矩形
REDEFINE		恢复 AutoCAD 的内部命令
REDO		恢复 UNDO 或 U 命令执行前的结果
REDRAW	R	重新绘制当前视口中的图形
REDRAWALL	RA	重新绘制当前所有视口中的图形
REFCLOSE		结束在线参照编辑
REFEDIT		选择欲在线编辑的外部参照
REFSET		在在线编辑过程中添加或删除对象
REGEN	RE	重新生成当前视口中的图形
REGENALL	REA	重新生成当前所有视口中的图形
REGENAUTO		控制是否重新生成图形
REGION	REG	建立面域
REINIT		重新初始化 I/O（输入/输出）端口及程序参数文件 ACAD.PGP
RENAME	REN	更改对象名称（对话框方式）
-RENAME	-REN	更改对象名称（命令行方式）
RENDER	RR	对三维表面或实体模型进行渲染
RENDSCR		重新显示上次的渲染结果
REPLAY		重新显示 GIF、TGA、TIFF 图像文件
RESUME		让中断的脚本文件继续执行
REVCLOUD*		创建由连续圆弧组成的多段线以构成云线形
REVOLVE	REV	使用旋转的方法基于一个二维对象来绘制一个三维实体
REVSURF		绘制旋转表面
RMAT		管理渲染材质

续表

命　令	命令别名	实现功能
ROTATE	RO	旋转对象
ROTATE3D		使用三维方式旋转对象
RPREF	RPR	渲染优先选项设置
RSCRIPT		在脚本文件中指示再次执行脚本文件
RULESURF		绘制一个规则表面
SAVE		保存当前图形
SAVEAS		使用用户指定的文件名称保存当前图形
SAVEIMG		保存渲染的图像至一个文件中
SCALE	SC	缩放对象
SCALELISTEDIT*		控制布局视口、页面布局和打印的可用缩放比例列表
SCALETEXT		放大或缩小文字对象，而不改变它们的位置
SCENE		在模型空间管理渲染场景
SCRIPT	SCR	执行脚本文件
SECTION	SEC	对三维实体作断面
SECURITYOPTIONS		设置密码保护
SELECT		设置一个对象选择集
SETIDROPHANDLER		指定 i-drop 类型
SETUV		在实体上粘贴材质图
SETVAR	SET	设置系统变量
SHADEMODE		在当前视口中对对象做阴影处理
SHAPE		插入一个形
SHEETSET		打开“图纸集管理器”
SHEETSETHIDE		关闭“图纸集管理器”
SHELL		执行 DOS 命令
SHOWMAT		显示所选对象的当前材质及材质的赋予方法
SIGVALIDATE		显示签名信息
SKETCH		绘制草图
SLICE	SL	对三维实体作剖切
SNAP	SN	控制使用捕捉方式
SOLDRAW		控制显示由 AME 转换的实体
SOLID	SO	绘制实心多边形
SOLIDEDIT		编辑三维对象的面和边
SOLPROF		绘制三维实体的轮廓线
SOLVIEW		建立 AME 实体的浮动视口
SPACETRANS		在模型空间和图纸空间之间转换长度值
SPELL	SP	控制使用拼写检查功能
SPHERE		绘制球体
SPLINE	SPL	绘制样条曲线
SPLINEDIT	SPE	编辑样条曲线
STANDARDS		管理标准文件与 AutoCAD 图形之间的关联性
STATS		统计渲染信息

续表

命　令	命令别名	实现功能
STATUS		报告系统当前的绘图界限、内存、磁盘容量、工作方式等状态
STLOUT		以 ASCII 码文件或二进制文件格式存储实体
STRETCH	S	拉伸指定的图形对象
STYLE	ST	设置文字样式
STYLESMANAGER		显示出图样式管理器
SUBTRACT	SU	执行布尔“差”运算
SYSWINDOWS		排列视窗
TABLE		在图形中创建空表格对象
TABLEDIT		在表格单元中编辑文本
TABLEEXPORT		以 CSV 文件格式从表格对象中导出数据
TABLESTYLE		定义新表格样式
TABLET	TA	控制使用数字化仪
TABSURF		按一条路径曲线和方向矢量绘制板条表面
TASKBAR*		控制图形在 Windows 任务栏上的显示方式
TEXT		绘制单行文本
TEXTSCR		切换到文本屏幕
TEXTTOFRONT		将文本和标注置于图形中所有其他对象之前
TIFOUT		保存为 TIFF 格式文件
TIME		显示图形建立的日期与时间
TOLERANCE	TOL	设置几何公差
TOOLBAR	TO	控制使用工具栏
TOOLPALETTES		打开工具控制面板
TOOLPALETTESCLOSE		关闭工具控制面板
TORUS	TOR	绘制圆环体
TRACE		绘制轨迹线
TRANSPARENCY		控制图像是否透明
TRAYSETTINGS		控制图标显示和注释
TREESTAT		显示图形的当前空间索引信息
TRIM	TR	修剪图形
U		回退一步操作
UCS		管理用户坐标系
UCSICON		控制用户坐标系图标的显示
UCSMAN		管理用户定义的坐标系
UNDEFINE		覆盖 AutoCAD 的内部命令
UNDO		撤销一步操作
UNION	UNI	执行布尔“并”运算
UNITS	UN，DDUNITS	设置绘图单位（对话框方式）
-UNITS	-UN	设置绘图单位（命令行方式）
UPDATEFIELD		手动更新图形中选定对象的字段
UPDATETHUMBSNOW		在“图纸集管理器”中手动更新图纸的缩微预览、图纸视图和模型空间视图

续表

命　　令	命 令 别 名	实 现 功 能
VBAIDE		激活 Visual Basic 编辑器
VBALOAD		加载一个全局的 VBA 工程到当前的 AutoCAD 任务
VBAMAN		加载、卸载、存储、生成、嵌入及提取 VBA 工程
VBARUN		运行一个 VBA 宏
VBASTMT		在 AutoCAD 命令行执行一个 VBA 语句
VBAUNLOAD		卸载一个全局的 VBA 工程
VIEW	V，DDVIEW	控制使用视图（对话框方式）
-VIEW	-V	控制使用视图（命令行方式）
VIEWPLOTDETAILS		
VIEWRES		在当前视口中设置对象的分辨率
VLISP		激活 Visual LISP 交互开发环境
VPCLIP		裁剪视口对象
VPLAYER		设置视口中图层的可见性
VPMAX		展开当前布局视口以进行编辑
VPMIN		恢复当前布局视口
VPOINT	-VP	设置三维观察点
VPORTS		在当前视口中划分视口
VSLIDE		在当前视口中显示幻灯片
VTOPTIONS*		将视图中的改变显示为平滑过渡
WBLOCK	W	将块写入一个图形文件（对话框方式）
-WBLOCK	-W	将块写入一个图形文件（命令行方式）
WEDGE	WE	沿 X 轴绘制一个三维楔形实体
WHOHAS		显示已打开图形文件的所有者信息
WIPEOUT		创建封闭多边形
WMFIN		导入 Windows 图元文件
WMFOPTS		设置 WMFIN 命令的选项
WMFOUT		把对象保存成一个 Windows 图元文件
WORKSPACE*		创建、修改和保存工作空间，并将其设置为当前工作空间
WSSAVE*		保存工作空间
WSSETTINGS*		设置工作空间的选项
XATTACH	XA	附加外部参照至当前图形中
XBIND	XB	把外部参照绑定图形文件（对话框方式）
-XBIND	-XB	把外部参照绑定图形文件（命令行方式）
XCLIP	XC	定义外部参照和块的剪切边界
XLINE	XL	绘制构造线
XOPEN		打开外部参照
XPLODE		分解组合对象
XREF	XR	控制引用外部参照（对话框方式）
-XREF	-XR	控制引用外部参照（命令行方式）
ZOOM	Z	控制当前视口中对象的外观尺寸

续表

命令	命令别名	实现功能
VBAIDE		激活Visual Basic编辑器
VBALOAD		加载一个全局的VBA工程到当前的AutoCAD任务
VBAMAN		加载、卸载、存储、生成、嵌入及提取VBA工程
VBARUN		运行一个VBA宏
VBASTMT		在AutoCAD命令行执行一个VBA语句
VBAUNLOAD		卸载一个全局的VBA工程
VIEW	V，DDVIEW	控制使用视图（对话框方式）
-VIEW	-V	控制使用视图（命令行方式）
VIEWPLOTDETAILS		
VIEWRES		在当前视口中设置对象的分辨率
VLISP		激活Visual LISP交互开发环境
VPCLIP		裁剪视口对象
VPLAYER		设置视口中图层的可见性
VPMAX		展开当前布局视口以进行编辑
VPMIN		恢复当前布局视口
VPOINT	-VP	设置三维观察点
VPORTS		在当前窗口中划分视口
VSLIDE		在当前视口中显示幻灯片
VTOPTIONS*		将视图中的改变显示为平滑过渡
WBLOCK	W	将块写入一个图形文件（对话框方式）
-WBLOCK	-W	将块写入一个图形文件（命令行方式）
WEDGE	WE	沿X轴绘制一个三维楔形实体
WHOHAS		显示已打开图形文件的所有者信息
WIPEOUT		创建屏幕遮挡
WMFIN		导入Windows图元文件
WMFOPTS		设置WMFIN命令的选项
WMFOUT		把对象保存成一个Windows图元文件
WORKSPACE*		创建、修改和保存工作空间，并将其设置为当前工作空间
WSSAVE*		保存工作空间
WSSETTINGS*		设置工作空间的选项
XATTACH	XA	附加外部参照至当前图形中
XBIND	XB	把外部参照依赖定义绑定图形文件（对话框方式）
-XBIND	-XB	把外部参照依赖定义绑定图形文件（命令行方式）
XCLIP	XC	定义外部参照或块的剪切边界
XLINE	XL	绘制构造线
XOPEN		打开外部参照
XPLODE		分解组合对象
XREF	XR	控制引用外部参照（对话框方式）
-XREF	-XR	控制引用外部参照（命令行方式）
ZOOM	Z	控制当前视口中对象的外观尺寸

读者意见反馈表

书名：AutoCAD 2006 中文版应用基础　　**主编：**郭朝勇　　**责任编辑：**关雅莉　涂　晟

谢谢您关注本书！烦请填写该表。您的意见对我们出版优秀教材、服务教学，十分重要。如果您认为本书有助于您的教学工作，请您认真地填写表格并寄回。**我们将定期给您发送我社相关教材的出版资讯或目录，或者寄送相关样书。**

个人资料

姓名＿＿＿＿＿年龄＿＿＿联系电话＿＿＿＿＿＿（办）＿＿＿＿＿＿（宅）＿＿＿＿＿＿（手机）

学校＿＿＿＿＿＿＿＿＿＿＿＿＿＿专业＿＿＿＿＿＿职称/职务＿＿＿＿＿＿＿＿

通信地址＿＿＿＿＿＿＿＿＿＿＿＿＿邮编＿＿＿＿＿＿E-mail＿＿＿＿＿＿＿＿

您校开设课程的情况为：

本校是否开设相关专业的课程　□是，课程名称为＿＿＿＿＿＿＿＿＿＿＿＿＿　□否

您所讲授的课程是＿＿＿＿＿＿＿＿＿＿＿＿＿＿＿＿＿＿课时＿＿＿＿＿＿＿＿

所用教材＿＿＿＿＿＿＿＿＿＿＿＿＿＿出版单位＿＿＿＿＿＿＿＿印刷册数＿＿＿

本书可否作为您校的教材？

□是，会用于＿＿＿＿＿＿＿＿＿＿＿＿＿课程教学　□否

影响您选定教材的因素（可复选）：

□内容　□作者　□封面设计　□教材页码　□价格　□出版社

□是否获奖　□上级要求　□广告　□其他＿＿＿＿＿＿＿＿＿＿＿＿＿＿＿

您对本书质量满意的方面有（可复选）：

□内容　□封面设计　□价格　□版式设计　□其他＿＿＿＿＿＿＿＿

您希望本书在哪些方面加以改进？

□内容　□篇幅结构　□封面设计　□增加配套教材　□价格

可详细填写：＿＿＿＿＿＿＿＿＿＿＿＿＿＿＿＿＿＿＿＿＿＿＿＿＿＿＿＿＿

＿＿＿＿＿＿＿＿＿＿＿＿＿＿＿＿＿＿＿＿＿＿＿＿＿＿＿＿＿＿＿＿＿＿

您还希望得到哪些专业方向教材的出版信息？

＿＿＿＿＿＿＿＿＿＿＿＿＿＿＿＿＿＿＿＿＿＿＿＿＿＿＿＿＿＿＿＿＿＿

谢谢您的配合，请将该反馈表寄至以下地址。如果需要了解更详细的信息或有著作计划，请与我们直接联系。

通信地址：北京市万寿路 173 信箱　中等职业教育教材事业部　　**邮编：**100036

http://www.hxedu.com.cn　　E-mail:ve@phei.com.cn　　**电话：**010-88254600；88254591

反侵权盗版声明